前師範大學數學系
教授兼主任
洪萬生——審訂

藏本貴文——著
許郁文——譯

解析学図鑑・微分・積分から微分方程式・数値解析まで

數學
分析圖鑑

圖解 x 實例，從微積分到向量分析，一本搞定

前 言

　　本書的目的在於讓從事數學相關工作或研究的人、理工組及經濟系的學生、工程師、須要了解統計學的人，早點掌握數學分析學全貌。

　　本書一開始從高中程度的函數與微積分開始介紹，接著說明多變數函數的微積分、向量分析、複變函數、微分方程式、數值分析，是說明相當全面的一本書。

　　許多讀者應該都覺得「考進大學之後，數學突然變得很深奧」對吧。的確，進入大學之後，數學突然變難了。

　　主要原因有兩個。

　　第一個是大學的數學比高中的數學更加抽象，另一個是大學的數學將重點放在定理的證明，而定理的意義與必然性也通常很艱澀難懂。

　　本書的堅持就是徹底杜絕上述那些原因。

　　第一步，本書不會使用抽象化的說明，而會透過具體的例子、圖形與插圖說明，希望讓大家透過插圖、對話框這類視覺設計了解主題。

　　其次，除了特殊情況，本書不會提及定理的證明或是公式的推導過程。因為在學習初期掌握全貌時，上述的證明只是一種雜訊，所以本書是將重點放在以簡單易懂的詞彙說明定理的意義與必然性。

　　其實我不是數學專家，而是從事半導體設計的工程師，負責的業務叫做「建模」，而這項工作會用到微積分、矩陣、向量、統計學這些數學，以將半導體元件的特性轉換成公式。

　　由此可知，我不是研究數學的人，而是使用數學的人，所以在數學家眼中，我的說明或許不夠嚴謹，但我相信有許多人都需要像我這種理解數學的方式，我也是為了這樣的讀者才寫了這本書。

　　接下來就讓我們一起學習數學分析學吧。只要閱讀本書，應該能在最短時間內，學會數學分析學的必要基礎，省下來的時間請大家拿去做該做的工作。

　　但願本書能幫助各位加快學習數學、研究數學與工作的腳步，讓生活變得更加豐富。

藏本貴文

目 錄

第1章　函數與數列

1-1　吐出數字的盒子　函數 4

1-2　反向、巢狀結構、暗示　反函數、合成函數、隱函數 8

1-3　函數的基礎的基礎　冪函數（n次函數）............................ 12

1-4　正弦與餘弦與其說是三角函數，更像是波函數　三角函數 16

1-5　說明呈幾何級數增加的方法　指數函數 24

1-6　精簡地呈現龐大的數　對數函數 28

1-7　學習數學分析的關鍵　數列 32

1-8　有點麻煩卻很有用　參數、極座標 36

Column　對數圖的使用方法 38

第2章　微分法

2-1　何謂「趨近」　極限、無限大 44

2-2　微分係數可以這樣理解　微分的定義 48

2-3　總之先記住吧　主要函數的微分 54

2-4　介紹技巧　各種微分公式 58

2-5　有助預測股價　函數的增減、凹凸、高次導函數 63

2-6　雖然理所當然，卻很深奧　中間值定理、均值定理 66

2-7　實用數學必備絕招　泰勒級數、馬克勞林級數 68

2-8　嚴謹定義「逼近」　$\varepsilon-\delta$ 論證 71

Column　函數的增減、凹凸與股價的變動 73

第3章　積分法

3-1　就算加了無限個也不一定會變成無限大　無窮級數 78
3-2　積分有兩個意思　積分、微積分的基本定理 79
3-3　最終只能背下來　不定積分的公式 82
3-4　思考面積的區間吧　定積分的公式 84
3-5　計算複雜積分所需的技巧　分部積分法、代換積分法 87
3-6　以積分求出的各種量　體積、曲線的長度 90
3-7　【擴充內容】延拓積分　勒貝格積分 94
Column　汽車追不上腳踏車？ 97

第4章　多變數函數

4-1　「其他」的部分固定再微分　偏微分 102
4-2　∂與d有什麼不同？　全微分 106
4-3　總之很方便的計算方法　拉格朗日乘數 108
4-4　只是多積分幾次　多重積分 110
4-5　利用多變數轉換座標？　連鎖法則、雅可比變數轉換 113
4-6　各種區域的積分　線積分、面積分 116
Column　拉格朗日乘數法為何成立？ 120

第5章　向量分析

5-1　箭頭也有各種性質　向量的基礎 126
5-2　只有維度增加，一點也不困難　向量的微分與積分 133
5-3　指出最陡急之處的向量　梯度（grad） 136
5-4　代表湧出與吸入的純量　散度（div） 139

v

5-5　描述超小型水車旋轉作用的向量　旋轉（rot） 142
5-6　結果是純量　向量值函數的線積分、面積分 144
5-7　向量分析的集大成　斯托克斯定理、高斯定理 148
Column　從安培環路定律了解向量的旋轉 152

第6章　複變函數

6-1　不只是 $i^2 = -1$　複數的基礎 158
6-2　指數函數與三角函數的橋樑　歐拉公式 161
6-3　也有無數個值存在　各種複變函數 164
6-4　複數函數的微分概念　柯西-黎曼方程 170
6-5　複變函數的積分邏輯　柯西積分定理 175
6-6　複變函數在實數函數的積分很實用　留數定理 182
6-7　理工學的法寶、實用度No.1　傅立葉轉換 187
Column　複數的便利性與四元數 192

第7章　微分方程式

7-1　奠定科學基礎的工具　微分方程式的基本 198
7-2　先徹底了解型態　基本的常微分方程式的解法 206
7-3　輕鬆解開微分方程式　拉普拉斯轉換 210
7-4　多變數函數的微分方程式　偏微分方程式 214

第8章　近似、數值計算

8-1　要決定割捨什麼的步驟最難　一次逼近 220
8-2　實用度No.1的方程式數值解法　牛頓拉弗森方法 222

8-3 變成差分，微分也變得簡單　數值微分 224

8-4 只是要計算面積　數值積分 227

8-5 常微分方程式具代表性的數值解法

　　歐拉方法、龍格-庫塔法 230

索引 234

Rules In the Box

第 1 章　函數與數列

本章將介紹數學分析的基礎，其中包含了基本的函數與數列。

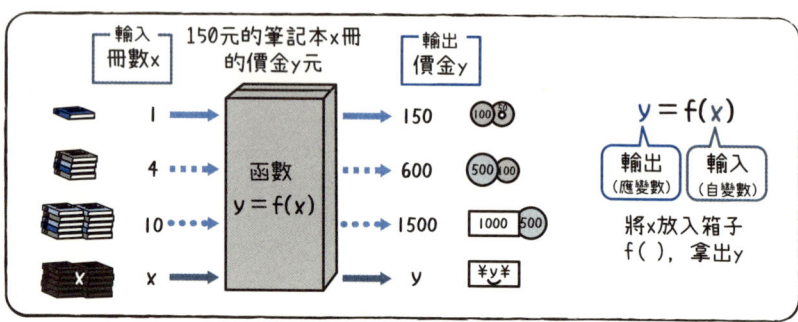

① 函數

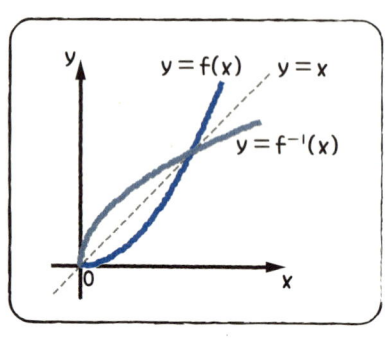

② 反函數

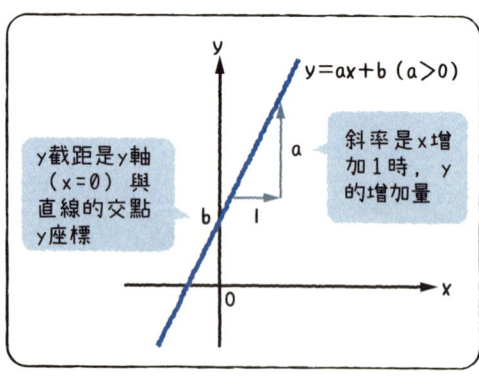

③ 一次函數

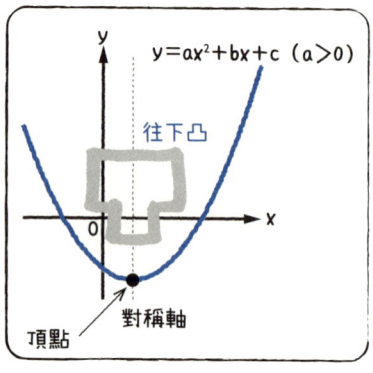

④ 二次函數

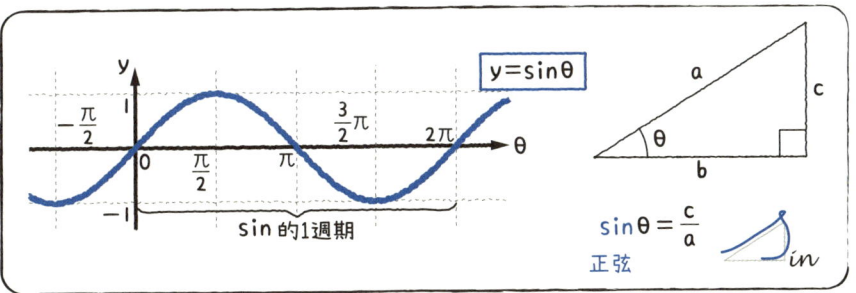

● 三角函數

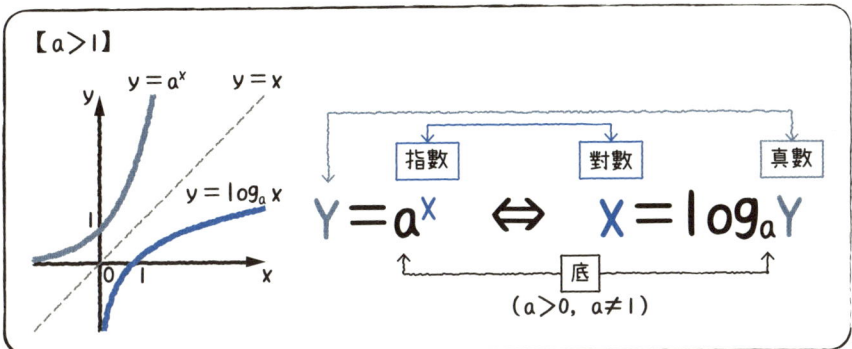

● 指數、對數函數

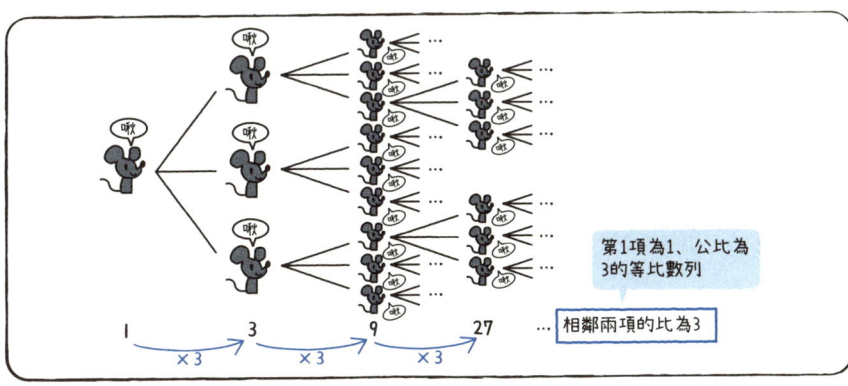

● 數列

1-1 吐出數字的盒子 ～函數～

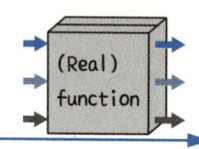

所謂的數學分析學就是處理「函數」的數學領域,所以「函數」是數學分析學的基礎。所謂的「函數」可視為輸入數就是輸出數的「盒子」。

🔍 何謂函數

函數就是輸入某個數之後,就輸出對應數的「盒子」。

150元的筆記本x冊的價金y元

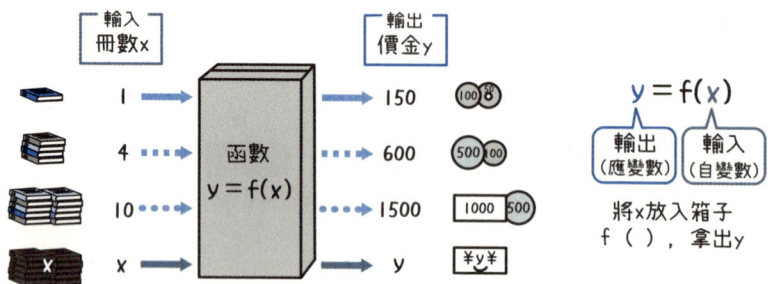

根據輸入值 x 輸出 y 的函數在數學的世界寫成 $y = f(x)$,此時與**輸入值 x 對應的輸出值 y 只有一個**。換言之,就是「1對1」的關係。

> f 是 *function*(函數)的首字,而數學分析學會使用很多函數,所以也會使用 $g(x)$ 或是 $h(x)$ 這類 f 以外的字母。

🔍 多變數函數

也有輸入值有很多個的函數(也就是「多對1」的關係)。

購買50元的鉛筆x枝、100元的橡皮擦y個時的價金為z元

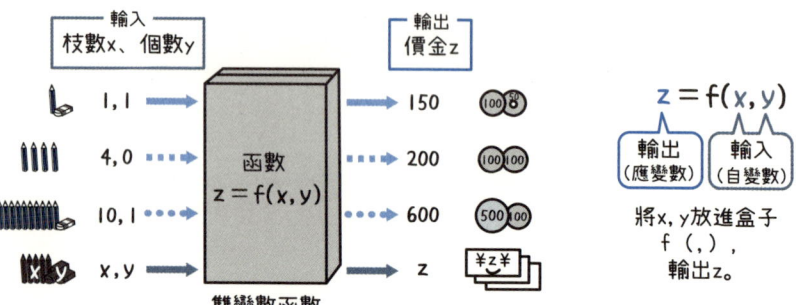

🔍 圖形

所謂的圖形就是根據函數 $y = f(x)$ 的 x 與 y 的關係繪製的圖。

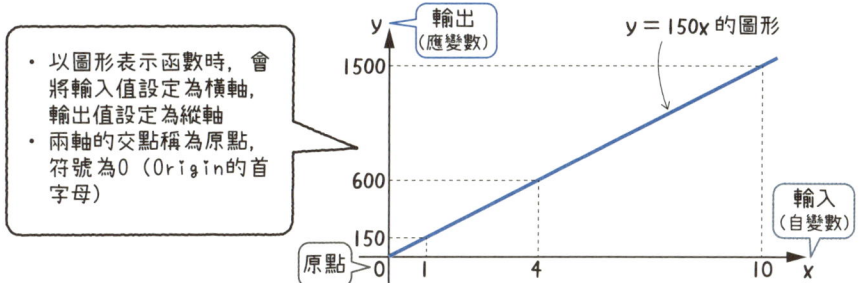

- 以圖形表示函數時，會將輸入值設定為橫軸，輸出值設定為縱軸
- 兩軸的交點稱為原點，符號為0（Origin的首字母）

至於多變數的圖形，以雙變數為例，圖形會變成三個軸直交的三維圖形。

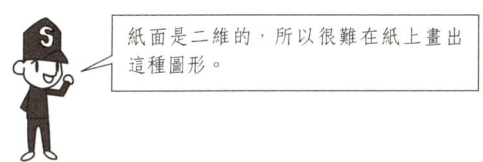

紙面是二維的，所以很難在紙上畫出這種圖形。

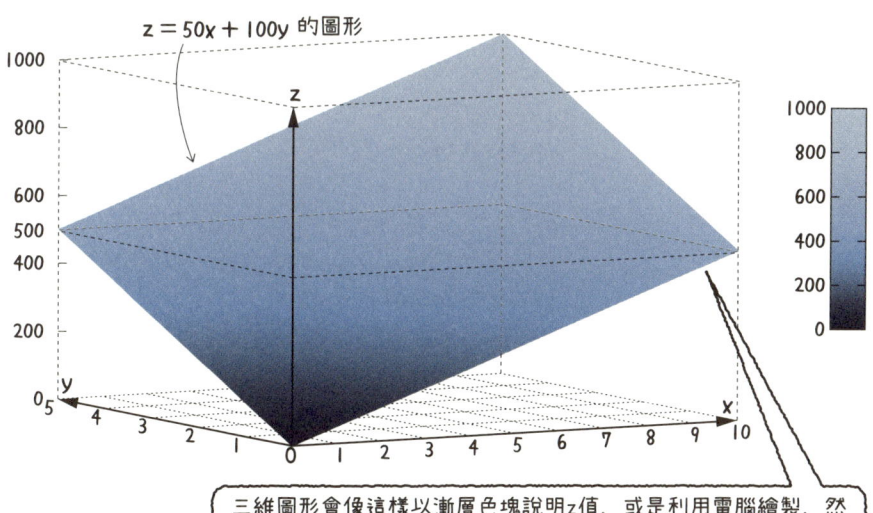

三維圖形會像這樣以漸層色塊說明z值，或是利用電腦繪製，然後一邊旋轉畫面，一邊掌握圖形的全貌，有時候則會以適當的平面切割，以二維的圖形說明。

🔍 連續與不連續

繪製圖形時，若於某個點相連，就代表圖形於該點**連續**，至於圖形有不連接的點時，就稱為於該點**不連續**。

在下面的例子裡，$y = x^2$ 的所有 x 都是連續的，但是 $y = \frac{1}{x}$ 卻在 $x = 0$ 的地方不連續（除了 $x = 0$ 之外都連續），$y = [x]$ 的 x 為整數時的點為不連續。

連續函數的範例

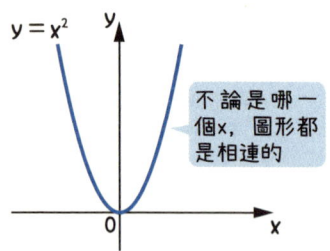

不論是哪一個x，圖形都是相連的

不連續函數的範例

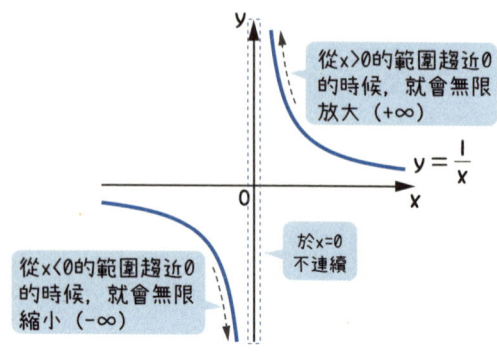

從x>0的範圍趨近0的時候，就會無限放大（+∞）

從x<0的範圍趨近0的時候，就會無限縮小（−∞）

於x=0不連續

嚴格來說，連續是以極限定義的概念，但大家只要先將連續想成「圖形都連在一起」即可。

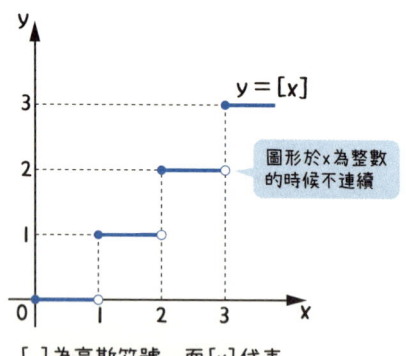

圖形於x為整數的時候不連續

[ ] 為高斯符號，而[x]代表不會超過x的最大整數。

例：$[0.9] = 0$, $[1] = 1$, $[1.1] = 1$,
$[-2.1] = -3$

🔍 偶函數與奇函數

假設函數 $y = f(x)$，而 $f(-x) = f(x)$，$f(x) =$ **偶函數**。

<u>偶函數的範例</u>

$f(x) = x^2$ 滿足
$f(-x) = f(x)$
所以為偶函數

> 變更 x 的符號，值也一樣。

線對稱：沿著某條直線（對稱軸）旋轉180。之後完全重疊。

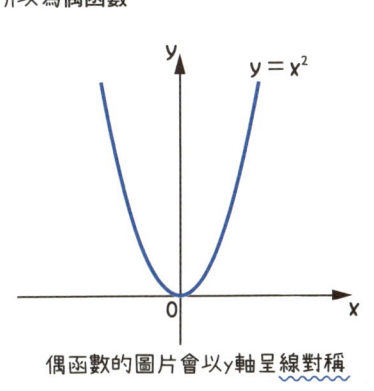

偶函數的圖片會以y軸呈線對稱

對稱軸

另一方面，$f(-x) = -f(x)$ 的 $f(x)$ 為**奇函數**。

<u>奇函數的範例</u>

$f(x) = x$ 符合
$f(-x) = -f(x)$
所以為奇函數

> 改變x的符號後，值的符號就會改變

點對稱：沿著某個點（對稱點）旋轉180。之後完整重疊。

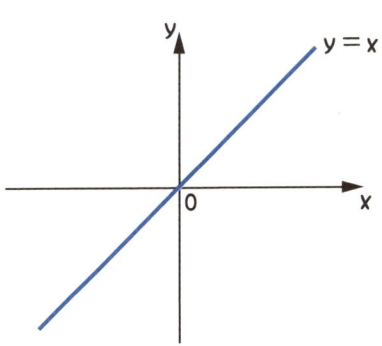

奇函數的圖形會以原點0呈點對稱

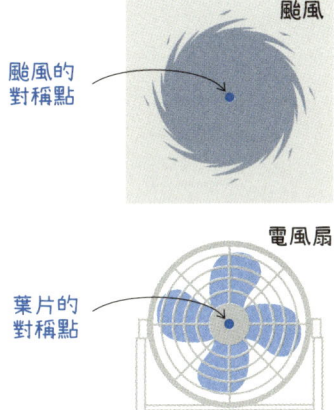

颱風

颱風的對稱點

電風扇

葉片的對稱點

1-2 反向、巢狀結構、暗示
～反函數、合成函數、隱函數～

學習數學分析學就會遇到反函數、合成函數、隱函數這類稍微困難的概念，讓我們一起了解它們吧。

🔍 反函數就是箭頭反轉的東西

輸入值 x、輸出值 y 的函數 $y = f(x)$ 的反函數就是輸入值與輸出值顛倒，y 為輸入值，x 為輸出值的函數，會寫成 $x = f^{-1}(y)$ 這種式子。

1-1 介紹了將 1 本 150 元的筆記本的購買冊數 x 設定為輸入值，將價金 y 設定為輸出值的例子（x 與 y 的關係為 $y = 150x$）。這個函數的反函數就是讓輸入值與輸出值互換位置，將價金 y 設定為輸入值，將筆記本冊數 x 設定為輸出值的函數，也就是 $x = \frac{y}{150}$ 的意思。

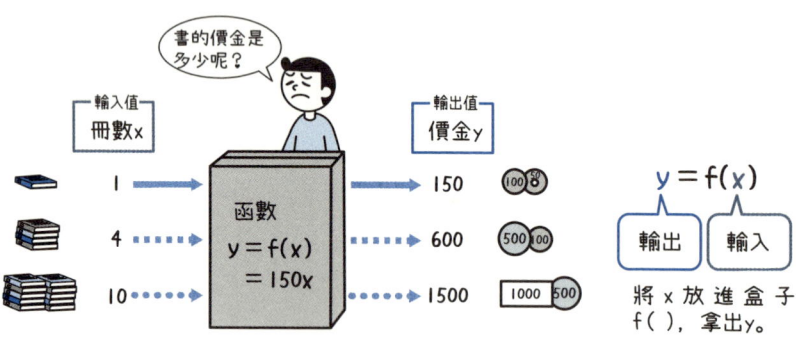

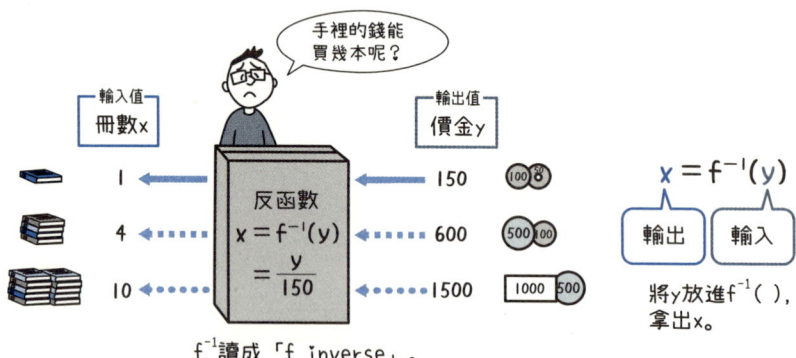

f^{-1} 讀成「f inverse」。

 反函數的圖形

將反函數畫成圖形，會發現 $y = f(x)$ 與 $y = f^{-1}(x)$〔$x = f^{-1}(y)$ 是 x 與 y 互調位置的函數〕具有**以直線** $y = x$ **對稱**的重要性質。

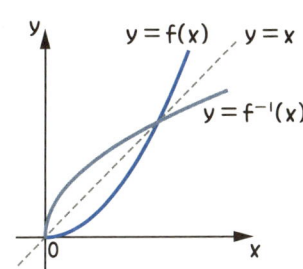

函數與反函數的圖形相對位置範例

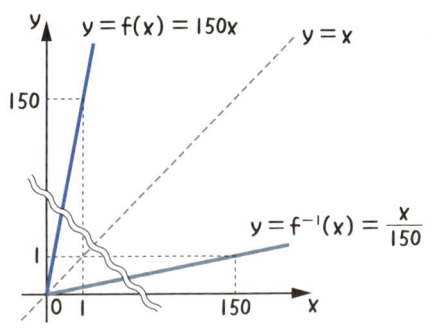

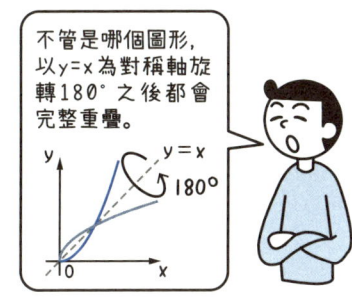

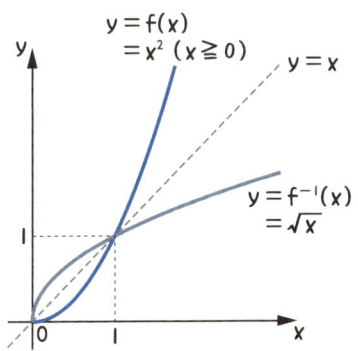

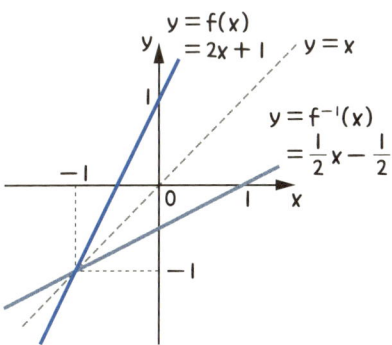

🔍 合成函數就是具有巢狀結構的函數

合成函數就是具有巢狀結構的函數。

讓我們試著想想看 1 枝 50 元的鉛筆、每個小孩 1 人買 2 枝的情況。假設小孩為 x 人,總共買了鉛筆 y 枝,那麼輸入值 x 與輸出值 y 之間,應該會有函數 $y = g(x)$ 才對。

假設將價金設定為 z 元,那麼輸入值 y 與輸出值 z 之間,會有另一個函數 $z = f(y)$。

整理 $y = g(x)$ 與 $z = f(y)$ 之後,就能得到 $z = f(g(x))$。這就是輸入小孩人數的輸入值 x,就會得到價金為輸出值 z 的合成函數 $z = f(g(x))$。

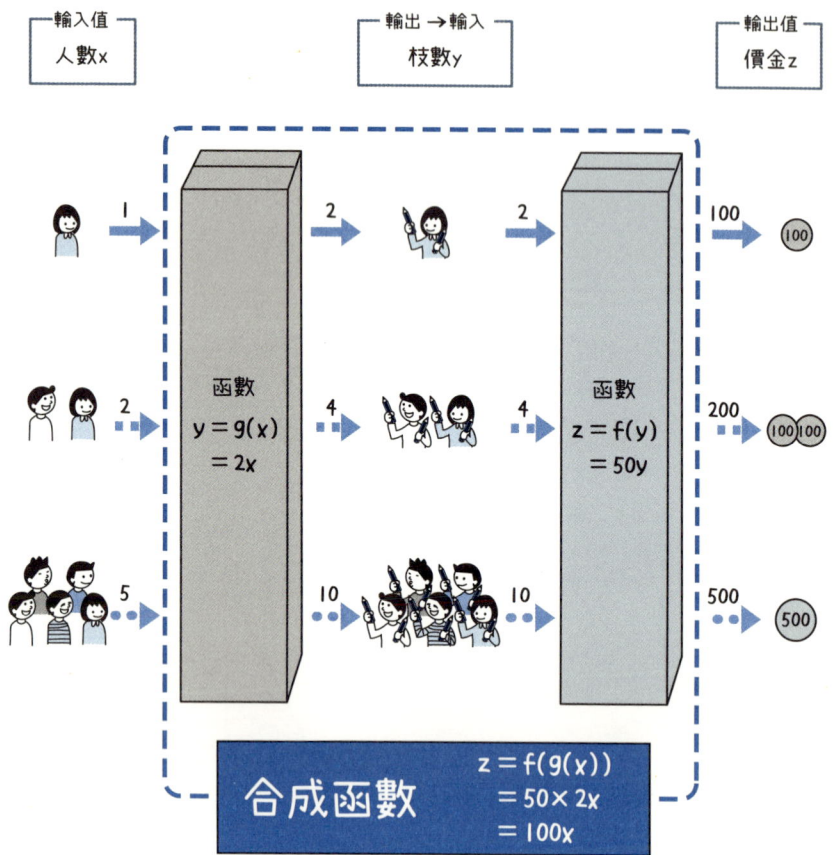

🔍 暗示 x 與 y 的相關性的隱函數

到目前為止介紹的 $y = 150x$ 或 $y = x^2$ 這種以 $y = f(x)$ 說明 x 與 y 相關性的函數稱為**顯函數**。

另一方面，以 $F(x,y) = 0$ 說明變數 x 與 y 的相關性的函數稱為**隱函數**。雖然是 $F(x,y) = 0$ 的形式，但只要 x 固定，y 也會跟著固定，但是與 x 對應的 y 不一定只有一個。

比方說，在 xy 平面上以原點 O 為圓心，半徑為 1 的圓可寫成 $x^2 + y^2 - 1 = 0$ 的式子。若要將這個式子整理成「$y = \cdots$」的形式，式子就不會只有一個，會變成 $y = \sqrt{1 - x^2}$ 與 $y = -\sqrt{1 - x^2}$ 這兩個函數。1-1 節說過，輸入值 x 固定時，輸出值 y 只有一個的式子稱為函數，所以就這層意思來看，「$x^2 + y^2 - 1 = 0$」不算是函數。不過與其使用 $y = \sqrt{1 - x^2}$ 與 $y = -\sqrt{1 - x^2}$，直接使用 $x^2 + y^2 - 1 = 0$ 比較方便，所以才會將 $F(x,y) = 0$ 這種隱函數也當成函數使用。

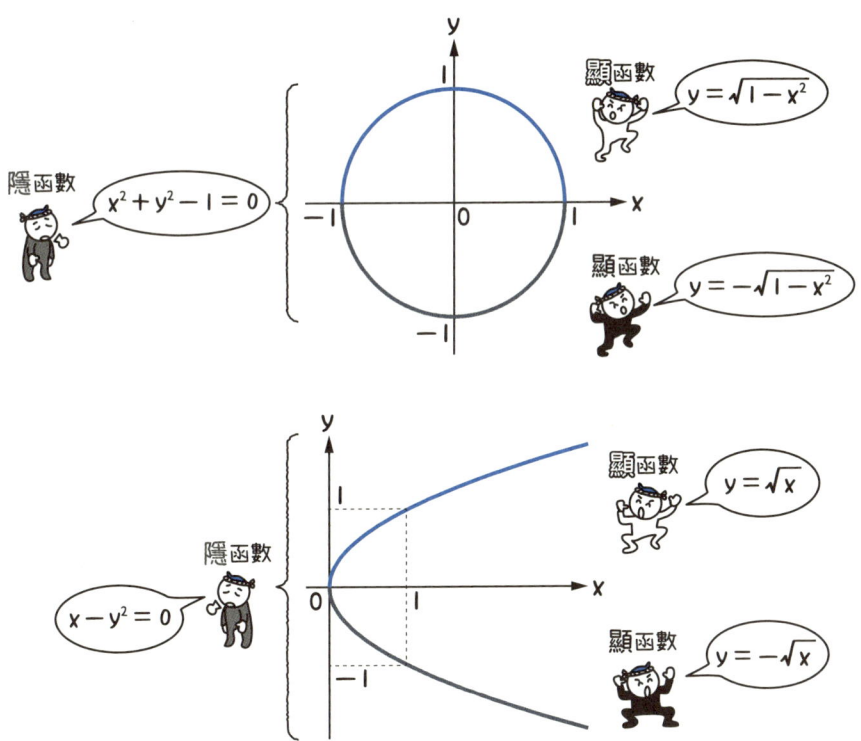

1-3 函數的基礎的基礎～冪函數（n 次函數）

> 冪函數是最單純的函數，用來說明 x^n（這種形式稱為 x 的冪乘。本節提及的 n 為正整數，所以又稱為乘方）的項的總和。由於很單純，所以很常使用，讓我們一起來熟悉它吧。

🔍 一次函數是以斜率與截距決定的直線

$y = ax + b$（a、b 為常數，$a \neq 0$）這種包含 x 的一次項 ax 的函數稱為**一次函數**。一次函數的圖形為直線，a 為圖形的**斜率**，b 為圖形的 y **截距**。

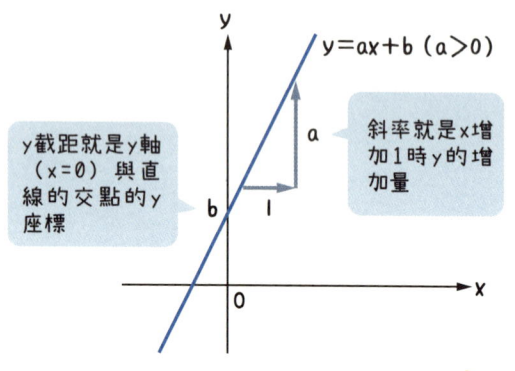
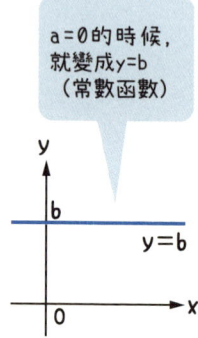

🔍 二次函數為重視頂點與對稱軸的拋物線

$y = ax^2 + bx + c$（a、b、c 為常數，$a \neq 0$）這種包含 x 的二次項 ax^2 的函數稱為**二次函數**。二次函數的圖形為拋物線這種曲線。

二次函數的圖形重視的是頂點與對稱軸，所謂的頂點就是圖形的端點，會是**二次函數的最小值或最大值**。此外，對稱軸是通過頂點的軸，圖形會沿著對稱軸呈線對稱圖形。

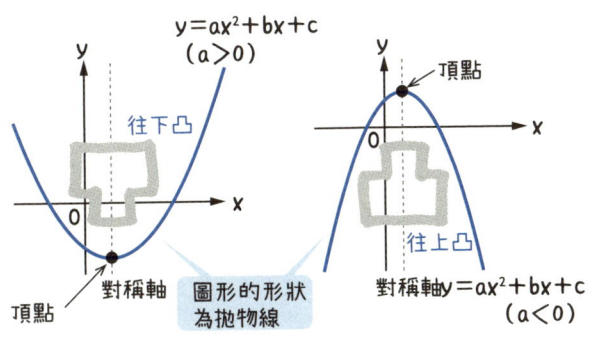

二次函數的圖形與二次方程式解的關係

二次方程式 $ax^2 + bx + c = 0$（$a \neq 0$）的解的公式為 $x = \dfrac{-b \pm \sqrt{b^2 - 4ac}}{2a}$。這個式子的中的 $b^2 - 4ac$ 稱為**判別式**，通常寫成 D（英語 discriminant 的首字母）。可透過判別式 D 為正數、0，或是負數，得知二次方程式的實數解有幾個。

二次函數 $y = ax^2 + bx + c$ 的圖形與 x 軸的相對位置，以及二次方程式 $ax^2 + bx + c = 0$ 的解的個數會出現下列的對應關係。

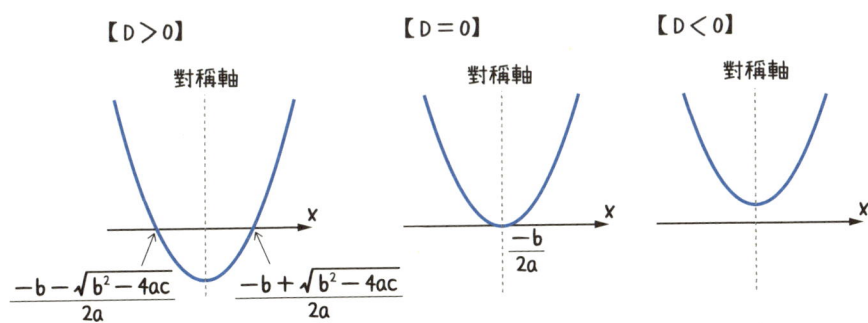

🔍 高次函數十分扭曲

一般來說，最高次數為 n（最高次數的項為 x^n）的冪函數為 **n 次函數**。比方說，x^4-2x^3+1 為四次函數。為什麼將重點放在最高次數，是因為**最高次數的項的增減速度最大**。此外，$n \geq 3$ 的時候稱為高次函數。

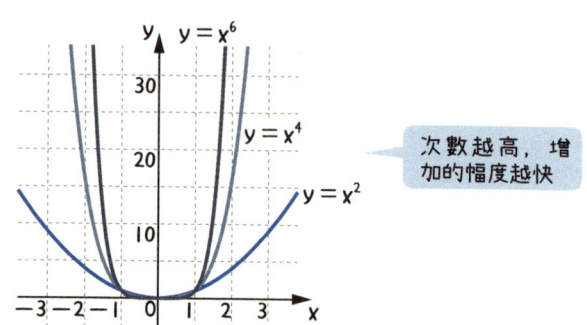

函數從增加到減少，或是從減少到增加的點，稱為局部的最大值或最小值，而這兩個值也稱為**極大值**或**極小值**（統稱為**極值**）。

一般來說，n 次函數的特徵之一就是極值有 $n-1$ 個。換言之，次數越高，圖形就越扭曲。下列是三次函數與四次函數的範例。

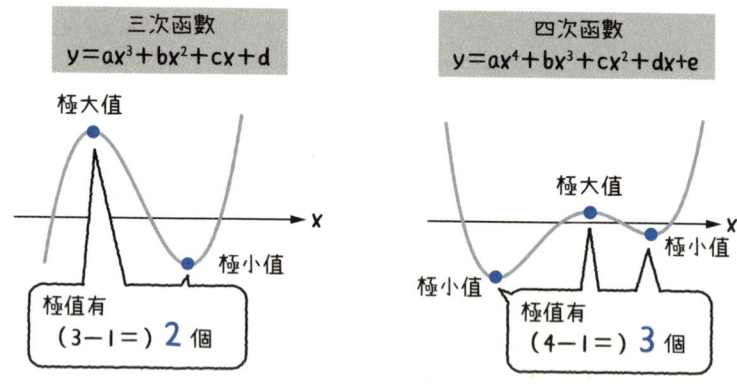

之所以加上「一般來說」這個保險，是因為 n 次函數的極值不一定會是 $n-1$ 個。例如上面提到的 $y=x^4$ 或是 $y=x^6$ 的極值都只有 1 個（不是 3 個或 5 個）。

🔵 三次方程式與四次方程式的解的公式

前面提過了二次方程式,所以在此稍微提一下三次方程式。

此外,三次方程式與四次方程式解的公式比二次方程式複雜許多,所以很少被介紹。

同時,目前已經證明,五次以上的方程式沒有公式解。許多人以為沒有公式解就是沒有解,但**其實不是沒有解**,只是沒有代入係數就能得到解的「公式」而已,一般來說,還是有解的。

以下是三次方程式 $x^3 + ax^2 + bx + c = 0$ 解的公式。是由義大利數學家吉羅拉莫卡丹諾(Girolamo Cardano)發表的公式,所以又稱為卡丹諾公式。

$$x = -\frac{a}{3} + \sqrt[3]{-\frac{27c + 2a^3 - 9ab}{54} + \sqrt{\left(\frac{27c + 2a^3 - 9ab}{54}\right)^2 + \left(\frac{3b - a^2}{9}\right)^3}}$$
$$+ \sqrt[3]{-\frac{27c + 2a^3 - 9ab}{54} - \sqrt{\left(\frac{27c + 2a^3 - 9ab}{54}\right)^2 + \left(\frac{3b - a^2}{9}\right)^3}}$$

$$x = -\frac{a}{3} + \frac{-1 + i\sqrt{3}}{2}\sqrt[3]{-\frac{27c + 2a^3 - 9ab}{54} + \sqrt{\left(\frac{27c + 2a^3 - 9ab}{54}\right)^2 + \left(\frac{3b - a^2}{9}\right)^3}}$$
$$+ \frac{-1 - i\sqrt{3}}{2}\sqrt[3]{-\frac{27c + 2a^3 - 9ab}{54} - \sqrt{\left(\frac{27c + 2a^3 - 9ab}{54}\right)^2 + \left(\frac{3b - a^2}{9}\right)^3}}$$

$$x = -\frac{a}{3} + \frac{-1 - i\sqrt{3}}{2}\sqrt[3]{-\frac{27c + 2a^3 - 9ab}{54} + \sqrt{\left(\frac{27c + 2a^3 - 9ab}{54}\right)^2 + \left(\frac{3b - a^2}{9}\right)^3}}$$
$$+ \frac{-1 + i\sqrt{3}}{2}\sqrt[3]{-\frac{27c + 2a^3 - 9ab}{54} - \sqrt{\left(\frac{27c + 2a^3 - 9ab}{54}\right)^2 + \left(\frac{3b - a^2}{9}\right)^3}}$$

居然能找到這種公式啊~

同樣地,四次方程式也有公式解(由於太過冗長,就不在這裡介紹了……)。四次方程式的公式解是由卡丹諾的學生洛多維科費拉里(Ludovico Ferrari)發現,所以又稱為費拉里公式。

有興趣的人可以在網路找找看喔。

1-4 正弦與餘弦與其說是三角函數，更像是波函數～三角函數～

> 三角函數是在理工科各領域都很常用的重要函數，但比起用來研究「三角形」，三角函數更常用來描述「波」，就讓我們一起來了解以三角函數描述波是什麼意思吧。

🔍 三角比的定義

三角函數可視為**三角比**的擴張，因此讓我們先了解三角比。三角比的定義是直角三角形的邊長比。

由於三角形的內角和為 180°，而且下圖三角形的其中一個內角為直角，所以有 0°＜ θ ＜ 90°的限制。

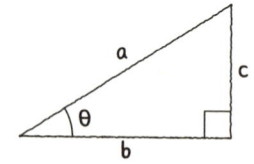

$$\cos\theta = \frac{b}{a} \qquad \sin\theta = \frac{c}{a} \qquad \tan\theta = \frac{c}{b}$$

　　　餘弦　　　　　　正弦　　　　　　正切

重要的三角比的值

$$\cos 60° = \sin 30° = \frac{1}{2} \qquad \cos 30° = \sin 60° = \frac{\sqrt{3}}{2} \qquad \cos 45° = \sin 45° = \frac{\sqrt{2}}{2}$$

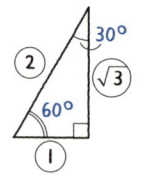 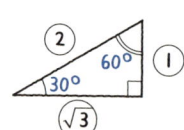 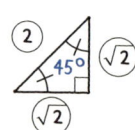

◆ 三角比的公式

$$\tan\theta = \frac{\sin\theta}{\cos\theta}$$

※ $\tan\theta = \dfrac{c}{b} = \dfrac{c/a}{b/a} = \dfrac{\sin\theta}{\cos\theta}$

> 從畢氏定理推導出 $b^2 + c^2 = a^2$

$$\cos^2\theta + \sin^2\theta = 1$$

※ $\cos^2\theta + \sin^2\theta = \dfrac{b^2}{a^2} + \dfrac{c^2}{a^2} = \dfrac{b^2+c^2}{a^2} = \dfrac{a^2}{a^2} = 1$

🔍 從三角比擴張而來的三角函數

以直角三角形定義的三角比若排除 $0°< \theta <90°$ 的限制,就能擴張為三角函數。因此可如下定義三角函數。這個定義會與剛剛三角比的定義整合。

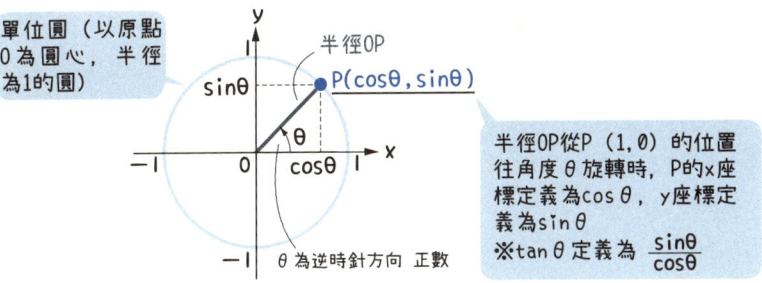

具體的 θ 與三角函數的值

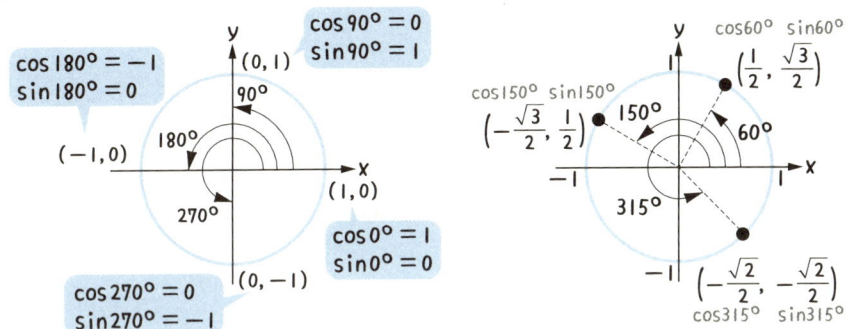

🔍 $\theta \geqq 360°$ 的三角函數

若將 $\theta \geqq 360°$ 是想成轉超過一次,三角函數會被所有正實數 θ 給定義。

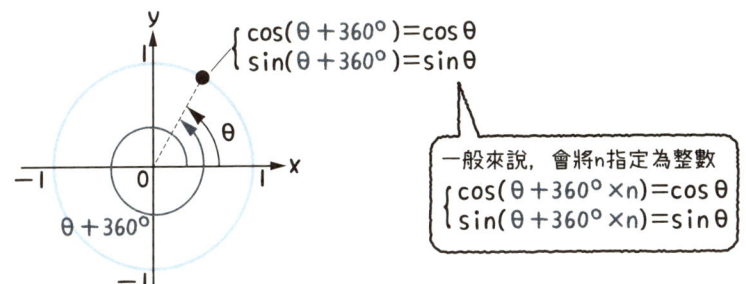

🔍 θ < 0° 的三角函數

剛剛假設 $\theta > 0°$。如果 $\theta < 0°$，也就是順時針旋轉，就能以負的 θ 定義三角函數。如此一來，就能以所有實數定義三角函數。

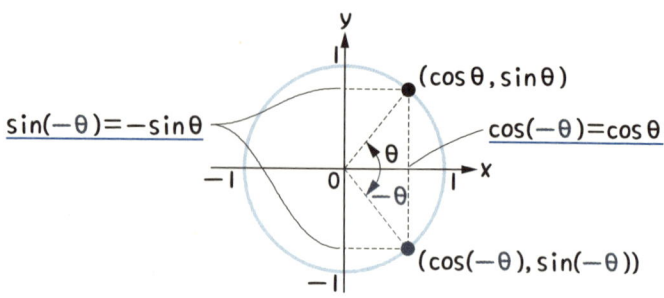

🔍 弧度法（radian）

思考三角函數的角度時，比起以「°」（度、degree）為單位的**度數法**，更常使用以**弧度**（radian，簡稱為 rad）為單位的**弧度法**。

弧度法的角度是以長度的比定義。

半徑為1、弧長為L的扇形的中心角 θ 為

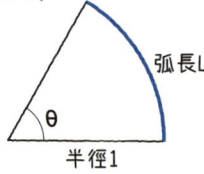

半徑1的圓周長為
$2\pi \times$（半徑）$= 2\pi \times 1 = 2\pi$（π 為圓周率），
因此，度數法的360°等於弧度法的2π rad。

$$360° = 2\pi \text{ rad}$$

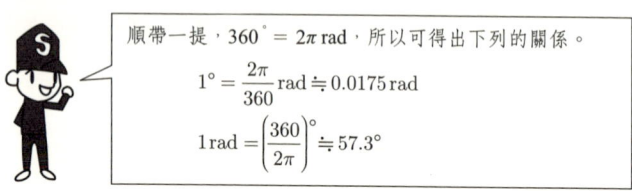

🔍 弧度法的方便之處

使用弧度法的理由在於**以 θ 微分 $\sin \theta$ 就能得到 $\cos \theta$**，也比較容易應用於數學研究中。

之後只要沒有特別說明，所有角度都是弧度法的角度。此外，會依照慣例省略單位（「弧度」或「rad」）。

🔍 三角函數的圖形

若根據以單位圓建立的定義描繪三角函數 $\sin \theta$、$\cos \theta$、$\tan \theta$ 的圖形，可得到下列的圖形。

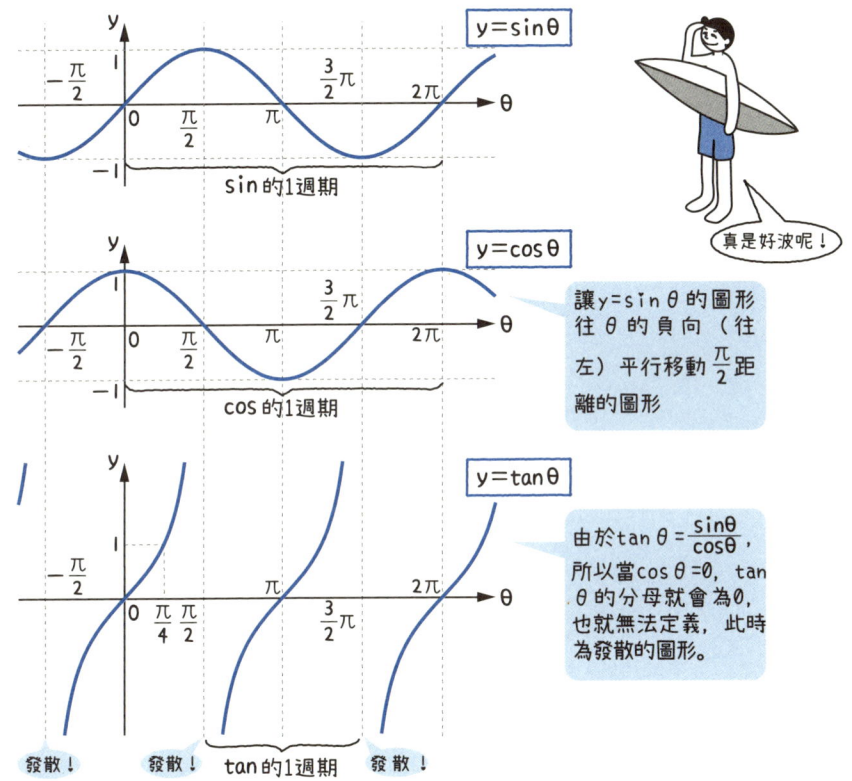

$\sin \theta$、$\cos \theta$ 是週期為 2π 的**週期函數**，所以圖形會是完整的波形，而這種波稱為正弦波。這不禁讓人覺得三角函數真的很適合用來說明波。此外，$\tan \theta$ 是週期為 π（剛好是週期 2π 的 $\sin \theta$ 或 $\cos \theta$ 的一半）的週期函數。

🔍 三角函數的各種公式

三角函數有很多種公式，雖然不須要全部背下來，但至少記住下列這幾個公式吧。

◆ 正弦定理

正弦定理就是三角形 ABC 三邊的長度（BC ＝ a、CA ＝ b、AB ＝ c）的比，以及與各邊對向的角度 A、B、C 的正弦（$\sin A$、$\sin B$、$\sin C$）的比所形成的關係。

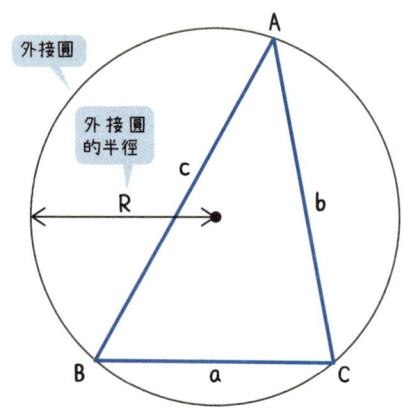

左側△ABC與該三角形的外接圓

$$a : b : c = \sin A : \sin B : \sin C$$
$$\frac{a}{\sin A} = \frac{b}{\sin B} = \frac{c}{\sin C} = 2R$$

◆ 餘弦定理

餘弦定理可說是讓畢式定理擴張至直角三角形之外的三角形的定理。比方說，當 $A = \frac{\pi}{2}$（直角），$\cos A = 0$，而餘弦定理的公式為「$a^2 = b^2 + c^2$」，與畢式定理可說是如出一轍。

$B = \frac{\pi}{2}$ 與 $C = \frac{\pi}{2}$ 的情況也一樣喔。

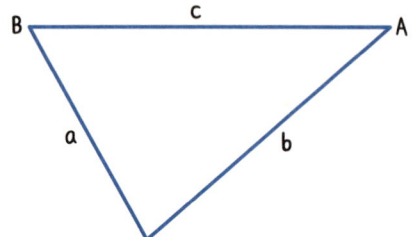

左側△ABC的公式

$$a^2 = b^2 + c^2 - 2bc \cos A$$
$$b^2 = c^2 + a^2 - 2ca \cos B$$
$$c^2 = a^2 + b^2 - 2ab \cos C$$

◆加法定理

加法定理是以 α 或 β 的三角函數說明（α±β）的三角函數的公式。這也是作為其他三角函數公式基礎的重要公式。

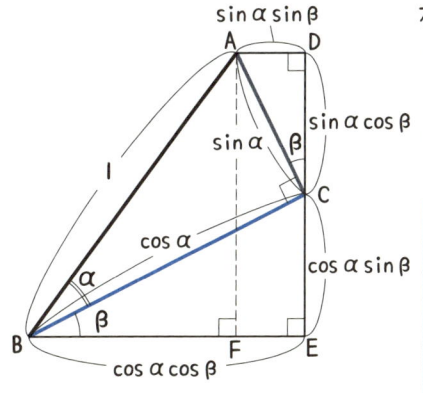

左圖的公式

$\sin(\alpha + \beta) = AF = DE = DC + CE$
$= \sin\alpha\cos\beta + \cos\alpha\sin\beta$

$\cos(\alpha + \beta) = BF = BE - FE = BE - AD$
$= \cos\alpha\cos\beta - \sin\alpha\sin\beta$

$\sin(\alpha \pm \beta) = \sin\alpha\cos\beta \pm \cos\alpha\sin\beta$ ①
$\cos(\alpha \pm \beta) = \cos\alpha\cos\beta \mp \sin\alpha\sin\beta$ ②
$\tan(\alpha \pm \beta) = \dfrac{\tan\alpha \pm \tan\beta}{1 \mp \tan\alpha\tan\beta}$

（正負號順序相同）

角度為 2θ（**倍角公式**）、3θ（**三倍角公式**）、$\dfrac{\theta}{2}$ 時（**半角公式**）的三角函數公式可透過加法定理導出。

倍角公式

$\sin 2\theta = 2\sin\theta\cos\theta$
$\cos 2\theta = \cos^2\theta - \sin^2\theta$
$\qquad = 2\cos^2\theta - 1$
$\qquad = 1 - 2\sin^2\theta$
$\tan 2\theta = \dfrac{2\tan\theta}{1-\tan^2\theta}$

以加法定理定義為 $\alpha = \beta = \theta$

三倍角公式

$\sin 3\theta = 3\sin\theta - 4\sin^3\theta$
$\cos 3\theta = 4\cos^3\theta - 3\cos\theta$
$\tan 3\theta = \dfrac{3\tan\theta - \tan^3\theta}{1 - 3\tan^2\theta}$

以加法定理定義為 $\alpha = 2\theta$、$\beta = \theta$

半角公式

$\sin^2\dfrac{\theta}{2} = \dfrac{1-\cos\theta}{2}$
$\cos^2\dfrac{\theta}{2} = \dfrac{1+\cos\theta}{2}$
$\tan^2\dfrac{\theta}{2} = \dfrac{1-\cos\theta}{1+\cos\theta}$

以 $\cos 2\theta$ 的倍角公式將 θ 定義為 $\dfrac{\theta}{2}$

將三角函數積分時，利用這些公式將之便形成次數低的三角函數。

◆ 積化和差的公式

這是將三角函數的積轉換成和的公式，可透過加法定理導出。

$$\sin\alpha\cos\beta = \frac{1}{2}\{\sin(\alpha+\beta) + \sin(\alpha-\beta)\}$$ 取得加法定理①的（α+β）的式子與（α-β）的式子的和。

$$\cos\alpha\sin\beta = \frac{1}{2}\{\sin(\alpha+\beta) - \sin(\alpha-\beta)\}$$ 取得加法定理①的（α+β）的式子與（α-β）的式子的差。

$$\cos\alpha\cos\beta = \frac{1}{2}\{\cos(\alpha+\beta) + \cos(\alpha-\beta)\}$$ 取得加法定理②的（α+β）的式子與（α-β）的式子的和。

$$\sin\alpha\sin\beta = -\frac{1}{2}\{\cos(\alpha+\beta) - \cos(\alpha-\beta)\}$$ 取得加法定理②的（α+β）的式子與（α-β）的式子的差。

注意符號

◆ 和差化積的公式

這是將三角函數的和轉換成積的公式。雖然可透過加法定理導出，但使用積化和差公式可更快導出。

$$\sin\alpha + \sin\beta = 2\sin\frac{\alpha+\beta}{2}\cos\frac{\alpha-\beta}{2}$$

$$\sin\alpha - \sin\beta = 2\cos\frac{\alpha+\beta}{2}\sin\frac{\alpha-\beta}{2}$$

$$\cos\alpha + \cos\beta = 2\cos\frac{\alpha+\beta}{2}\cos\frac{\alpha-\beta}{2}$$

$$\cos\alpha - \cos\beta = -2\sin\frac{\alpha+\beta}{2}\sin\frac{\alpha-\beta}{2}$$

以積化和差的公式定義為
$\alpha \to \frac{\alpha+\beta}{2}$，$\beta \to \frac{\alpha-\beta}{2}$

注意符號

◆ 三角函數的合成公式

這是將 sin 與 cos 的和整理成一個三角函數的公式。這個公式也可透過加法定理導出。

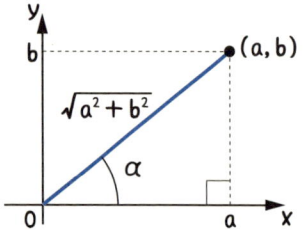

$$a\sin\theta + b\cos\theta = \sqrt{a^2+b^2}\sin(\theta+\alpha)$$

不過，α 滿足下列式子。

$$\cos\alpha = \frac{a}{\sqrt{a^2+b^2}}, \quad \sin\alpha = \frac{b}{\sqrt{a^2+b^2}}$$

🔍 三角函數的反函數（反三角函數）

函數 $y = \sin x$ 的反函數寫成 $x = \sin^{-1} y$ 或是 $x = \arcsin y$。同理可證，也有 $y = \cos x$ 的反函數（$x = \cos^{-1}$ 或 $\arccos y$）以及 $y = \tan x$ 的反函數（$x = \tan^{-1} y$ 或 $\arctan y$）。

> 要注意寫成 $\sin^{-1} y$ 的時候，不等於 $\dfrac{1}{\sin y}$。

由於 $y = \sin x$ 為週期函數，所以與 y 對應的 x 有很多個，例如 $y = 1$ 的時候，x 會是 $\dfrac{\pi}{2}$、$\dfrac{5\pi}{2}$、$-\dfrac{3\pi}{2}$，會有無限多個，所以在「$x = \arcsin y$」的情況下，與輸入值 y 對應的輸出值 x 有無數多個。將 x 的範圍定在 $-\dfrac{\pi}{2} \leqq x \leqq \dfrac{\pi}{2}$ 之間，就能定義「輸出值只有一個」（1-1 節）的反三角函數。

> 如此一來，x 與 y 就會變成 1 對 1 的對應關係。此時的 x 值為主值。

$y = \sin x$ 的圖形與 $y = \arcsin x$ 的圖形沿著直線 $y = x$ 呈對稱圖形（1-2 節）。$y = \cos x$ 與 $y = \arccos x$ 以及 $y = \tan x$ 與 $y = \arctan x$ 也有同樣的現象。

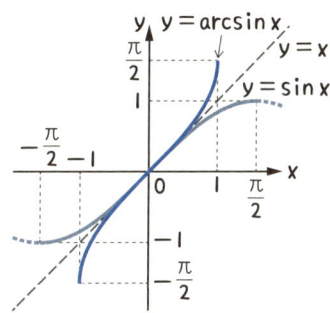
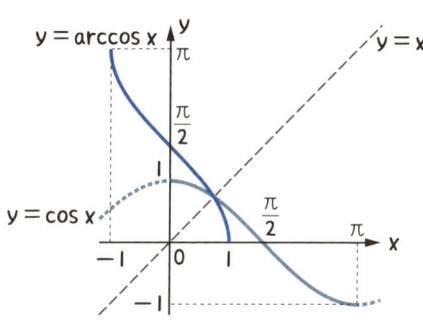
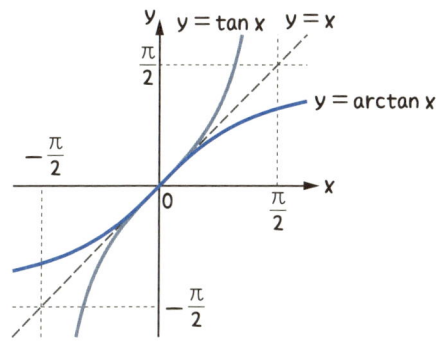

1-5 說明呈幾何級數增加的方法 ～指數函數～

在自然界中，像幾何級數倍增或是快速趨近於零的現象非常多，而用來說明這種現象的函數就是指數函數。

🔍 指數是將乘法當成加法，將除法當成減法

寫成「2^5」的時候，「5」這種放在某個數右上方的數稱為**指數**，而此時的「2」稱為**底數**。指數代表的是底的相乘次數。

底數相等的數的乘法與除法可如下變成指數的加法與減法。這種性質稱為**指數法則**。指數法則非常好用，所以許多情況都會以指數表現數字（以下若沒有特別說明，m 與 n 都是正整數，a 為實數）。

【規則1】　$a^n = \underbrace{a \times a \times \cdots \times a}_{\text{乘以n次}}$

　　　　　例）$2^5 = 2 \times 2 \times 2 \times 2 \times 2 = 32$

【規則2】　$a^n \times a^m = a^{(n+m)}$

　　　　　例）$2^3 \times 2^2 = 2^{(3+2)} = 2^5 = 32$

【規則3】　$a^n \div a^m = a^{(n-m)}$（ただし、$a \neq 0$）

　　　　　例）$2^4 \div 2^2 = 2^{(4-2)} = 2^2 = 4$

【規則4】　$(a^n)^m = a^{(n \times m)}$

　　　　　例）$(2^2)^3 = 2^{(2 \times 3)} = 2^6 = 64$

🔍 擴張指數

剛剛提過，「指數為底數相乘的次數」，但這只適用於指數為正整數的情況，如果要將指數擴張至有理數，須具備下列規則。

【規則5】 0的指數：$a^0 = 1$（不過，$a \neq 0$）
比方說，$5^2 \div 5^2 = 1$，但是套用【規則3】，可得出$5^2 \div 5^2 = 5^{(2-2)} = 5^0$
所以，0次方為1，換言之，想成是$5^0 = 1$比較適當。

【規則6】 負的指數：$a^{-n} = \dfrac{1}{a^n}$（不過，$a \neq 0$）
比方說，【規則2】與【規則5】可證明$5^2 \times 5^{-2} = 5^{(2-2)} = 5^0 = 1$，所以$5^{-2}$
為5^2的倒數，換言之，想成是$5^{-2} = \dfrac{1}{5^2}$比較適當。

【規則7】 分數的指數：$a^{\frac{n}{m}} = \sqrt[m]{a^n} = \left(\sqrt[m]{a}\right)^n$（不過，$a > 0$）
比方說，【規則1】與【規則4】證明，$(5^{\frac{1}{3}})^3 = 5^{\frac{1}{3}} \times 5^{\frac{1}{3}} \times 5^{\frac{1}{3}} = 5^1 = 5$
所以$5^{\frac{1}{3}}$就是「連乘三次等於5的數」，換言之，就是5的3次方根$\sqrt[3]{5^2}$。
若再以$5^{\frac{2}{3}}$為例，【規則4】可以導出

$$5^{\frac{2}{3}} = 5^{\frac{1}{3} \times 2} = (5^{\frac{1}{3}})^2 = \left(\sqrt[3]{5}\right)^2 \quad 5^{\frac{2}{3}} = 5^{2 \times \frac{1}{3}} = (5^2)^{\frac{1}{3}} = \sqrt[3]{5^2}$$

因此，想成是$5^{\frac{2}{3}} = \sqrt[3]{5^2} = \left(\sqrt[3]{5}\right)^2$比較適當。

像這樣加上「底數＞0」的條件就能讓指數擴張至有理數的範圍，而且**將指數定義為無理數，就能讓指數擴張至所有實數。**

> 要將指數定義為無理數須要進一步的說明，在此予以省略。

到目前為止，我們已經知道在「底數＞0」的條件下，指數可擴張至所有實數，換言之，指數法則的 m 或 n 在「底數＞0」的條件下，就不一定只能是正整數，可以是任何實數。

此外，「指數函數 $y = a^x$」的時候，底數 a 除了具有 $a > 0$ 的條件，還有 $a \neq 1$（換言之，除了1以外的所有正數）的條件。若 $a = 1$，指數 x 不管是什麼值，y 都等於1。此外，$a = -2$ 時，$(-2)^{\frac{1}{2}}$ 這種值無法以實數的範圍定義。

> 函數若擴張至複數，$a < 0$ 也可以定義為指數函數（後續於第6章介紹）。

25

🔍 指數函數的圖形

指數函數 $y = a^x$（$a > 0$、$a \neq 1$）的圖形如下。要注意的是，y 永遠大於 0 這點。

「y 永遠大於 0」這點在下一節定義對數的時候，是相當重要的條件。

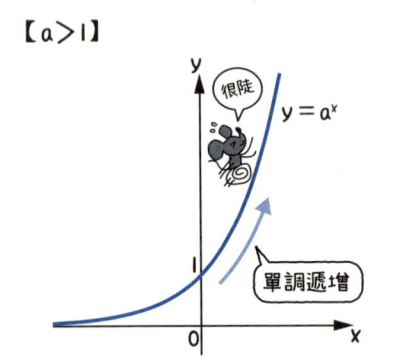

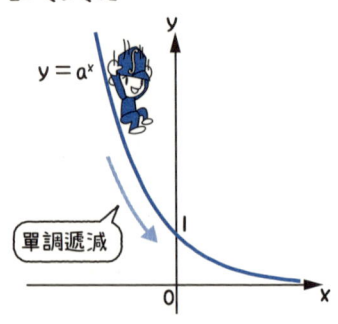

【a＞1】　　　　　　　　　　【0＜a＜1】

$y = a^x$　單調遞增　　　　　$y = a^x$　單調遞減

- x增加，y就急速增加，x減少，y就急速趨近於0
- x減少時，y急速增加，x增加時，y急速趨近於0

- $y = a^x$ 的圖形與 $y = -a^x$ 的圖形，沿著x軸呈對稱圖形
- $y = a^x$ 的圖形與 $y = a^{-x}$ 的圖形，沿著y軸呈對稱圖形

🔍 自然常數的指數函數

自然常數 e（$= 2.718281\cdots$）的指數函數常使用於數學分析中。

相關的細節會於第 2 章說明，但 $y = e^x$ 的導數為 $y' = e^x$，換言之，**函數值與斜率（微分系數）的值相同**。

此外，$y = e^x$ 有時會寫成 $y = \exp x$。

許多程式設計語言或是 Excel 這類試算表軟體都可以使用 $\exp(x)$ 這種函數。

$y = e^x$　$y = x$

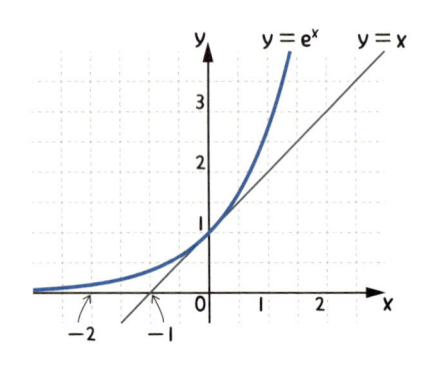

🔍 雙曲函數

雙曲函數（**Hyperbolic** 函數）如下以指數函數定義，也是常見的微分方程式的解。「雙曲」這個名稱源自雙曲函數為雙曲線（*hyperbola*）圖形的參數方程式（1-8 節）之一。

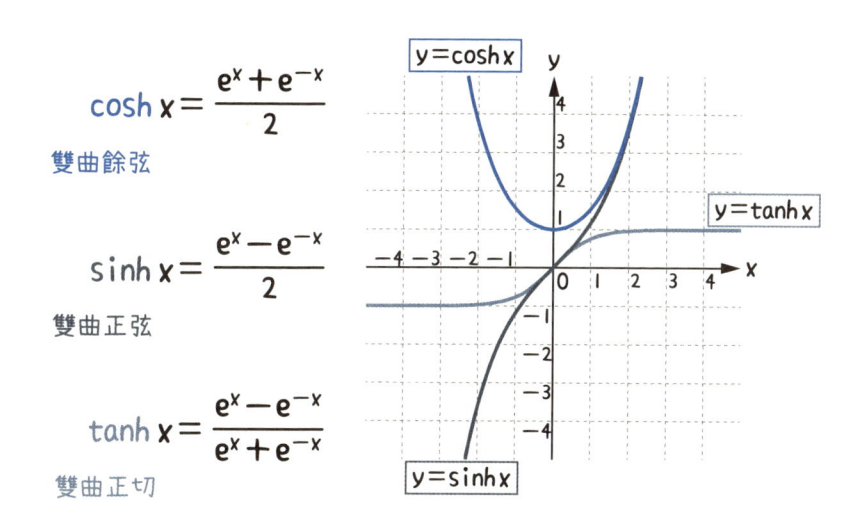

$$\cosh x = \frac{e^x + e^{-x}}{2}$$
雙曲餘弦

$$\sinh x = \frac{e^x - e^{-x}}{2}$$
雙曲正弦

$$\tanh x = \frac{e^x - e^{-x}}{e^x + e^{-x}}$$
雙曲正切

雙曲函數具有下列與三角函數相似的性質。此外，第 6 章將說明將雙曲函數看成三角函數的時代背景。

$$\cosh(-x) = \cosh x \text{、} \sinh(-x) = -\sinh x$$

雙曲函數的基本公式
$$\begin{cases} \cosh^2 x \ominus \sinh^2 x = 1 \\ \tanh x = \dfrac{\sinh x}{\cosh x} \end{cases}$$
（若是三角函數的公式，這裡會是加號）

雙曲函數的加法定理
$$\begin{cases} \sinh(x+y) = \sinh x \cosh y + \cosh x \sinh y \\ \cosh(x+y) = \cosh x \cosh y \oplus \sinh x \sinh y \end{cases}$$
（若是三角函數的加法定理，這裡會是負號）

※上述這些公式或定理可利用 cosh x、sinh x、tanh x 的定義式計算與證明。

1-6 精簡地呈現龐大的數 ～對數函數～

對數很常用來說明大幅變化的量的特徵，以及將積（乘法）轉換成和（加法），或是將商（除法）轉換成差（減法）。

🔍 對數就是指數的「相反」

指數是思考「2 的 4 次方是什麼意思？」也就是「$2^4 = 16$」這類問題的概念，而**對數**則是思考「16 是 2 的幾次方」這類問題。對數會使用 log 這個符號寫成「$\log_2 16 = 4$」。「$2^4 = 16$」與「$\log_2 16 = 4$」的意思相同。

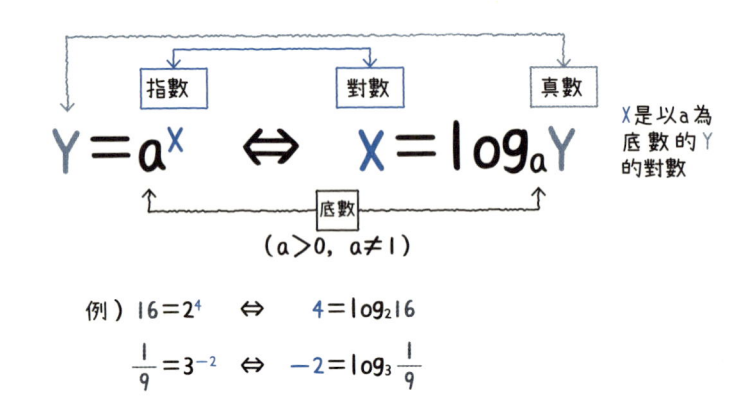

$$Y = a^X \quad \Leftrightarrow \quad X = \log_a Y$$

（指數）　　　　　（對數）　（真數）

底數 $(a>0, a\neq 1)$

X 是以 a 為底數的 Y 的對數

例) $16 = 2^4 \quad \Leftrightarrow \quad 4 = \log_2 16$

$\dfrac{1}{9} = 3^{-2} \quad \Leftrightarrow \quad -2 = \log_3 \dfrac{1}{9}$

🔍 對數的各種性質

由於對數與指數彼此對應，所以具有下列的性質。

- $\log_a 1 = 0$ （真數1的對數為0）
  例) $\log_2 1 = 0 \quad (\Leftrightarrow 2^0 = 1)$

- $\log_a a = 1$ （真數與底數相等的對數為1）
  例) $\log_2 2 = 1 \quad (\Leftrightarrow 2^1 = 2)$

- $\log_a M^r = r \log_a M$ （真數的指數會跑到前面再降下來）
  例) $\log_2 2^4 = 4 \log_2 2 = 4$

此外，對數具有將積（乘法）轉換成和（加法），將商（除法）轉換成差（減法）這種性質。

- $\log_a (M \times N) = \log_a M + \log_a N$ （真數的積等於對數的和）

  例）$\log_2 (4 \times 16) = \log_2 4 + \log_2 16$
  $= \log_2 2^2 + \log_2 2^4 = 2 + 4 = 6$

- $\log_a (M \div N) = \log_a M - \log_a N$ （真數的商等於對數的差）

  例）$\log_2 (4 \div 16) = \log_2 4 - \log_2 16$
  $= \log_2 2^2 - \log_2 2^4 = 2 - 4 = -2$

🔍 底數的轉換公式

對數還有下列用來「轉換底數」的公式。

$$\log_a b = \frac{\log_c b}{\log_c a} \quad \text{公式（不過，a、b、c都為正數，} a \neq 1 \text{、} c \neq 1 \text{）}$$

a與c為底數

例）$\log_{10} 8 = \dfrac{\log_2 8}{\log_2 10} = \dfrac{3}{\log_2 10}$

※轉換後的底數必須為1以外的正實數。

🔍 對數函數是指數函數的反函數

從指數與對數的關係來看，指數函數 $y = a^x$ 就是對數函數 $x = \log_a y$。若是參照 1-2 節介紹的反函數，可以得知輸入值 x 與輸出值 y 為相反的關係。換言之，**對數函數 $x = \log_a y$ 為指數函數 $y = a^x$ 的反函數**。

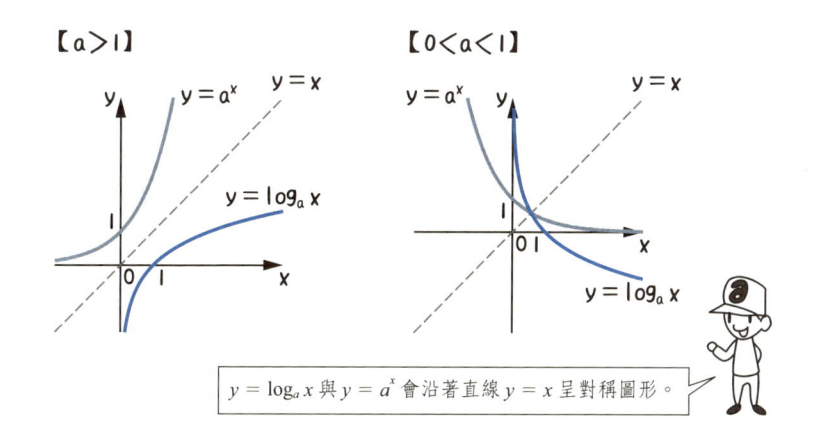

【a＞1】

【0＜a＜1】

$y = \log_a x$ 與 $y = a^x$ 會沿著直線 $y = x$ 呈對稱圖形。

🔍 對數函數的性質

再次畫出 $y = \log_a x$ 的圖形。**對數函數的特徵在於增加與減少的速度都很慢。**

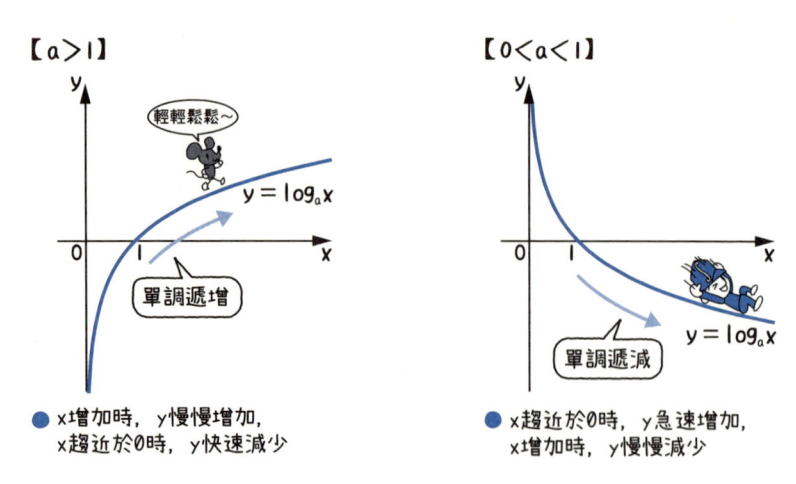

【a>1】

輕輕鬆鬆～

$y = \log_a x$

單調遞增

【0<a<1】

單調遞減

$y = \log_a x$

- x增加時，y慢慢增加，x趨近於0時，y快速減少
- x趨近於0時，y急速增加，x增加時，y慢慢減少

- $y = \log_a x$ 的圖形與 $y = \log_{\frac{1}{a}} x = -\log_a x$ 的圖形會沿著x軸對稱
- $y = \log_a x$ 的圖形與 $y = \log_a (-x)$ 的圖形會沿著y軸對稱

🔍 各種對數

下面列出一些自然科學及資訊科學常用的對數。

◆ 常用對數

指的是底數為 10 的對數。x 的常用對數寫成 $\log_{10} x$。

常用對數很常用來說明位數。一般來說，整數 N 的位數為 $(\log_{10} N) + 1$ 的整數部分。例如，1000 的位數為 4，也就是 $(\log_{10} 1000) + 1$ $(= 3 + 1)$，某個整數 x 為 $\log_{10} x = 12.1 \cdots$ 時，x 的位數為 $(12 + 1 =)$ 13 位數。

◆ 自然對數

指的是底數為自然常數 $e = 2.718281$ 的對數。x 的自然對數寫成 $\log_e x$。

e 也可說成自然對數的底數。此外，指數函數 e^x 在數學分析中非常重要，所以 e^x 的反函數 $\log_e x$ 也常使用於數學分析中。

◆ 二進制對數

指的是底數為 2 的對數。x 的二進制對數寫成 $log_2 x$。這種對數很常用於資訊領域,例如用來估算電腦的計算量。

◆ 對數的標記方式

常用對數、自然對數、二進制對數各有下表的簡略標記方式。不過,常用對數與自然對數都有「log x」這種標記方式,所以得根據前後文分辨「log x」指的是哪種對數(應該會有「log x 為自然對數」這種提示才對)。此外,數學分析幾乎都是使用自然對數,所以本書也將「log x」預設為自然對數。

對數的種類	寫出底數	簡略標記
自然對數	$log_e x$	log x / ln x
常用對數	$log_{10} x$	log x / lg x
二進制對數	$log_2 x$	lg x / lb x

n為natural logarithm(自然對數)的首字母
lg x 省略了o
b為binary logarithm(二進制對數)的首字母

🔍 **對數的方便之處**

由於對數具有「精簡呈現龐大數字」的性質,所以常用於評估前一節常用對數提及的整數位數,或是如後續的專欄所述,用來繪製對數軸的圖形,用途可說是非常多元。

此外,位數很多的數相乘時,有時也會利用對數估算結果。

例如:253434×643434,就能如下算出近似值。

$\quad log_{10}(253434 \times 643434)$ ……………… 轉換成常用對數
$= log_{10} 253434 + log_{10} 643434$ ………… 將真數的積轉換成對數的和
$\fallingdotseq 5.40386 + 5.80850 = 11.212$ ………… 從對數表找出值再相加
$\quad 253434 \times 643434 \fallingdotseq 10^{11.212} \fallingdotseq 163000000000$

在現代,已不須要先轉換成對數,直接利用函數電子計算機計算,就能瞬間算出結果,但是 15～17 世紀的天文學或是航海術卻常常須要計算位數偏多的三角函數的乘積,所以很常使用上述的方法。

1-7 學習數學分析的關鍵 ～數列～

顧名思義，數列就是由一堆數字排成的東西。高中的數列很像是某種拼圖，但是在這個以科學技術為主的社會，這也是常見的思考邏輯與概念，所以建議大家熟悉數列的使用方法。此外，學習數學一段時間之後，就會遇到函數序列這類從擴張數列而來的概念，而函數序列是進一步學習數學分析的基礎。

🔍 數列的標記方式

1、1、2、3、5、8、13、…這種由一堆數字排成的東西稱為**數列**。數列的每個數字稱為項，下列是項的排列具有規律的數列。

數列 $\{a_n\}$： a_1（首項，第1項）, a_2（第2項）, a_3（第3項）, …（表示中途省略的符號）, a_{n-1}, a_n（一般項，第n項，項的編號以小字標記）, a_{n+1}（代表後面還有項）, …

數列以 { } 括住一般項標記

🔍 等差數列的相鄰項的差是固定的

相鄰項的差為固定時，這種數列稱為**等差數列**。此外，等差數列的「相鄰項差值」稱為**公差**。

比方說，首項為3，相鄰項差值（公差）為2的等差數列為3、5、7、9、…。

首項a、公差d的等差數列$\{a_n\}$

a_1, a_2, a_3, a_4, …, a_{n-1}, a_n
a, $a+d$, $a+2d$, $a+3d$, …, $a+(n-2)d$, $a+(n-1)d$, …
　　+d　　+d　　+d　　　　　　　　　+d

一般項（第n項）為 $\boxed{a_n = a + (n-1)d}$

例）首項3、公差2的等差數列

3, 5, 7, 9, …, $3+(n-2)\times 2$, $3+(n-1)\times 2$, …
　+2　+2　+2　　　　　　　　　　+2

➡ 首項（第n項）為 $3+2(n-1) = \underline{2n+1}$

此外,數列的和也很重要。首項 a、公差 d 的等差數列 $\{a_n\}$ 從首項加至第 n 項的和 S_n 可如下視為計算 S_n 之間的總和。

$$\begin{array}{rl}
S_n = & a + (a+d) + (a+2d) + \cdots + (a_n-d) + a_n \\
+)\ S_n = & a_n + (a_n-d) + (a_n-2d) + \cdots + (a+d) + a \\
\hline
2S_n = & \underbrace{(a+a_n) + (a+a_n) + (a+a_n) + \cdots + (a+a_n) + (a+a_n)}
\end{array}$$

項的排列順序顛倒

由於 $(a+a_n)$ 有 n 個,所以為 $n(a+a_n)$

因此,首項 a 與公差 d 的等差數列的首項到第 n 項的總和 S_n 為

$$S_n = \frac{n}{2}(a+a_n) = \frac{n}{2}\{2a+(n-1)d\}$$

🔍 等比數列的相鄰項比值固定

相鄰項的比值固定的數列稱為**等比數列**。

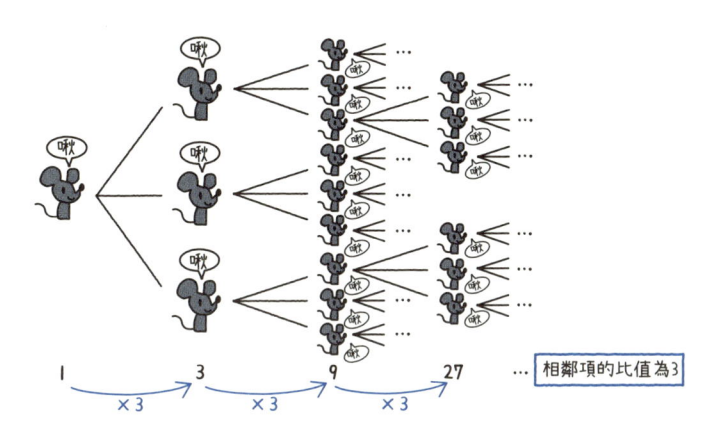

```
   1   →   3   →   9   →   27   …相鄰項的比值為3
      ×3      ×3      ×3
```

等比數列的「相鄰項比值」稱為**公比**。上述的等比級數為首項 1、公比 3,所以等比數列為 1、3、9、27、⋯。

首項 a、公比 r 的等比數列 $\{a_n\}$

$$\underbrace{a}_{a_1},\ \underbrace{ar}_{a_2},\ \underbrace{ar^2}_{a_3},\ \underbrace{ar^3}_{a_4},\ \cdots,\ \underbrace{ar^{n-2}}_{a_{n-1}},\ \underbrace{ar^{n-1}}_{a_n},\ \cdots$$

×r ×r ×r ×r

一般項(第n項)為 $\boxed{a_n = ar^{n-1}}$

例)首項 1、公比 3 的等比數列

$$1,\ 3,\ 9,\ 27,\ \cdots,\ 3^{n-2},\ 3^{n-1},\ \cdots$$

×3 ×3 ×3 ×3

➡ 一般項(第n項)為 $1 \cdot 3^{n-1} = \underline{3^{n-1}}$

此外，首項 a、公比 r 的等比數列的首項到第 n 項的總和 S_n 可如下計算 S_n 與 rS_n（公比 r 與 S_n 的積）的差值算出。

$$\begin{aligned}
S_n &= a + ar + ar^2 + ar^3 + \cdots + ar^{n-2} + ar^{n-1} \\
-)\quad rS_n &= ar + ar^2 + ar^3 + \cdots + ar^{n-2} + ar^{n-1} + ar^n \\
\hline
(1-r)S_n &= a \phantom{+ ar + ar^2 + ar^3 + \cdots + ar^{n-2} + ar^{n-1}} - ar^n \\
&= a(1-r^n)
\end{aligned}$$

在 S_n 的各項都乘上 r

因此，首項 a、公比 r 的等比數列的首項到第 n 項的總和 S_n 為

$$S_n = \frac{a(1-r^n)}{1-r} \quad (\text{不過, } r \neq 1)$$

r 若等於 1，n 個項全部都是 a，所以 $S_n = na$。

🔍 遞迴關係式

$a_{n+1} = 2a_n + 3$ 或 $a_{n+2} = 2a_{n+1} + a_n$ 這種數列的項與前一項的關係式固定時，該關係式就稱為**遞迴關係式**。

$a_1 = 1$	$a_1 = 0 \quad a_2 = 3$
$a_{n+1} = 2a_n + 3$ 遞迴關係式	$a_{n+2} = 2a_{n+1} + a_n$ 遞迴關係式

$a_1 = 1$ ← a_1 要最先確定

$a_2 = 2(a_1) + 3 = 5$ ← a_2 由 a_1 決定

$a_3 = 2(a_2) + 3 = 13$ ← a_3 由 a_2 決定

$a_4 = 2(a_3) + 3 = 29$ ← a_4 由 a_3 決定

$a_5 = 2(a_4) + 3 = 61$ ← a_5 由 a_4 決定

⋮

$a_1 = 0$ ← a_1 要最先確定

$a_2 = 3$ ← a_2 要最先確定

$a_3 = 2(a_2) + (a_1) = 6$ ← a_3 由 a_1 與 a_2 決定

$a_4 = 2(a_3) + (a_2) = 15$ ← a_4 由 a_2 與 a_3 決定

$a_5 = 2(a_4) + (a_3) = 36$ ← a_5 由 a_3 與 a_4 決定

⋮

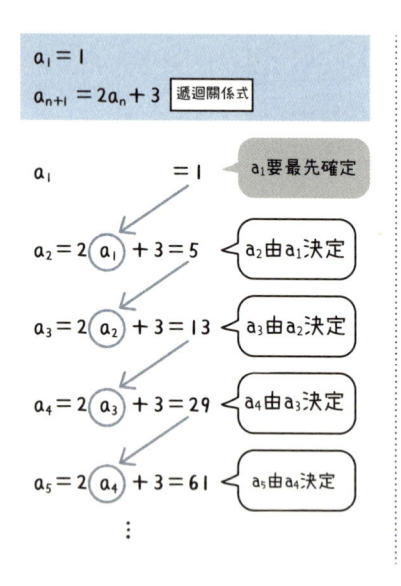

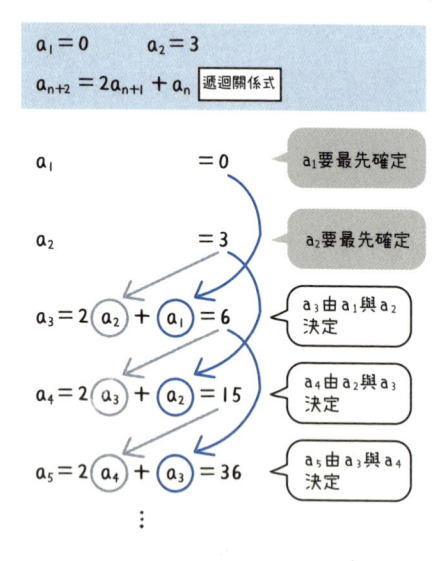

最具代表性的遞迴關係式如下。這些遞迴關係式都可以求出一般項。不過，不一定都能從遞迴關係式求出一般項。

- 等差數列的遞迴關係式　$a_{n+1}=a_n+d$　　　一般項：$a_n=a_1+(n-1)d$
- 等比數列的遞迴關係式　$a_{n+1}=ra_n$　　　一般項：$a_n=a_1 r^{n-1}$
- 階差數列型的遞迴關係式　$a_{n+1}-a_n=b_n$　　一般項：$a_n=a_1+\sum_{k=1}^{n-1}b_k$

在以遞迴關係式定義的數列之中，最為有名的為費波那契數列。這是以 $a_{n+2}=a_{n+1}+a_n$（某一項由前兩項的總和定義）這種單純的遞迴關係式定義的數列。

費波那契數列很常出現在大自然常見的圖形中，例如下列這種貝殼的螺紋或是花朵、葉子的紋路與排列方式。

費波那契數列

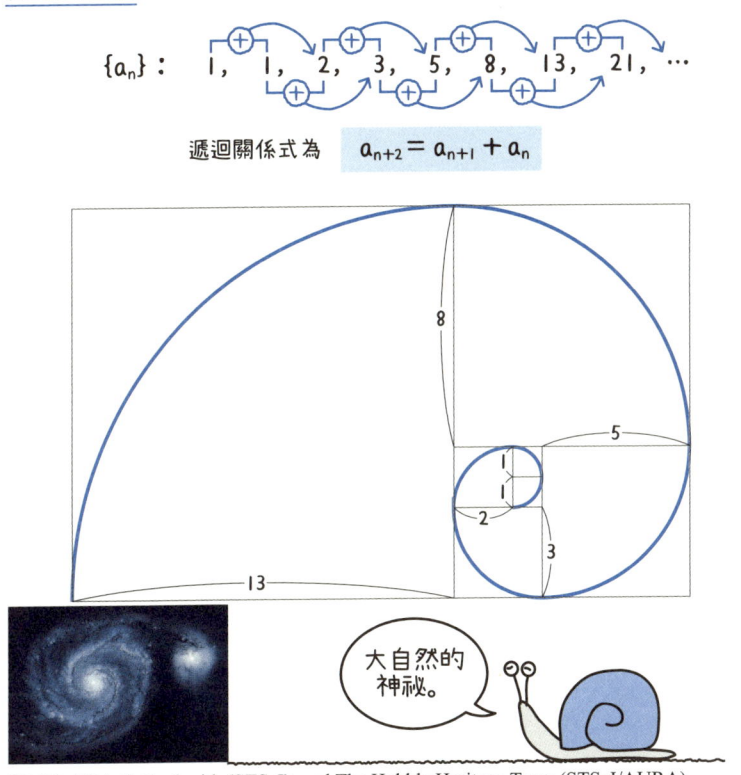

$\{a_n\}$：　1,　1,　2,　3,　5,　8,　13,　21,　…

遞迴關係式為　$a_{n+2}=a_{n+1}+a_n$

NASA, ESA, S. Beckwith (STScI), and The Hubble Heritage Team (STScI/AURA)

此外，一如第 8 章所述，遞迴關係式也常使用在各種數學分析的場面，例如以數值的方式求微分方程式的解就是其中之一。

35

1-8 有點麻煩卻很有用 ～參數、極座標～

到目前為止，提到函數可寫成 $y = f(x)$，圖形可利用 xy 座標繪製，但是某些分析對象比較適合利用本節介紹的參數或極座標處理。參數與極座標也很常在實務的數字使用，所以讓我們一起了解它吧。

🔍 參數

函數 $y = f(x)$ 可整理成 $\begin{cases} x = g(t) \\ y = h(t) \end{cases}$ 的形式，而使用 x 與 y 媒介的變數 t（稱為**參數**或**媒介變數**）可將 x 與 y 分給 t 的函數。這種標記方式稱為**參數方程式（媒介變數方程式）**。

從 xy 平面的主要曲線轉換而來的參數方程式如下。

◉ 拋物線

$$y = \frac{1}{4p}x^2 \qquad \begin{cases} x = 2pt \\ y = pt^2 \end{cases}$$
（參數為 t）

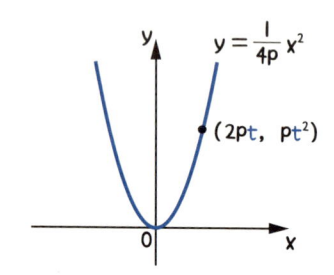

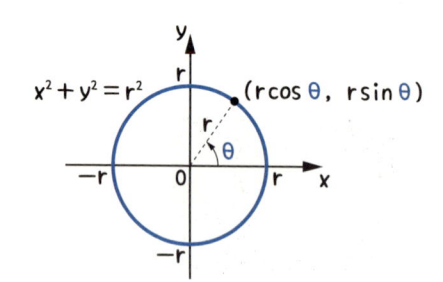

◉ 圓形

$$x^2 + y^2 = r^2 \qquad \begin{cases} x = r\cos\theta \\ y = r\sin\theta \end{cases}$$
（參數為 θ）

◉ 橢圓

$$\frac{x^2}{a^2} + \frac{y^2}{b^2} = 1 \quad \begin{cases} x = a\cos\theta \\ y = b\sin\theta \end{cases}$$
（參數為 θ）

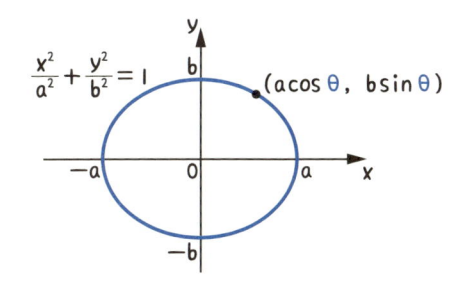

◉ 雙曲線

$$\frac{x^2}{a^2} - \frac{y^2}{b^2} = 1 \quad \begin{cases} x = \dfrac{a}{\cos\theta} \\ y = b\tan\theta \end{cases}$$
（參數為 θ）

或是改成雙曲函數

$$\begin{cases} x = a\cosh t \\ y = b\sinh t \end{cases}$$（參數為 t）

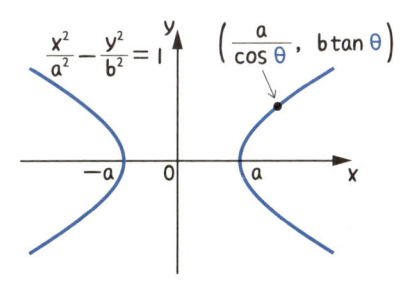

　　擺線是圓形與平面之內滾動時，由圓周的某個定點畫出的軌跡。雖然擺線很難以 $y = f(x)$ 描述，但如果使用參數，就能簡單易懂地透過函數描述擺線。

◉ 擺線

設 $a > 0$
$$\begin{cases} x = a(\theta - \sin\theta) \\ y = a(1 - \cos\theta) \end{cases}$$
（參數為 θ）

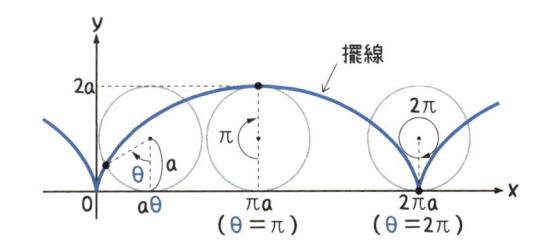

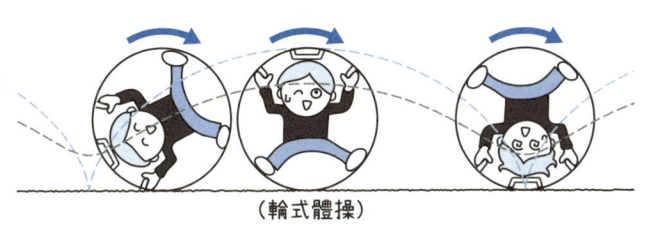

擺線
（把手的軌跡）

次擺線
（頭部的軌跡）

（輪式體操）

🔍 極座標

平面上的 P 點可利用與原點 O 的距離 r 以及半直線 OP 朝 x 呈正值的方向旋轉的角 θ 如下標記。這種以（r, θ）於平面標記某個點的座標稱為**極座標**。另一方面，先前介紹的（x, y）則稱為**直角座標**。

◉ 二維的極座標

極座標（r, θ）與直角座標（x, Y）之間具有下列的關係。

$$\begin{cases} x = r\cos\theta \\ y = r\sin\theta \end{cases} \quad \begin{cases} r = \sqrt{x^2 + y^2} \\ \cos\theta = \dfrac{x}{r},\ \sin\theta = \dfrac{y}{r} \end{cases}$$

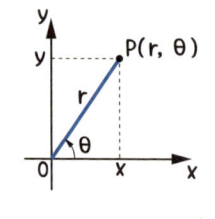

就算是三維空間也可以如下定義極座標。這種極座標也稱為球座標。

◉ 三維的極座標

極座標（r, θ, φ）與直角座標（x, y, z）之間具有下列的關係。

$$\begin{cases} x = r\sin\theta\cos\phi \\ y = r\sin\theta\sin\phi \\ z = r\cos\theta \end{cases}$$

※由於滿足半徑 r 的球體方程式 $x^2+y^2+z^2=r^2$，所以又稱球座標。

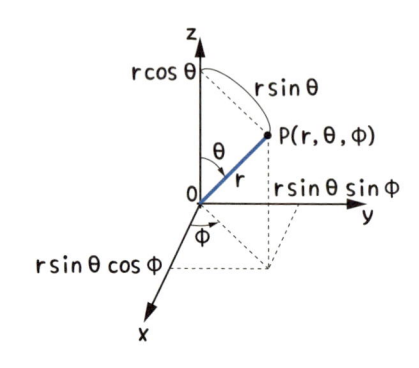

Column

◆ 對數圖的使用方法 ◆

科技領域常使用具有對數軸的「對數圖」，對數圖很適合用來描述指數函數這類變化明顯的量。

大家聽過報紙對折 25 次，厚度就接近富士山高度這件事嗎？報紙的厚度大概是 0.1 公釐，對折 1 次之後，厚度就會加倍，變成 0.2 公釐，對折 2 次就會變成 0.4 公釐，對折 n 次之後，厚度就會變成 0.1×2^n（公釐）（等於是首項 0.1、公比 2 的等比數列對吧）。此時若是單純對折 25 次，厚度就會超過 3000 公尺，接近富士山的高度 3776 公尺（實際上，要對折 25 次非常困難，因為會越來越難折），而這正是了解指數函數增加速

對折25次就接近富士山的高度

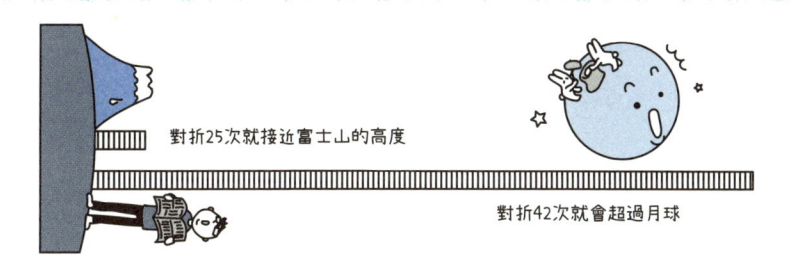

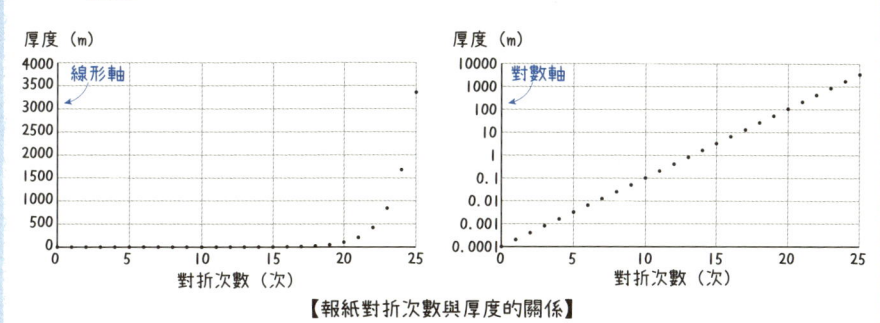

對折42次就會超過月球

厚度（m）

線形軸

對折次數（次）

厚度（m）

對數軸

對折次數（次）

【報紙對折次數與厚度的關係】

度的優質範本。

　　這種厚度的變化與上面的圖一致。左圖的直軸是一般的軸（又稱為線性軸），右圖的直軸是對數軸。

　　線性軸的每個刻度是相同的差距，例如 1000、2000 之間的距離，與 2000、3000 的距離相同。反觀對數軸則是等距離的刻度之間，刻度的比是相同的。例如 1、10 之間的距離，與 10、100 之間的距離是相同的。

　　從上方的圖可以得知，線性軸的變化小得看不出來（0 次到 18 次），但如果是對數軸，就能看出明顯的變化。此外，指數函數 $y = a^x$ 的圖形若以 x 為線性軸，y 為對數軸繪製，就會畫成直線。

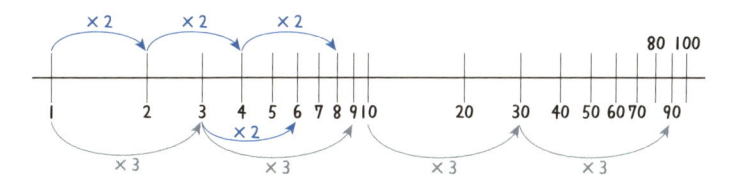

在對數軸的等距離的刻度之間，刻度的比是相等的。

　　比方說，在 1 到 2、2 到 4、3 到 6、4 到 8、⋯（比為 2）的情況下，距離相同。此外，在 1 到 3、3 到 9、10 到 30、30 到 90（比為 3）的情況下，距離相同。

"LIMIT"

第2章 微分法

本章要介紹單變數函數的微分定義以及一些實用的計算公式。

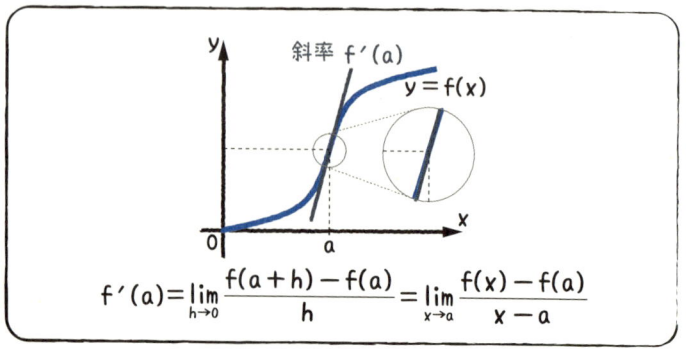

$$f'(a) = \lim_{h \to 0} \frac{f(a+h) - f(a)}{h} = \lim_{x \to a} \frac{f(x) - f(a)}{x - a}$$

斜率 $f'(a)$
$y = f(x)$

● 微分係數的定義

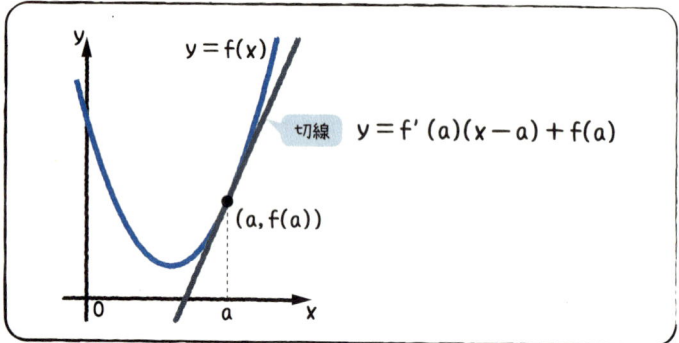

$y = f(x)$
切線 $y = f'(a)(x - a) + f(a)$
$(a, f(a))$

● 切線的方程式

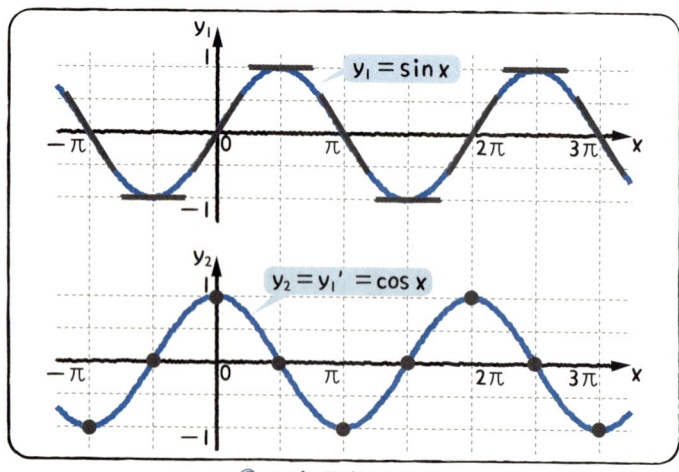

$y_1 = \sin x$

$y_2 = y_1' = \cos x$

● 三角函數的微分

42

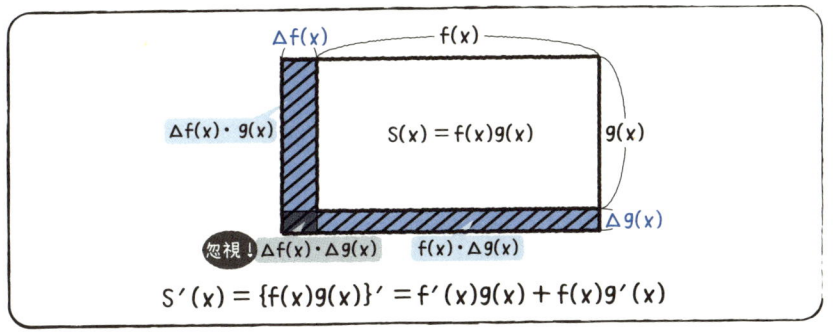

$\Delta f(x)$
$f(x)$
$\Delta f(x) \cdot g(x)$
$S(x) = f(x)g(x)$
$g(x)$
忽視！ $\Delta f(x) \cdot \Delta g(x)$
$f(x) \cdot \Delta g(x)$
$\Delta g(x)$

$$S'(x) = \{f(x)g(x)\}' = f'(x)g(x) + f(x)g'(x)$$

● 積的微分

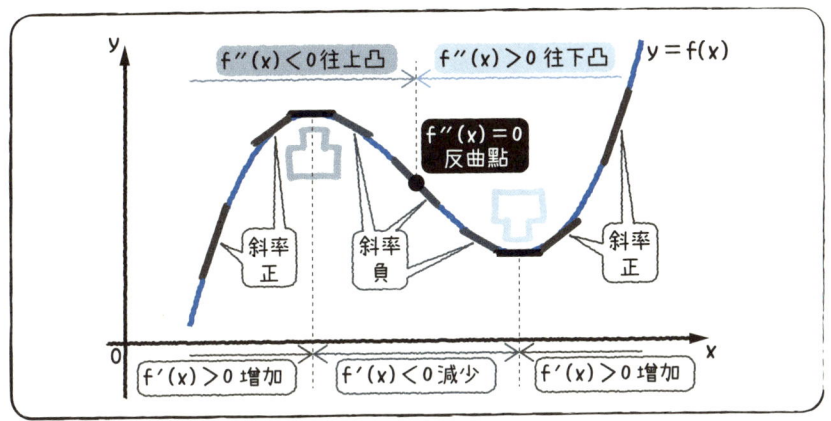

$f''(x) < 0$ 往上凸　　$f''(x) > 0$ 往下凸　　$y = f(x)$

$f''(x) = 0$ 反曲點

斜率正　斜率負　斜率正

$f'(x) > 0$ 增加　$f'(x) < 0$ 減少　$f'(x) > 0$ 增加

● 函數的增減與凹凸

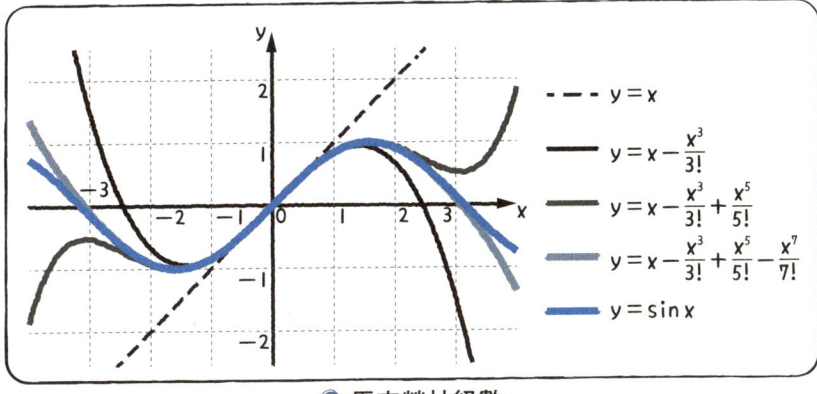

- - - $y = x$

—— $y = x - \dfrac{x^3}{3!}$

—— $y = x - \dfrac{x^3}{3!} + \dfrac{x^5}{5!}$

—— $y = x - \dfrac{x^3}{3!} + \dfrac{x^5}{5!} - \dfrac{x^7}{7!}$

—— $y = \sin x$

● 馬克勞林級數

43

2-1 何謂「趨近」～極限、無限大～

要使用微分須要了解何謂「極限」。本章的最後一節會介紹極限的嚴謹定義，所以請大家先了解「趨近」的感覺。此外，本章也會介紹∞（無限大）的概念。

🔍 何謂極限

x 與 a 為不同值卻無限逼近 a 的時候，會說成函數 $f(x)$ 的值無限逼近 A，也會寫成 $\lim_{x \to a} f(x) = A$。變成有極限的值時，可說成該極限收斂，而此時的極限就稱為極限值。

$$\lim_{x \to a} f(x) = A$$

x→a的時候，f(x)的極限就是A
〔當x無限逼近a，f(x)就無限逼近A〕

- 極限充其量是「無限逼近」的意思，與代入值完全不同。
- 就結果而言，代入值與極限值相等，但兩者的概念不同。

🔍 極限範例（其1：極限值與代入值最終一致的情況）

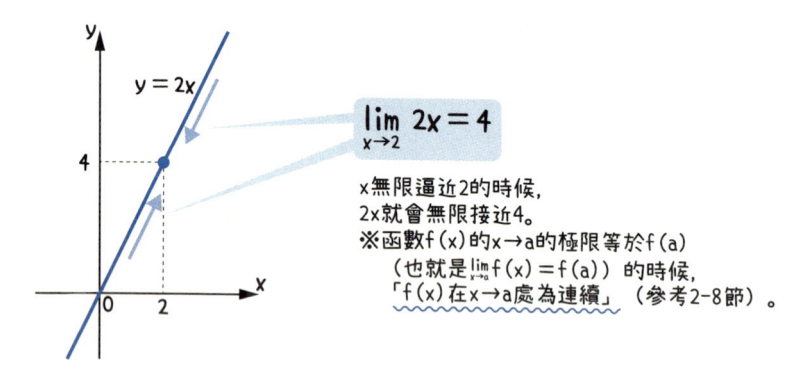

$$\lim_{x \to 2} 2x = 4$$

x無限逼近2的時候，
2x就會無限接近4。
※函數f(x)的x→a的極限等於f(a)
（也就是 $\lim_{x \to a} f(x) = f(a)$）的時候，
「f(x)在x→a處為連續」（參考2-8節）。

🔍 極限範例（其2：極限值與代入值最終不一致的情況）

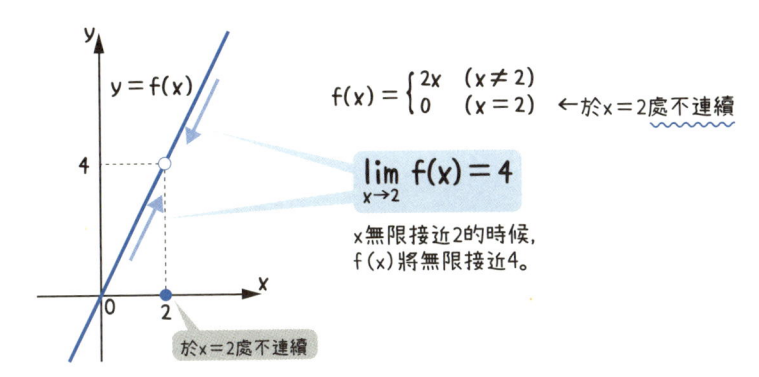

$$f(x) = \begin{cases} 2x & (x \neq 2) \\ 0 & (x = 2) \end{cases} \leftarrow 於x=2處不連續$$

$$\lim_{x \to 2} f(x) = 4$$

x無限接近2的時候，f(x)將無限接近4。

於x＝2處不連續

　　雖然此時 $f(2) = 0$，但從 x 不等於 2 的位置接近 2，$f(x)$ 也不會接近 0。$x \to 2$ 的極限值為 x 不等於 2 的 $f(x)$，換言之，$f(x) = 2x$ 的 x 無限接近 2 的時候，其值為 4。

🔍 極限範例（其3：無限大的極限）

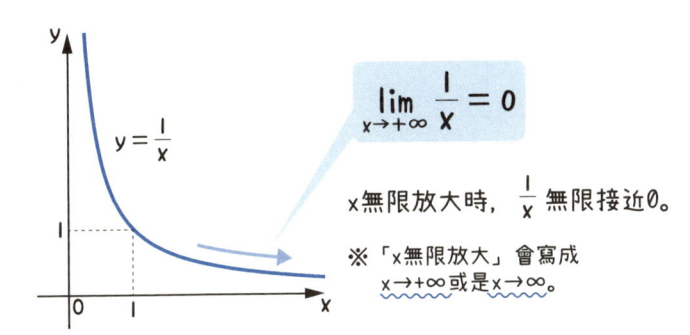

$$y = \frac{1}{x}$$

$$\lim_{x \to +\infty} \frac{1}{x} = 0$$

x無限放大時，$\frac{1}{x}$ 無限接近0。

※「x無限放大」會寫成 $x \to +\infty$ 或是 $x \to \infty$。

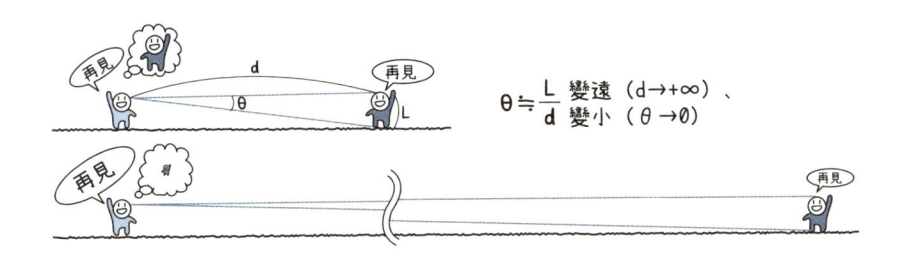

$$\theta \fallingdotseq \frac{L}{d} \quad \begin{matrix} 變遠（d \to +\infty）、\\ 變小（\theta \to 0） \end{matrix}$$

🔍 極限範例（其4：極限發散的情況）

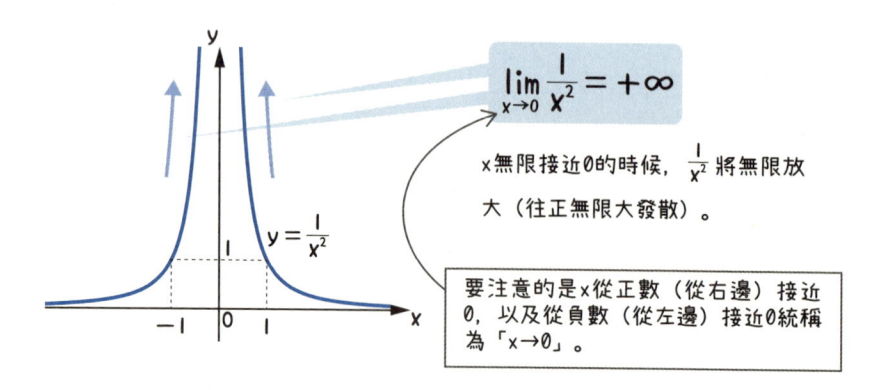

$$\lim_{x \to 0} \frac{1}{x^2} = +\infty$$

$y = \frac{1}{x^2}$

x 無限接近0的時候，$\frac{1}{x^2}$ 將無限放大（往正無限大發散）。

要注意的是x從正數（從右邊）接近0，以及從負數（從左邊）接近0統稱為「x→0」。

極限為**正無限大**（$+\infty$，也就是正的絕對值無限放大）與**負的無限大**（$-\infty$，也就是負的絕對值無限放大）**的時候會說成極限發散**。

🔍 極限範例（其5：極限不存在的情況）

【振動的範例】

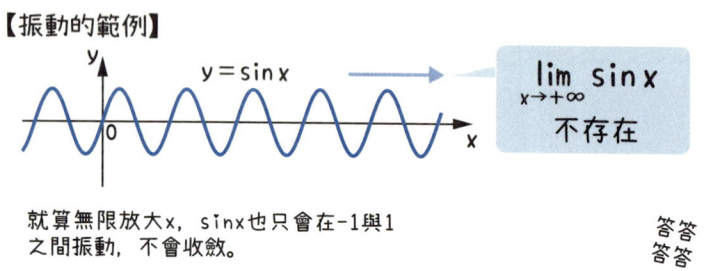

$y = \sin x$

$$\lim_{x \to +\infty} \sin x$$
不存在

就算無限放大x，sinx也只會在-1與1之間振動，不會收斂。

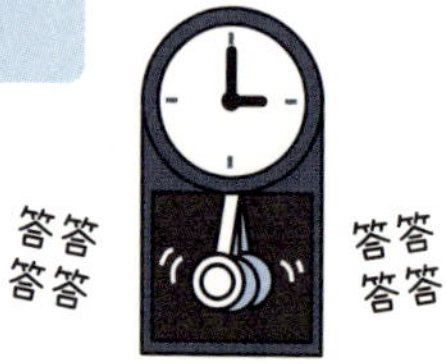

答答答答　答答答答

【因為x的逼近方式導致極限變得不同的例子…此時也視為「極限不存在」】

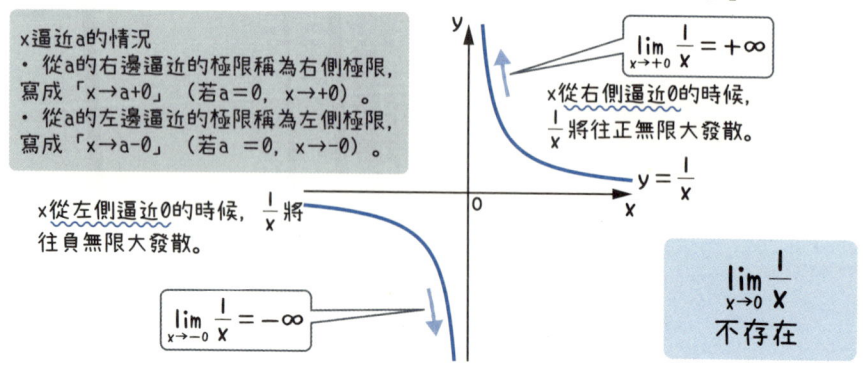

x逼近a的情況
・從a的右邊逼近的極限稱為右側極限，寫成「x→a+0」（若a＝0，x→+0）。
・從a的左邊逼近的極限稱為左側極限，寫成「x→a-0」（若a＝0，x→-0）。

$$\lim_{x \to +0} \frac{1}{x} = +\infty$$

x從右側逼近0的時候，$\frac{1}{x}$ 將往正無限大發散。

$y = \frac{1}{x}$

x從左側逼近0的時候，$\frac{1}{x}$ 將往負無限大發散。

$$\lim_{x \to -0} \frac{1}{x} = -\infty$$

$$\lim_{x \to 0} \frac{1}{x}$$
不存在

🔍 夾擊的原理

假設函數 $f(x)$ 與 $h(x)$ 在 $x \to a$ 的時候收斂,且極限值同為 A,則被這兩個函數夾住的函數 $g(x)$ 也會收斂,而且極限值一樣是 A。

> **夾擊原理**
> 假設x的函數f(x)、g(x)、h(x)在x＝a的附近時,f(x)≦g(x)≦h(x),而且 $\lim_{x \to a} f(x) = \lim_{x \to a} h(x) = A$(常數),那麼 $\lim_{x \to a} g(x) = A$ 也會成立。

將「$f(x) \leq g(x) \leq h(x)$」寫成沒有等號的「$f(x) < g(x) < h(x)$」也沒有問題喔。

例 $x^2 \cos x$ 的 $x \to 0$ 的極限 $\lim_{x \to 0} x^2 \cos x$

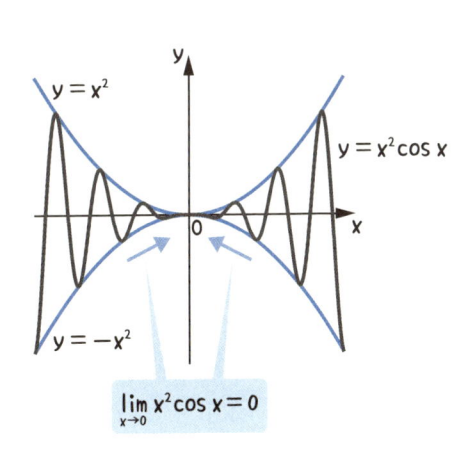

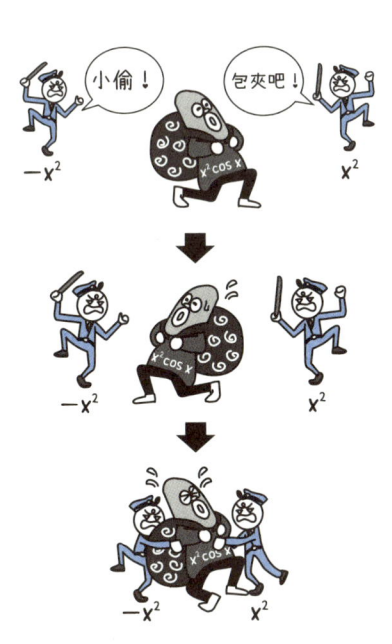

從 $-1 \leq \cos x \leq 1$ 得知 $-x^2 \leq x^2 \cos x \leq x^2$ 。所以

$$\lim_{x \to 0}(-x^2) = \lim_{x \to 0} x^2 = 0$$

因此,根據夾擊原理得知

$$\lim_{x \to 0} x^2 \cos x = 0$$

2-2 微分係數可以這樣理解～微分的定義～

這節要介紹微分的定義。如果只看式子會很難了解箇中意義,所以請先看圖,掌握概念,之後再了解定義即可。

🔍 微分係數可透過「速度、時間、距離的關係」來理解

x 的函數 $f(x)$ 的微分係數代表曲線 $y=f(x)$ 某個點 $(a, f(a))$ 的切線的斜率,而這個斜率寫成 $f'(a)$。

以物理學用語來説,這是從距離與時間計算速度(斜率)的計算。比方説,若在時間 t(小時)之內的行走距離 y(公里)為 t 的函數 $y=f(t)$,那麼 a(小時)之後的速度就會是 $f'(a)$(公里/小時)〔時速 $f'(a)$(公里)〕。

以等速行進的情況

行走距離y與行走時間t的關係可畫成直線圖形。

在右側圖形中,

行進速度為 $\dfrac{y(公里)}{t(小時)} = \dfrac{60公里}{2小時} = 30$ 公里/小時

⇒ $y = f(t) = 30t$

$t = a$ 時的微分係數為

$f'(a) = 30$

> 不管是哪個 $t(=a)$,微分係數都是30

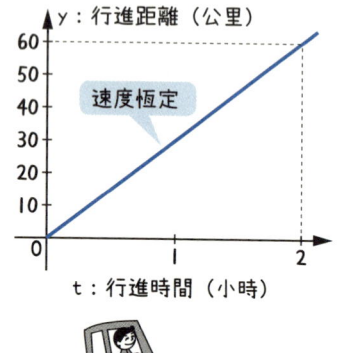

🔍 可在速度產生變化時,了解微分係數

當速度會隨著時間變化又如何呢?此時 a(小時)後的速度似乎沒辦法直接算出來。因此這時候就要用到極限的概念了。比方説,將 $y=f(t)$ 畫成右側的圖形時,$t=1$ 小時的速度 $f'(1)$(公里/小時)如下。

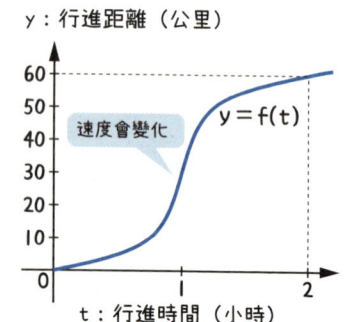

t=1小時的速度f′(1)可利用極限的概念算出
→t=1小時的時候，取T（時間）之間速度的平均，一步步縮短時間的間隔。

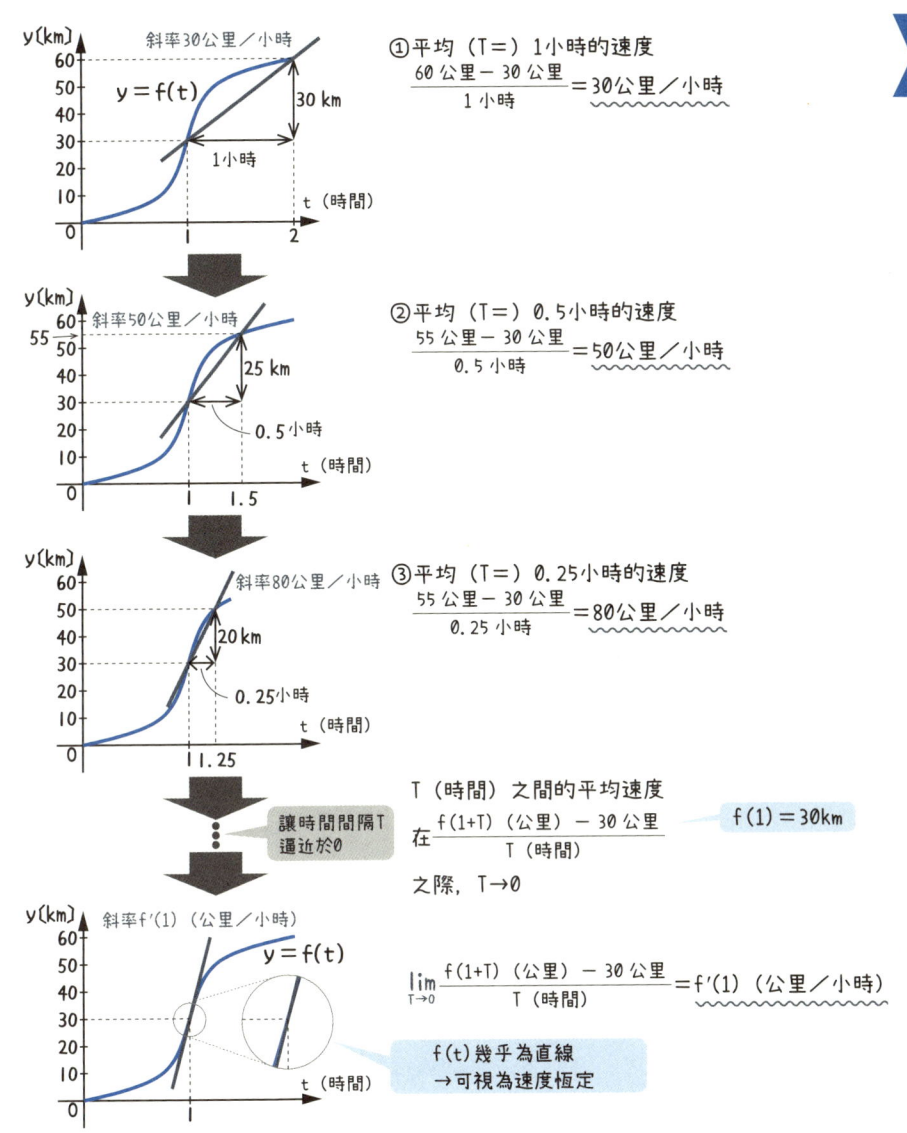

① 平均（T=）1小時的速度

$$\frac{60 公里 - 30 公里}{1 小時} = 30 公里／小時$$

② 平均（T=）0.5小時的速度

$$\frac{55 公里 - 30 公里}{0.5 小時} = 50 公里／小時$$

③ 平均（T=）0.25小時的速度

$$\frac{55 公里 - 30 公里}{0.25 小時} = 80 公里／小時$$

T（時間）之間的平均速度在

$$\frac{f(1+T)（公里） - 30 公里}{T（時間）}$$

之際，T→0   f(1)=30km

$$\lim_{T \to 0} \frac{f(1+T)（公里） - 30 公里}{T（時間）} = f'(1)（公里／小時）$$

f(t)幾乎為直線
→可視為速度恆定

　　不斷縮短時間間隔，直到非常短之後，便可將這段時間之內的速度視為恆定。時間間隔 T 逼近 0 的極限就會是 $t=1$ 時的速度 $f'(1)$。

🔍 微分係數的定義

假設函數 $f(x)$ 在 $x \to a$ 處具有下列的極限值,該極限值稱為 $f(x)$ 在 $x = a$ 處的**微分係數**,寫成 $f'(a)$。

函數 f(x) 在 x=a 處的微分係數

$$f'(a) = \lim_{h \to 0} \frac{f(a+h) - f(a)}{h} = \lim_{x \to a} \frac{f(x) - f(a)}{x - a}$$

> 在左側的式子將h定義為x=a(a+h=x)
> *在h→0處x→a

套入前面的汽車範例之後⋯

- 若 h=T(時間)、a=1 小時,$\frac{f(a+h) - f(a)}{h} = \frac{f(1+T) - f(1)}{T}$ 代表在 t=1 小時、T(時間)之間的平均速度。

- 根據微分係數的定義 $f'(a) = \lim_{h \to 0} \frac{f(a+h) - f(a)}{h}$ 在 h→0 的極限,也就是在時間間隔T逼近為0的極限裡,上方的平均速度為 t=1 小時(從開始前進到1小時之後)的瞬間速度 f'(1)(公里／小時)。

例 在 $f(x) = x^2$ 的 $x = 1$ 處的微分係數

根據微分係數的定義

$$f'(1) = \lim_{h \to 0} \frac{f(1+h) - f(1)}{h} = \lim_{h \to 0} \frac{(1+h)^2 - 1^2}{h}$$

> 在 f(x)=x² 時,代入 x=1+h、x=1

$$= \lim_{h \to 0} \frac{1 + 2h + h^2 - 1}{h} = \lim_{h \to 0} \frac{2h + h^2}{h}$$

$$= \lim_{h \to 0} (2 + h)$$

> 分母與分子以h除之

$$= 2$$

🔍 導函數

給予函數 $y = f(x)$ 的微分係數的函數,也就是下方的函數 $f'(x)$ 稱為 $f(x)$ 的**導函數**。此外,**計算導函數就是進行微分**。

函數 f(x) 的導函數定義:

$$f'(x) = \lim_{h \to 0} \frac{f(x+h) - f(x)}{h}$$

> 微分係數的定義
> 在 $f'(a) = \lim_{h \to 0} \frac{f(a+h) - f(a)}{h}$ 處
> 將a換成x(變數)

🔍 導函數的各種寫法

導函數的寫法不只有 $f'(x)$ 這種加上 '（prime）的寫法。

若將h為x的變化量寫成h＝Δx，
那麼y＝f(x)的變化量就可以寫成

$$f(x+\Delta x)-f(x)=\Delta y$$

- Δ（delta）是變化量
- 「Δx」或「Δy」為1個符號

所以導函數f'(x)的定義也可以寫成下列的格式。

$$f'(x)=\lim_{\Delta x \to 0}\frac{f(x+\Delta x)-f(x)}{\Delta x}=\lim_{\Delta x \to 0}\frac{\Delta y}{\Delta x}=\frac{dy}{dx}$$

導函數的寫法可寫成 $f'(x)$、$\frac{dy}{dx}$、y'、$\frac{d}{dx}f(x)$

利用與希臘字母（Δ）對應的英文字母「d」標記導函數

🔍 可微分與不可微分

$f(x)$ 在 $x=a$ 處的微分係數 $f'(a)$ 或是導函數 $f'(x)$ 是由極限定義。當定義 $f(x)$ 在 $x=a$ 處的微分係數 $f'(a)$ 的極限值存在，「$f(x)$ 在 $x=a$ 處**可微分**」，若不存在，「$f(x)$ 在 $x=a$ 處**不可微分**」。

函數的可微分與連續性

①f(x)在x＝a處不連續時，f(x)在x＝a處不可微分。

※在不連續點x＝a處的微分係數定義$f'(a)=\lim_{h \to 0}\frac{f(a+h)-f(a)}{h}$的左側極限（h→-0）與右側極限（h→+0）不一致或是發散，所以微分係數不存在。

②就算f（x）在x＝a處為連續，在x＝a處也不一定可微分。

【例】f(x)＝|x|（x的絕對值）在x＝0處為連續卻不可微分。
計算x＝0時的左右極限之後

$$\begin{cases} \lim_{h \to -0}\frac{f(0+h)-f(0)}{h}=\lim_{h \to -0}\frac{-h}{h}=-1 & \text{h＜0 時，f(0+h)＝-h} \\ \lim_{h \to +0}\frac{f(0+h)-f(0)}{h}=\lim_{h \to +0}\frac{h}{h}=1 & \text{h＞0 時，f(0+h)＝h} \end{cases}$$

$y=|x|=\begin{cases} x & (x \geq 0) \\ -x & (x < 0) \end{cases}$

不可微分！

$$f'(0)=\lim_{h \to 0}\frac{f(0+h)-f(0)}{h}$$

發現不一致，所以微分係數$f'(0)=\lim_{h \to 0}\frac{f(0+h)-f(0)}{h}$不存在（不可微分）。

🔍 x^n 的導函數與微分的線性性質

基於定義思考時，若 n 為正整數，$f(x) = x^n$ 的導函數為 $f'(x) = nx^{n-1}$。
讓 n 擴張至整數、有理數、實數、複數（參考 6-4 節），公式一樣會成立。

此外，導函數的計算具有線性性質。

冪函數的導函數
$f(x) = x^n$ 的導函數為 $f'(x) = (x^n)' = nx^{n-1}$（$n$ 為實數的常數）
尤其常數函數 $f(x) = c$ 的導函數為 $f'(x) = (c)' = 0$

> 可想成上方式子裡的 $n = 0$

導函數計算的線性性質
$\{af(x) + bg(x)\}' = af'(x) + bg'(x)$ （a, b 是與 x 無關的常數）

※ 線性 是用來形容下列兩種性質的詞彙。
- 加法性〔在微分的計算中，$(y_1 + y_2)' = y_1' + y_2'$ 成立〕
- 齊次性〔在微分的計算中，$(ay)' = ay'$（a 為常數）成立〕

積分計算也一樣具有線性性質（將於 3-3 節介紹）。

例 1
$$(5x^4 + 3x^2 + 10)' = 5(x^4)' + 3(x^2)' + (10)' \quad \text{← 線性}$$
$$= 5 \cdot 4x^{4-1} + 3 \cdot 2x^{2-1} + 0 \quad \text{← 冪函數的微分}$$
$$= 20x^3 + 6x$$

例 2
$$\left(\frac{2}{x}\right)' = (2x^{-1})' = 2(x^{-1})' \quad \text{← 線性}$$
$$= 2 \cdot (-1)x^{-1-1} \quad \text{← 冪函數的微分}$$
$$= -2x^{-2} = -\frac{2}{x^2}$$

例 3
$$\left(\sqrt{x}\right)' = (x^{\frac{1}{2}})' = \frac{1}{2}x^{\frac{1}{2}-1} \quad \text{← 冪函數的微分}$$
$$= \frac{1}{2}x^{-\frac{1}{2}} = \frac{1}{2\sqrt{x}}$$

🔍 於切線的斜率圖形觀察

一如前述，$f(x)$ 的微分係數 $f'(a)$ 代表 $y = f(x)$ 在 $x = a$ 處的斜率。比較函數與對應的導函數的圖形，就能確認斜率與斜率的變化。

🔍 切線的公式

2 微分法

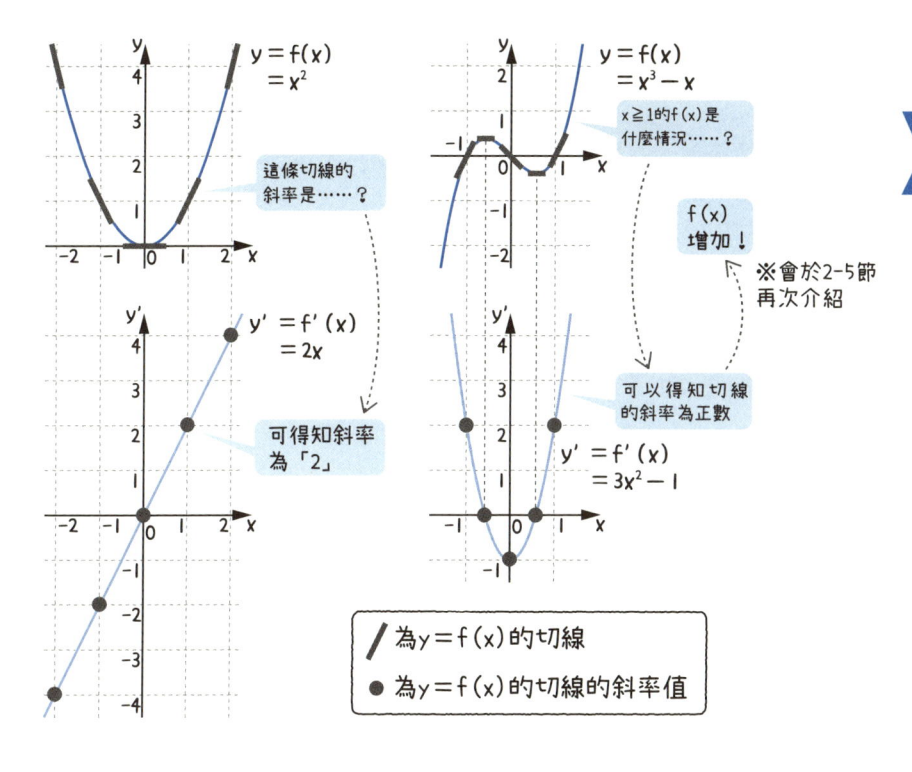

$y = f(x)$ 上的點 (a, b) 的切線可如下思考。

y=f(x)上的點 (a,b) 處的切線方程式為

$$y = f'(a)(x-a) + f(a)$$

- 一般來說，通過點 (a, b)、斜率為m的直線為
  $y = m(x-a) + b$
- 這條切線為
  ・斜率 $m = f'(a)$
  ・點 (a, b) 位於 $y = f(x)$ 時，$b = f(a)$

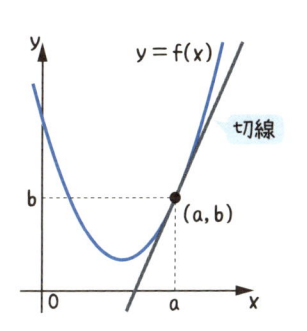

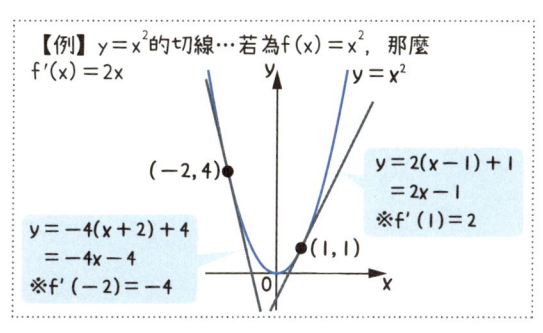

【例】$y = x^2$ 的切線…若為 $f(x) = x^2$，那麼 $f'(x) = 2x$

$(-2, 4)$
$y = -4(x+2) + 4$
$= -4x - 4$
※$f'(-2) = -4$

$(1, 1)$
$y = 2(x-1) + 1$
$= 2x - 1$
※$f'(1) = 2$

2-3 總之先記住吧 ～主要函數的微分～

三角函數、指數函數、對數函數的微分非常重要，尤其自然常數 e 的指數函數 $y = e^x$ 具有導函數也是 $y' = e^x$（形式不變）的特性。除了記住式子之外，也讓我們從圖形掌握導函數就是原始函數的斜率這件事吧。

🔍 三角函數的微分

三角函數 sin、cos、tan 的導函數如下。

●x的單位為弧度（rad）（參考1-4節）

$$(\sin x)' = \cos x \qquad (\cos x)' = -\sin x \qquad (\tan x)' = \frac{1}{\cos^2 x}$$

注意符號！

◆ sin、cos的微分

如下圖所示，sin x 的斜率為 cos x，cos x 的斜率為 -sin x（上方圖形的斜率會是下方圖形的值）。

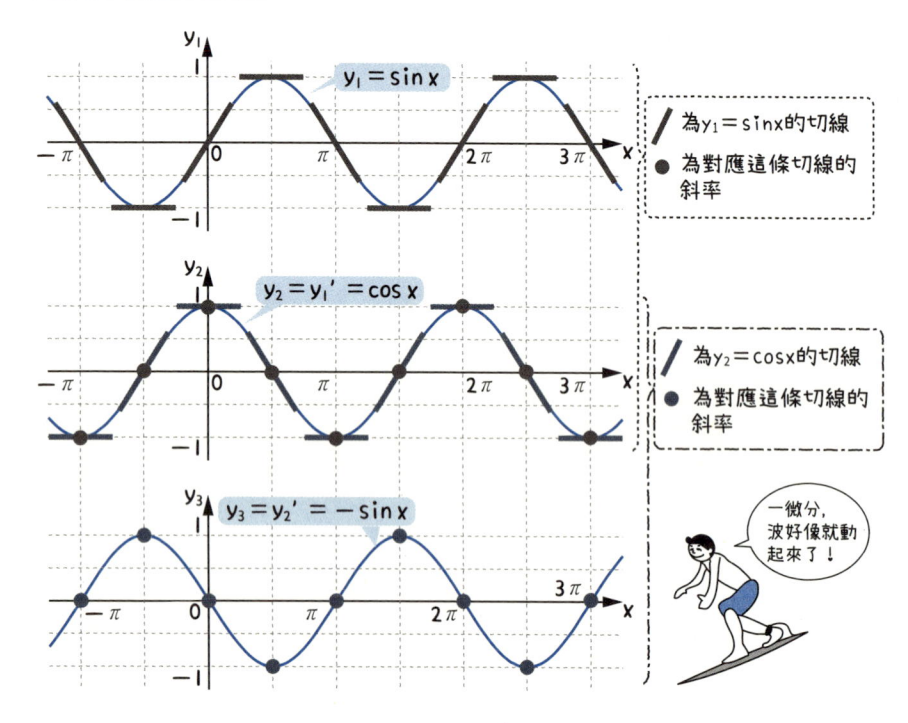

$y_1 = \sin x$

━ 為 $y_1 = \sin x$ 的切線
● 為對應這條切線的斜率

$y_2 = y_1' = \cos x$

━ 為 $y_2 = \cos x$ 的切線
● 為對應這條切線的斜率

$y_3 = y_2' = -\sin x$

一微分，波好像就動起來了！

54

◆tan的微分

$\tan x$ 的斜率為 $\dfrac{1}{\cos^2 x}$。

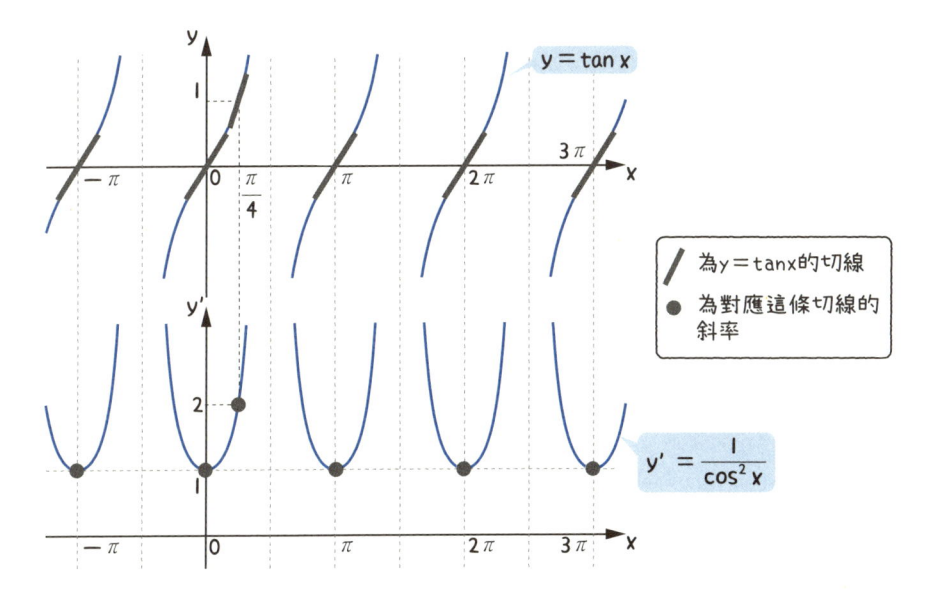

◆與三角函數有關的重要極限值

與三角函數有關的重要極限值為

$$\lim_{x \to 0} \frac{\sin x}{x} = 1$$

根據定義導出三角函數的導函數時，會用到這個極限值。
請注意此時 x 的單位為弧度。

🔍 指數函數、對數函數的微分

指數函數、對數函數的導函數如下。

● e為自然常數、a為a＞0且a≠1的實數

$(e^x)' = e^x$ ← 微分後，形式也不會改變！

$(\log_e x)' = \dfrac{1}{x}$

$(a^x)' = a^x \log_e a$

$(\log_a x)' = \dfrac{1}{x \log_e a}$

不要忘記加註！

此時 e^x 這個函數非常重要。$y = e^x$ 在微分之後會是 $y' = e^x$，形式沒有改變。換言之，e^x **函數值與斜率相等的函數**。這種性質讓 e^x 得以廣泛應用。

此外，e^x 的反函數為以 e 為底數的函數 $\log_e x$，而這個反函數在微分之後，會變成 $\dfrac{1}{x}$ 這種簡單的形式，所以應用範圍與 e^x 一樣廣泛。

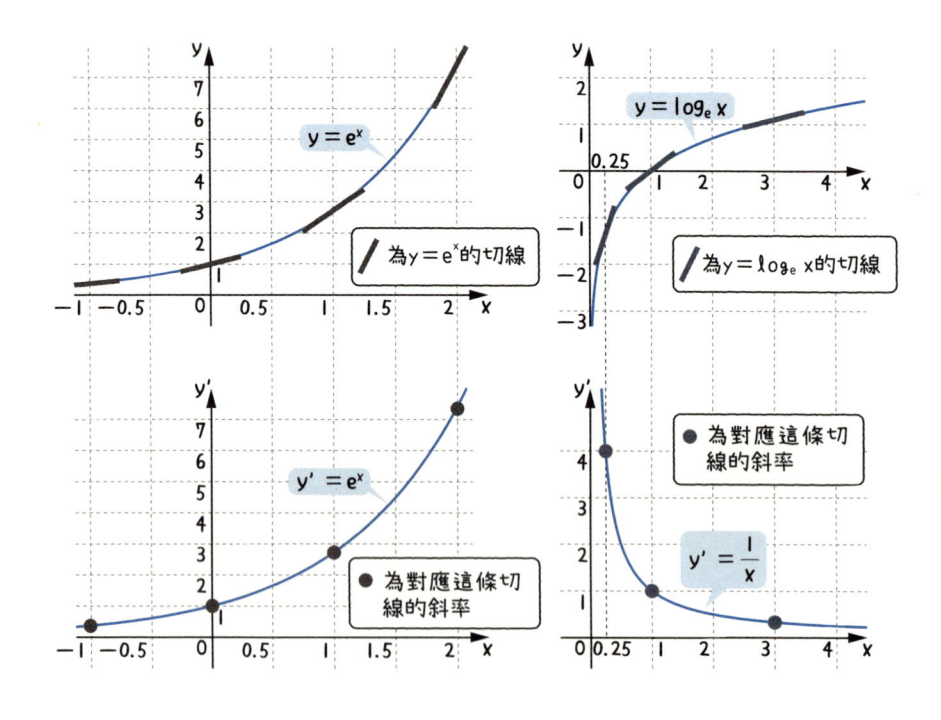

$y = e^x$

━ 為 $y = e^x$ 的切線

$y = \log_e x$

━ 為 $y = \log_e x$ 的切線

$y' = e^x$

● 為對應這條切線的斜率

$y' = \dfrac{1}{x}$

● 為對應這條切線的斜率

🔍 與指數函數有關的重要極限

與指數函數有關的重要極限值為

$$\lim_{x \to 0} \frac{e^x - 1}{x} = 1$$

這個式子在根據定義導出指數函數的導函數時會用到。

在x≒0的時候
e^x與x+1幾乎相等
→e^x−1與x幾乎相同。

$$\lim_{x \to 0} \frac{e^x - 1}{x} = 1$$

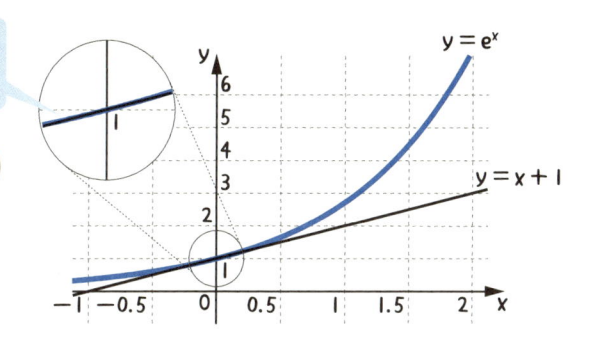

上方的式子是根據定義找出x=0的微分係數

$$\lim_{x \to 0} \frac{e^x - e^0}{x - 0} = \lim_{x \to 0} \frac{e^x - 1}{x} = 1$$

$$\left(\lim_{h \to 0} \frac{e^{0+h} - e^0}{h} = \lim_{h \to 0} \frac{e^h - 1}{h} = \lim_{x \to 0} \frac{e^x - 1}{x} = 1 \right)$$

從上述的式子得知，在x=0這邊的e^x的微分係數（y=e^x的切線的斜線）為1。

此外，有時也會以 $\lim_{x \to 0} \frac{e^x - 1}{x} = 1$ 定義 e（將滿足 $\lim_{x \to 0} \frac{a^x - 1}{x} = 1$ 的實數 a 定義 e）。此外 e 有時也會以下列的式子定義。

$$\lim_{n \to \infty} \left(1 + \frac{1}{n}\right)^n = e$$

（換言之，數列 $\left\{ \left(1 + \frac{1}{n}\right)^n \right\}$ 的 $n \to \infty$ 的極限值為 e）

一般都知道，關於 e 的兩個定義其實在數學上是等價的。

2-4 介紹技巧 ～各種微分公式～

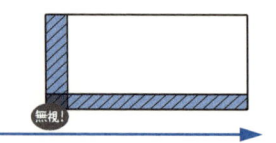

直到前一節之前，介紹了基本函數的微分公式。這節要介紹由這些函數組成的複雜函數的微分公式。這些公式都很常用，所以請練習到不假思索就能使用的地步。

🔍 積的微分

兩個函數 $f(x)$ 與 $g(x)$ 的積的微分公式可想成兩邊邊長 $f(x)$、$g(x)$ 的長方形面積 $S(x) = f(x)g(x)$ 的增加量。

<u>積的微分公式</u>：　$\{f(x)g(x)\}' = f'(x)g(x) + f(x)g'(x)$

- 可想成兩邊的長為x函數f(x)與g(x)的長方形。面積為S(x)=f(x)g(x)
- x只增加極小量的△x時，若
  $\begin{cases} f(x)為 f(x+\triangle x) = f(x) + \triangle f(x) \\ g(x)為 g(x+\triangle x) = g(x) + \triangle g(x) \end{cases}$

S(x)的增加量△S(x)為下圖的 ▨ 部分。

$$\triangle S(x) = \triangle f(x) \cdot g(x) + f(x) \cdot \triangle g(x) + \underline{\triangle f(x) \cdot \triangle g(x)}$$
$$\fallingdotseq \triangle f(x) \cdot g(x) + f(x) \cdot \triangle g(x)$$

> 由於是極小量相乘的積，所以在△x→0的極限下，與△f(x)．g(x)或是f(x)．△g(x)相比之下可以忽略

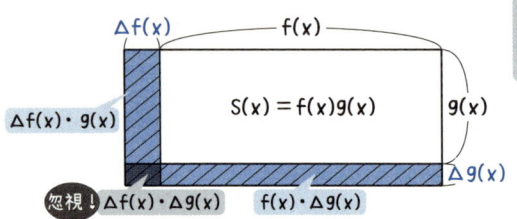

忽視！△f(x)・△g(x)　　f(x)・△g(x)

因此會變成 $\dfrac{\triangle S(x)}{\triangle x} \fallingdotseq \dfrac{\triangle f(x)}{\triangle x} \cdot g(x) + f(x) \cdot \dfrac{\triangle g(x)}{\triangle x}$，在△x→0的極限之內

$$S'(x) = \{f(x)g(x)\}' = f'(x)g(x) + f(x)g'(x)$$

> $S(x) = f(x)g(x)$，所以 $S'(x)$ 為積 $f(x)g(x)$ 的導函數喔。

例1 $y = x^6 = x^4 \cdot x^2$ 的微分

假設 $f(x) = x^4$、$g(x) = x^2$，那麼 $f'(x) = 4x^3$、$g'(x) = 2x$，所以

$$\{f(x) \cdot g(x)\}' = f'(x) \cdot g(x) + f(x) \cdot g'(x)$$
$$= 4x^5 + 2x^5 = 6x^5$$

> 與公式 $(x^n)' = nx^{n-1}$ 的 $n=6$ 的結果一致。

58

例2 $e^x \sin x$ 的微分

假設 $f(x) = e^x$、$g(x) = \sin x$，那麼 $f'(x) = e^x$、$g'(x) = \cos x$ 所以
$$\{f(x) \cdot g(x)\}' = f'(x) \cdot g(x) + f(x) \cdot g'(x) = e^x \sin x + e^x \cos x$$

🔍 合成函數的微分、商的微分

$y = f(g(x))$ 這種合成函數的微分如下。

合成函數的微分：$\{f(g(x))\}' = f'(g(x)) \cdot g'(x)$

假設 $y = f(u)$、$u = g(x)$ 則 $\dfrac{dy}{dx} = \dfrac{dy}{du} \cdot \dfrac{du}{dx}$

※實際的計算順序是…
① 在函數f( )找到「整塊」的x的式子＝g(x)，將u設定為g(x)。
② 針對x微分u＝g(x)。⇒ g'(x)
③ 將原始函數視為u的函數f(u)，針對u微分。⇒ f'(u)
④ 將u＝g(x)代入f'(u)，得到f'(g(x))之後，f'(g(x))與g'(x)的積就是原始函數(合成函數)的導函數。

此外，商的微分公式如下。

商的微分公式：$\left\{\dfrac{f(x)}{g(x)}\right\}' = \dfrac{f'(x)g(x) - f(x)g'(x)}{\{g(x)\}^2}$

商的微分公式可透過下列步驟求出。
① 根據合成函數的微分公式求出 $\dfrac{1}{g(x)}$ 的導函數。⇒ $\dfrac{-g'(x)}{\{g(x)\}^2}$
② 將 $\dfrac{f(x)}{g(x)}$ 視為f(x)與 $\dfrac{1}{g(x)}$ 的積，再套用積的微分公式。
③ 將步驟①求出的式子代入步驟②求出的式子。

例1 $y = x^6 = (x^3)^2$ 的微分

假設 $f(u) = u^2$、$u = g(x) = x^3$，則 $f(g(x)) = (x^3)^2$。
由於 $f'(u) = 2u$、$g'(x) = 3x^2$，所以
$$\{f(g(x))\}' = f'(x^3) \cdot g'(x) = 2x^3 \cdot 3x^2 = 6x^5$$

例2 $\sin(e^x)$ 的微分

假設 $f(u)$ 為 $\sin u$、$u = g(x) = e^x$，那麼 $f(g(x)) = \sin(e^x)$。
由於 $f'(u) = \cos u$、$g'(x) = e^x$ 所以
$$\{f(g(x))\}' = f'(e^x) \cdot g'(x) = \cos(e^x) \cdot e^x = e^x \cos(e^x)$$

> **例1** 與積的微分的 **例1** 是相同的函數，結果也一致。不管用什麼方法都能得到正確的結果，所以大家利用自己喜歡的方法計算即可。

🔍 反函數的微分

若是微分 $y = f(x)$ 的反函數 $x = f^{-1}(y)$，可以得到 $\dfrac{dx}{dy} = \dfrac{1}{\frac{dy}{dx}}$，換言之，反函數的導函數就是原始函數的導函數的倒數。

一如 1-2 節所介紹的，$y = f^{-1}(x)$ 與 $y = f(x)$ 的圖形沿著直線 $y = x$ 對稱，所以圖形上對稱點的切線也會沿著 $y = x$ 這條直線對稱。這代表斜率之間存在著互為倒數的關係，反函數的微分會成為原始函數的微分的倒數。

> 請回想一下微分係數就是圖形的切線的斜率這件事。

反函數的微分：$y = f(x)$ 與對應的反函數 $x = f^{-1}(y)$

$$\dfrac{dx}{dy} = \dfrac{1}{\dfrac{dy}{dx}} \quad \left(\dfrac{d}{dy} f^{-1}(y) = \dfrac{1}{\dfrac{d}{dx} f(x)} \right)$$

【例】$y = f(x) = x^2$ $(x \geq 0)$ 的反函數為 $x = f^{-1}(y) = \sqrt{y}$

$$\begin{cases} \dfrac{dx}{dy} = \dfrac{d}{dy} f^{-1}(y) = \dfrac{d}{dy} \sqrt{y} = \dfrac{1}{2\sqrt{y}} = \dfrac{1}{2x} \\ \dfrac{dy}{dx} = \dfrac{d}{dx} f(x) = \dfrac{d}{dx} x^2 = 2x \end{cases} \Rightarrow \dfrac{dx}{dy} = \dfrac{1}{\dfrac{dy}{dx}}$$

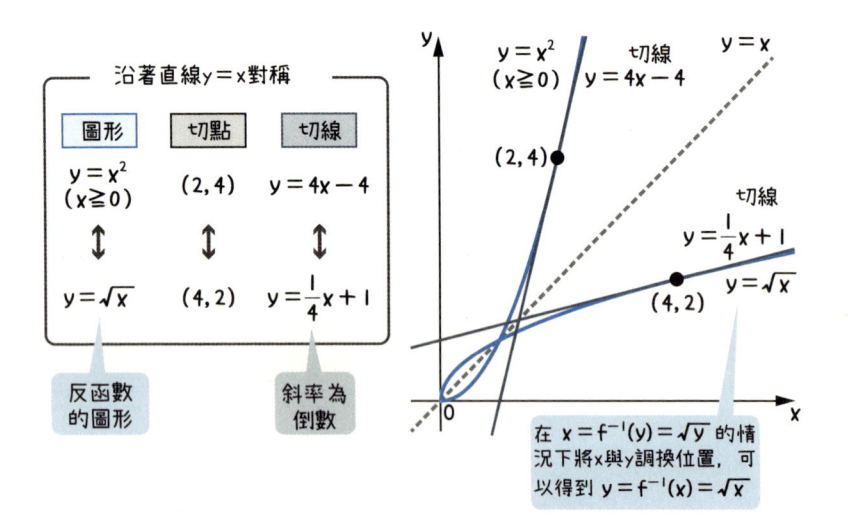

沿著直線 y = x 對稱

圖形	切點	切線
$y = x^2$ $(x \geq 0)$	$(2, 4)$	$y = 4x - 4$
↕	↕	↕
$y = \sqrt{x}$	$(4, 2)$	$y = \dfrac{1}{4}x + 1$

反函數的圖形　　　　斜率為倒數

圖中：$y = x^2$ $(x \geq 0)$，切線 $y = 4x - 4$，$(2, 4)$；切線 $y = \dfrac{1}{4}x + 1$，$y = \sqrt{x}$，$(4, 2)$；$y = x$

在 $x = f^{-1}(y) = \sqrt{y}$ 的情況下將 x 與 y 調換位置，可以得到 $y = f^{-1}(x) = \sqrt{x}$

🔍 隱函數的微分

隱函數的微分可針對 y 來解（以顯函數表示）再微分。不過，此時的顯函數會變得很複雜，所以直接微分隱函數比較容易。

【例】以 x 微分 $x^2+y^2=4$ 的過程如下。

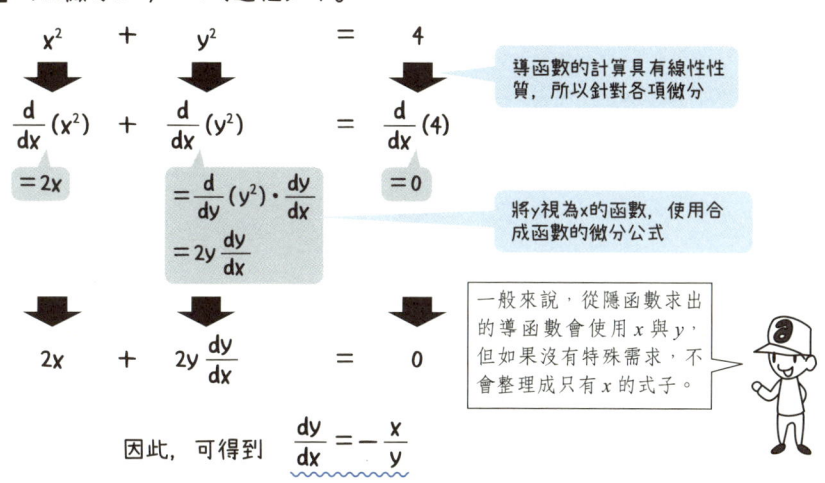

$$x^2 \quad + \quad y^2 \quad = \quad 4$$

$$\frac{d}{dx}(x^2) \quad + \quad \frac{d}{dx}(y^2) \quad = \quad \frac{d}{dx}(4)$$

$$= 2x \qquad = \frac{d}{dy}(y^2) \cdot \frac{dy}{dx} \qquad = 0$$

$$= 2y\frac{dy}{dx}$$

導函數的計算具有線性性質，所以針對各項微分

將 y 視為 x 的函數，使用合成函數的微分公式

$$2x \quad + \quad 2y\frac{dy}{dx} \quad = \quad 0$$

一般來說，從隱函數求出的導函數會使用 x 與 y，但如果沒有特殊需求，不會整理成只有 x 的式子。

因此，可得到 $\dfrac{dy}{dx} = -\dfrac{x}{y}$

隱函數的微分常用來研究隱函數的圖形性質。上方的 $x^2+y^2=4$ 是位於 xy 平面之中，以原點為圓心，半徑為 2 的圓形。利用這個式子的導函數可求出在這個圓形上的點 $(\sqrt{2}, \sqrt{2})$ 的切線的斜率為 -1，點 $(\sqrt{2}, -\sqrt{2})$ 的切線的斜率為 1。

切線 $y = -x + 2\sqrt{2}$

$x^2 + y^2 = 4$

斜率 $-\dfrac{x}{y} = -\dfrac{\sqrt{2}}{\sqrt{2}} = -1$

$(\sqrt{2}, \sqrt{2})$ 代入切點的座標

$(\sqrt{2}, -\sqrt{2})$ 代入切點的座標

切線 $y = x - 2\sqrt{2}$

斜率 $-\dfrac{x}{y} = -\dfrac{\sqrt{2}}{-\sqrt{2}} = 1$

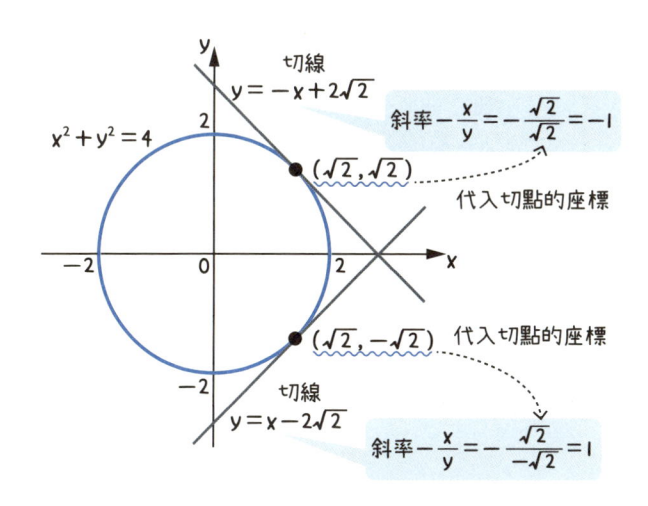

🔍 媒介變數函數的微分

媒介變數函數通常很難消除媒介變數,所以微分也會直接以媒介變數方程式計算。

<u>媒介變數函數的微分</u>:

以媒介變數t寫成的函數 $\begin{cases} x = f(t) \\ y = g(t) \end{cases}$ 的導函數為

$$\frac{dy}{dx} = \frac{\frac{dy}{dt}}{\frac{dx}{dt}} = \frac{g'(t)}{f'(t)}$$

一般來說,從媒介變數求出的導函數會以媒介變數(以本例來說是 t)撰寫,不須要重新以 x 或 y 整理。

比方說,1-8 節的擺線式子就以媒介變數 θ 寫成 $\begin{cases} x = \theta - \sin\theta \\ y = 1 - \cos\theta \end{cases}$(假設 $a = 1$)。這個導函數若以 θ 整理,就能針對擺線上的某個點算出切線的斜率。

從 $\begin{cases} x = \theta - \sin\theta \\ y = 1 - \cos\theta \end{cases}$ 算出 $\begin{cases} \frac{dx}{d\theta} = 1 - \cos\theta \\ \frac{dy}{d\theta} = \sin\theta \end{cases}$ ⇒ $\frac{dy}{dx} = \frac{\frac{dy}{d\theta}}{\frac{dx}{d\theta}} = \frac{\sin\theta}{1 - \cos\theta}$

與 $\theta = \frac{\pi}{2}$ 對應的點 $\left(\frac{\pi}{2} - 1, 1\right)$ 的切線的斜率為

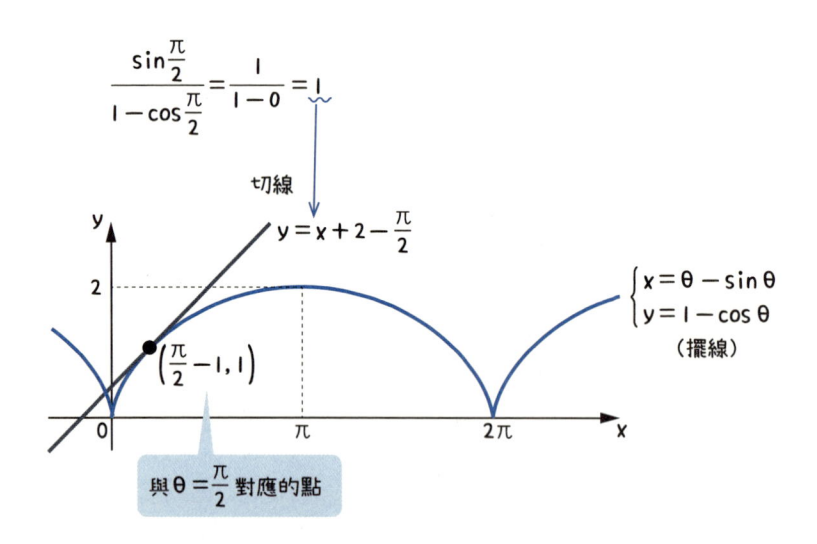

$$\frac{\sin\frac{\pi}{2}}{1 - \cos\frac{\pi}{2}} = \frac{1}{1 - 0} = 1$$

切線 $y = x + 2 - \frac{\pi}{2}$

$\begin{cases} x = \theta - \sin\theta \\ y = 1 - \cos\theta \end{cases}$ (擺線)

$\left(\frac{\pi}{2} - 1, 1\right)$ 與 $\theta = \frac{\pi}{2}$ 對應的點

2-5 有助預測股價
～函數的增減、凹凸、高次導函數～

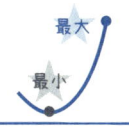

這節要介紹進一步微分導函數之後得到的高次導函數。導函數與高次導函數會在研究增減或凹凸這類函數性質之際扮演重要的角色（可參考專欄）。

🔍 高次導函數

函數 $f(x)$ 的導函數寫成 $f'(x)$，而這個 $f'(x)$ 的導函數寫成 $f''(x)$。

一般來說，以 x 微分 $f(x)$ n 次之後得到的函數稱為 $f(x)$ 的 **n 次導函數**（或稱 n 階導函數、n 階微分），寫成 $f^{(n)}(x)$。此外，$y=f(x)$ 的導函數也可以寫成 $\frac{dy}{dx}$，所以二次導函數也可寫成 $\frac{d^2y}{dx^2}$、n 次導函數也可寫成 $\frac{d^ny}{dx^n}$。

	寫成 y'	寫成 $f'(x)$	寫成 $\frac{dy}{dx}$	寫成 $\frac{d}{dx}f(x)$	$f(x)=x^6$ 的情況
一次導函數（一階微分）	y'	$f'(x)$	$\frac{dy}{dx}$	$\frac{d}{dx}f(x)$	$6x^5$
二次導函數（二階微分）	y''	$f''(x)$	$\frac{d^2y}{dx^2}$	$\frac{d^2}{dx^2}f(x)$	$30x^4$
三次導函數（三階微分）	y'''	$f'''(x)$	$\frac{d^3y}{dx^3}$	$\frac{d^3}{dx^3}f(x)$	$120x^3$
四次導函數（四階微分）	$y^{(4)}$	$f^{(4)}(x)$	$\frac{d^4y}{dx^4}$	$\frac{d^4}{dx^4}f(x)$	$360x^2$
…	…	…	…	…	…
n 次導函數（n 階微分）	$y^{(n)}$	$f^{(n)}(x)$	$\frac{d^ny}{dx^n}$	$\frac{d^n}{dx^n}f(x)$	—

高次導函數標記方式的補充

由於 x 的函數 y 的二次導函數是以 x 進一步微分 $\frac{dy}{dx}$ 得到的函數，所以

$$\frac{d\left(\frac{dy}{dx}\right)}{dx} = \frac{d}{dx}\left(\frac{dy}{dx}\right) = \frac{d}{dx}\left(\frac{d}{dx}y\right) = \left(\frac{d}{dx}\right)^2 y = \frac{d^2}{dx^2}y = \frac{d^2y}{dx^2}$$

不是 $\frac{dy^2}{dx^2}$ 或 $\frac{d^2y}{dx^2 x}$ ！

由此可知，「以 x 微分」的計算可寫成 $\frac{dy}{dx}$。

※ 就算是微分運算子 ∇（nabla，參考5-3節），也以相同的形式標記各成分（偏微分）。

🔍 函數的增減與凹凸

函數 $f(x)$ 的導函數 $f'(x)$ 代表 $y=f(x)$ 的圖形的斜率,因此 $f(x)$ 在 $f'(x)>0$ 的區間增加,在 $f'(x)<0$ 的區間減少。

此外,$f(x)$ 的二次導函數 $f''(x)$ 的正負與 $y=f(x)$ 的圖形的凹凸有關。具體來說,圖形會在 $f''(x)<0$ 的區間「往上凸」,會在 $f''(x)>0$ 的區間「往下凸」,而且**往上凸與往下凸的轉換處稱為「反曲點」**,$f''(x)=0$。

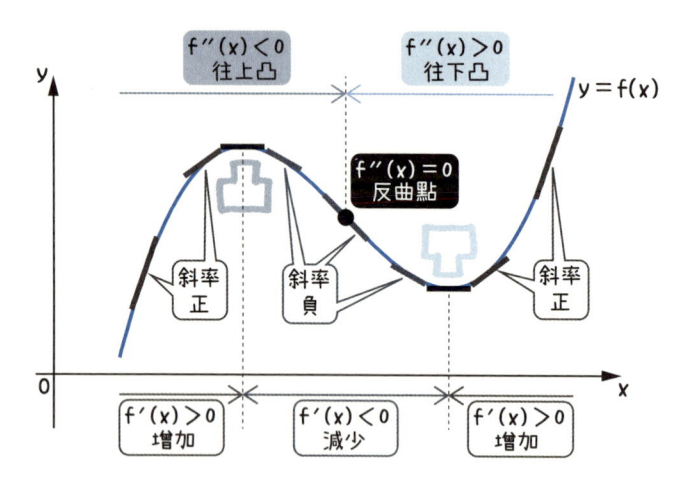

圖形常用來具體呈現函數的增減與凸凸而使用。研究 $f(x)$ 的導函數 $f'(x)$ 或二次導函數 $f''(x)$ 的正負,再整理成表格,就能更容易掌握 $y=f(x)$ 的圖形增減與凹凸的情況。這張表又稱為導數表。

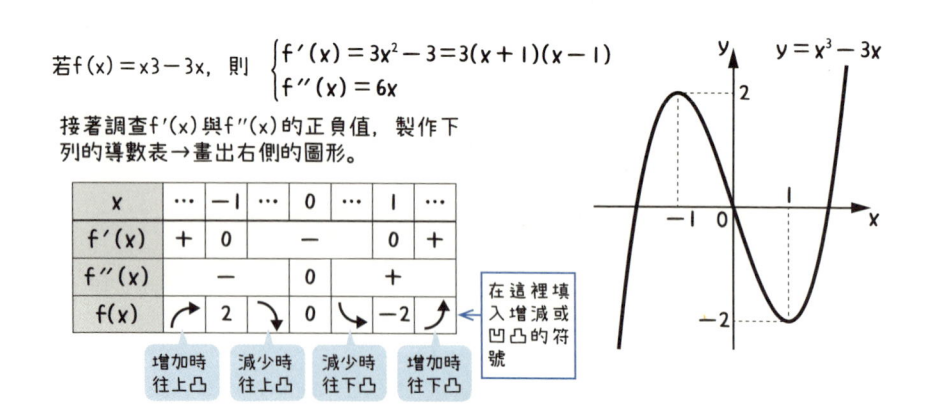

若 $f(x)=x^3-3x$,則 $\begin{cases} f'(x)=3x^2-3=3(x+1)(x-1) \\ f''(x)=6x \end{cases}$

接著調查 f'(x) 與 f''(x) 的正負值,製作下列的導數表→畫出右側的圖形。

x	···	−1	···	0	···	1	···
f'(x)	+	0	−		−	0	+
f''(x)		−		0		+	
f(x)	↗	2	↘	0	↘	−2	↗

在這裡填入增減或凹凸的符號

增加時 往上凸 | 減少時 往上凸 | 減少時 往下凸 | 增加時 往下凸

🔍 最大值、最小值與極大值、極小值

研究函數的增減時，有時候會在意最大值、最小值與極大值、極小值的差異，在此為大家說明這個差異。

● <u>最大值、最小值</u>：函數的值在定義域中最大的點（最大值）或是最小的點（最小值）

● <u>極大值、極小值</u>：在包含該點的範圍中（也就是局部中）最大值或最小值的點
　　　　　　　　　若以可微分的x的函數f(x)來說…
　　　　　　　　　・在極大點這邊從增加(f'(x)＞0)變成減少(f'(x)＜0)
　　　　　　　　　・在極小點這邊從減少(f'(x)＜0)變成增加(f'(x)＞0)

f'(x)的符號以極值為分水嶺改變 ⇒ 在極值這邊 f'(x)＝0

【例】在區間 a≦x≦b 的 y＝f(x) 畫成下方的圖形時，最大值、最小值與極大值、極小值可如下在圖形中標示。

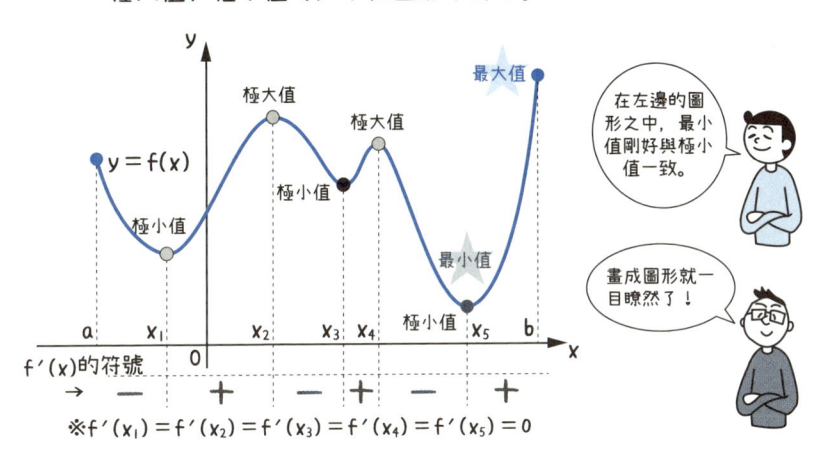

f'(x)的符號
→ － ＋ － ＋ － ＋

※ $f'(x_1) = f'(x_2) = f'(x_3) = f'(x_4) = f'(x_5) = 0$

在左邊的圖形之中，最小值剛好與極小值一致。

畫成圖形就一目瞭然了！

此外，在上方圖形的**極值的點雖然是 $f'(x) = 0$，但是 $f'(x)$ 不一定是極值**（必要條件）。比方說，在 $f(x) = x^3$ 這邊，$f'(x) = 3x^2$，所以 $f'(0) = 0$，但是在 $x = 0$ 的前後則是 $f'(x) > 0$（增加），而 $f(0)$ 不是極值。

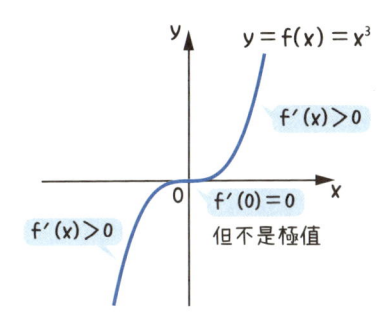

$y = f(x) = x^3$
f'(x)＞0
f'(0)＝0
f'(x)＞0
但不是極值

2-6 雖然理所當然，卻很深奧 ～中間值定理、均值定理～

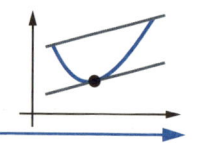

接下來要說明在數學分析各種場面應用的中間值定理與均值定理。這兩個定理若要透過數學嚴謹證明，比想像中困難，但是定理的內容卻又十分理所當然，簡單易懂。讓我們試著透過圖形具體掌握這兩種定理的概念吧。

🔍 中間值定理

中間值定理如下。

中間值定理

當x的函數f(x)在$a \leq x \leq b$的區間為連續函數，而且$f(a) \neq f(b)$，對於f(a)與f(b)之間的任意實數k，令存在有f(c)=k的c($a < c < b$)。

●根據中間值定理，y=f(x)的圖形在2點(a, f(a))、(b, f(b))之間沒有任何裂縫，與y軸垂直的直線y=k〔k是介於f(a)與f(b)的數〕與y=f(x)的圖形一定有交點。

※以右圖為例，c有兩個(c_1與c_2)。

●f(x))在區間$a \leq x \leq b$之中有不連續點，也就是右側這種y=f(x)的圖形時，某些f(a)與f(b)之間的實數k會讓直線y=k與y=f(x)的圖形無法相交，所以滿足f(c)=k的c($a < c < b$)不存在。

→中間值定理不成立。

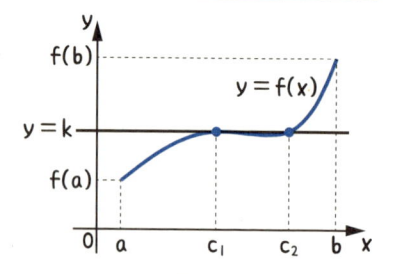

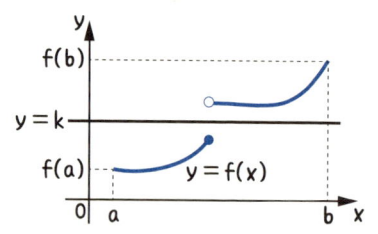

🔍 羅爾定理

羅爾定理是後續說明的均值定理的引理，內容如下。

羅爾定理

x的函數f(x)在$a \leq x \leq b$的區間連續，而且在$a < x < b$的區間可微分，f(a)=f(b)時，則存在有f′(c)=0的c($a < c < b$)。

● 根據羅爾定理，y＝f(x)的圖形在兩點 (a,f(a))、(b,f(b))之間為平滑連續曲線，而且f(a)＝f(b)時，f(x)會從增加變成減少（或是從減少變成增加），換言之，有極值的點。

※常數函數f(x)＝k的所有點都是f'(x)＝0，所以滿足羅爾定理。

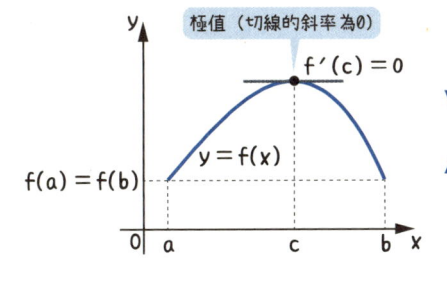

🔍 均值定理

均值定理是延拓羅爾定理而來的定理。

均值定理

x的函數f(x)在a≦x≦b的區間連續，且在a＜x＜b的區間可微分時，則

$$\frac{f(b)-f(a)}{b-a}=f'(c) \quad (*)$$

成立的c(a＜c＜b)存在。

● (*)的左側為y＝f(x)圖形上的兩點 (a,f(a))、(b,f(b))連成的直線的斜率，右側是於點(c,f(c))的切線的斜率。

若是根據均值定理，圖形在兩點 (a,f(a))、(b,f(b))之間為平滑曲線時，讓兩個斜率相等的c會落在a＜c＜b之間。

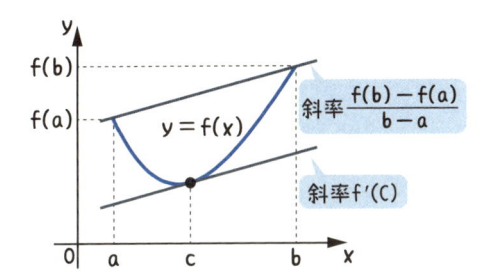

此外，就感覺而言，從下圖可以發現，讓羅爾定理的圖形傾斜，就能得到均值定理的圖形。

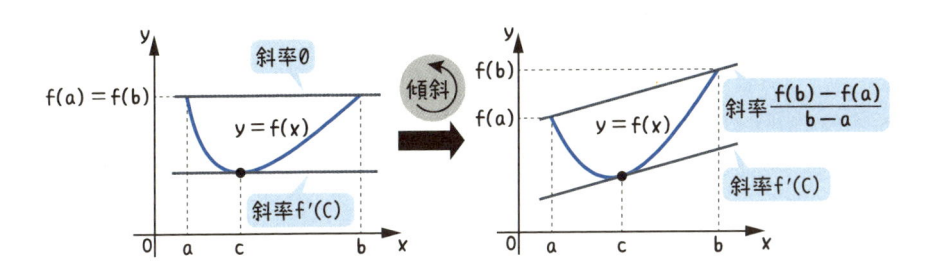

2-7 實用數學必備絕招 ～泰勒級數、馬克勞林級數～

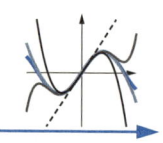

> 泰勒級數與馬克勞林級數是以冪乘和說明指數函數、三角函數這類複雜函數的方法。其應用方法非常廣，是一定要了解的內容。

🔍 泰勒級數

以 $(x-a)^n$（a 為常數、n 為大於等於 0 的整數）的項的總和表現函數 $f(x)$ 時，稱為 $x=a$ 周圍的 $f(x)$ 的**泰勒級數**。

> x 的函數 $f(x)$ 在 $x=a$ 附近的泰勒級數
> $$f(x) = f(a) + f'(a)(x-a) + \frac{f''(a)}{2!}(x-a)^2 + \frac{f'''(a)}{3!}(x-a)^3 + \cdots$$
> $$= \sum_{n=0}^{\infty} \frac{f^{(n)}(a)}{n!}(x-a)^n$$

※「$n!$」為 n 的階乘（$n! = n \cdot (n-1) \cdot (n-2) \cdot \cdots \cdot 3 \cdot 2 \cdot 1$，不過，$0! = 1$）

🔍 泰勒級數的係數可從一次近似（切線近似）思考

泰勒級數的 $(x-a)^n$ 的係數可如下想像。

● 將切線方程式看做在切點附近的函數近似式。

在 $x \fallingdotseq a$（$x=a$ 的附近）的附近

$f(x) \fallingdotseq f(a) + f'(a)(x-a)$　將 $f(x)$ 視為切線近似

切線　$y=f(x)$
$y = f(a) + f'(a)(x-a)$
切點　$(a, f(a))$

● 由上方類推，將 $f'(x)$ 的切線方程式視為近似式。
$f'(x) \fallingdotseq f'(a) + f''(a)(x-a)$　將 $f'(x)$ 視為切線近似

● 再進一步將 $f''(x)$ 的切線方程式視為近似式。
$f''(x) \fallingdotseq f''(a) + f'''(a)(x-a)$　將 $f''(x)$ 視為切線近似

⋯⋯如此反覆之後，$f(x)$ 就能如下以 $(x-a)$ 的冪級數說明。

$$f(x) = \underbrace{f(a) + f'(a)(x-a)}_{f(x)\text{的切線近似}} + \underbrace{\frac{f''(a)}{2!}(x-a)^2}_{f'(x)\text{的切線近似}\ f'(x) \fallingdotseq f'(a) + f''(a)(x-a)} + \underbrace{\frac{f'''(a)}{3!}(x-a)^3}_{f''(x)\text{的切線近似}\ f''(x) \fallingdotseq f''(a) + f'''(a)(x-a)} + \cdots$$

$f(x) \fallingdotseq f(a) + f'(a)(x-a)$

📖 依序微分求出泰勒級數的係數

泰勒級數的 $(x-a)^n$ 的係數可如下思考。

● 假設 f(x) 為 (x−a) 的冪乘和
  假設 a_n (n＝0、1、2、3、4、…) 為常數

$$f(x) = a_0 + a_1(x-a) + a_2(x-a)^2 + a_3(x-a)^3 + a_4(x-a)^4 + \cdots + a_n(x-a)^n + \cdots \quad (*)$$

● 依序以 x 微分 (*)

$f(x) = a_0 + a_1(x-a) + a_2(x-a)^2 + a_3(x-a)^3 + a_4(x-a)^4 + \cdots$

代入 x＝a 之後，(x−a) 的冪乘項消失，f(a)＝a_0 ⇒ $a_0 = f(a)$

$f'(x) = a_1 + 2a_2(x-a) + 3a_3(x-a)^2 + 4a_4(x-a)^3 + \cdots$

代入 x＝a 之後，f'(a)＝a_1 ⇒ $a_1 = f'(a)$

$f''(x) = 2a_2 + 2 \cdot 3a_3(x-a) + 3 \cdot 4a_4(x-a)^2 + \cdots$

代入 x＝a 之後，f''(a)＝$2a_2$ ⇒ $a_2 = \dfrac{f''(a)}{2!}$

$f'''(x) = 2 \cdot 3a_3 + 2 \cdot 3 \cdot 4a_4(x-a) + \cdots$

代入 x＝a 之後，f'''(a)＝$2 \cdot 3a_3$ ⇒ $a_3 = \dfrac{f'''(a)}{3!}$

$f^{(4)}(x) = 2 \cdot 3 \cdot 4a_4 + \cdots$

代入 x＝a 之後，$f^{(4)}(a) = 2 \cdot 3 \cdot 4a_4$ ⇒ $a_4 = \dfrac{f^{(4)}(a)}{4!}$

一般式：$a_n = \dfrac{f^{(n)}(a)}{n!}$

由此可知，**泰勒級數若無法以 $x = a$ 不斷微分就無法使用**，也無法以不可微分的點定義。

> 順帶一提，三角函數、指數函數、對數函數一般來說，會是無限個項的總和。

🔍 馬克勞林級數

在泰勒級數 $a = 0$ 的時候（也就是在 $x = 0$ 的附近展開時），這種泰勒級數稱為馬克勞林級數。

x的函數f(x)的<u>馬克勞林級數</u>

$$f(x) = f(0) + f'(0)x + \frac{f''(0)}{2!}x^2 + \frac{f'''(0)}{3!}x^3 + \cdots$$
$$= \sum_{n=0}^{\infty} \frac{f^{(n)}(0)}{n!} x^n$$

【具代表性的函數的馬克勞林級數】

$$e^x = 1 + x + \frac{x^2}{2!} + \frac{x^3}{3!} + \cdots \qquad \sin x = x - \frac{x^3}{3!} + \frac{x^5}{5!} - \frac{x^7}{7!} + \cdots$$

$$\log_e(1+x) = x - \frac{x^2}{2!} + \frac{x^3}{3!} - \frac{x^4}{4!} + \cdots \qquad \cos x = 1 - \frac{x^2}{2!} + \frac{x^4}{4!} - \frac{x^6}{6!} + \cdots$$

🔍 泰勒級數、馬克勞林級數與函數的近似

泰勒級數、馬克勞林級數可將函數視為利用冪函數的總和近似的式子。在這概念中，項數越多（取得越高次的項的總和），近似的精確度就會提升。從圖形來看，更能體會這點。

> 近似是計算數值的重要概念。這部分會於 8-1 進一步說明。

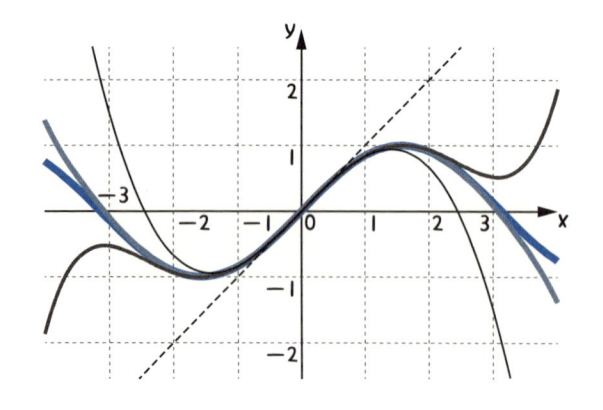

sinx的馬克勞林級數若是不斷增加項，圖形就會越接近sinx。

----- $y = x$

——— $y = x - \frac{x^3}{3!}$

——— $y = x - \frac{x^3}{3!} + \frac{x^5}{5!}$

——— $y = x - \frac{x^3}{3!} + \frac{x^5}{5!} - \frac{x^7}{7!}$

——— $y = \sin x$

嚴謹定義「逼近」
～ ε-σ 論證～

2-8

微分是由極限定義，但是在此之前，本書都只將極限定義為「盡可能逼近」這種不像數學的含糊定義。能以數學方式嚴謹定義「極限」的是 ε-σ（epsilon-delta）論證。這是在學習數學分析邏輯基礎時，一定要學習的項目，所以有心學好數學的人，一定要學好這個部分。

🔍 ε-σ 論證對極限的定義

2-1 節介紹了 $\lim\limits_{x \to a} f(x) = A$ 這個極限的式子。
這個式子是否成立？ε-σ 論證是如下定義。

ε-σ 論證定義的函數極限

　　假設對於任意正實數 ε，有某個正實數 σ，而且若 $0 < |x-a| < \sigma$，則 $|f(x)-A| < \varepsilon$ 成立，且寫成 $\lim\limits_{x \to a} f(x) = A$。

- 在 y=f(x) 的圖形之中，確定以 y=A 為中心的 ±ε 的範圍（|f(x)−A|<ε、ε>0）時，在滿足 0<|x−a|<σ 的 x 之中，如同可取得的 f(x) 的值朝 |f(x)−A|<ε 收斂一樣，會是非常小的正數 σ。
- 不管如何縮小 ε（右下圖①），都能找到滿足上述性質的 σ（右下圖②）的時候，代表「在 x→a 的區間內，f(x) 往 A 收斂」。

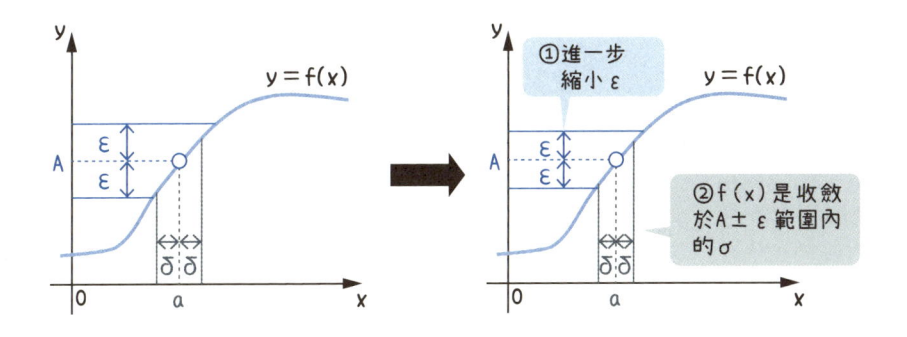

🔍「極限不存在」與 ε-σ 論證

為了透過 ε-σ 論證了解「極限存在」的說明，在此要說明「極限不存在」這件事。

- 如右圖所示，$g(x)$ 在 $x = a$ 之處不連續時，讓 ε 變得比 A-B (> 0) 更小。
  - 不管如何縮小 σ，$g(a-σ)$ 也不會大於等於B。
  - 不管如何縮小 σ，$g(a+σ)$ 也不會小於等於A。
- 換言之，當 ε 小於 A-B，「不存在讓 $|g(x)-A| < ε$ 的 $0 < |x-a| < σ$ 的 σ」

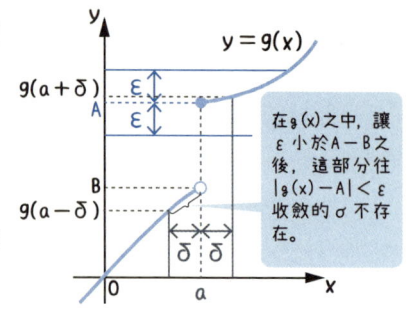

在$g(x)$之中，讓 ε 小於A-B之後，這部分往 $|g(x)-A| < ε$ 收斂的 σ 不存在。

🔍 函數連續性的定義

1-1 節提到「連續」就是全部連在一起的意思，但嚴格來說，函數 $f(x)$ 於 $x = a$ 處連續與 $\lim_{x \to a} f(x) = f(a)$ 成立的意思相同。

反過來說，$\lim_{x \to a} f(x)$ 不存在或是存在，但與 $f(a)$ 不相等時，代表 $f(a)$ 在 $x = a$ 處不連續（參考 2-1 節）。

🔍 定義數列極限的 ε-N 論證

數列 $\{a_n\}$ 的 $n \to \infty$ 的極限也可套用相同的方式論證。而這種論證方式稱為 ε-N 論證。

> **以 ε-N論證定義的數列極限**
> 如果對於任意正實數 ε，有某個正整數N存在，且n>N，則 $|a_n - A| < ε$ 成立，同時寫成 $\lim_{n \to \infty} a_n = A$。

- 在數線取一個數列 $\{a_n\}$，並且以A為中心，劃出 ±ε 的範圍（$|a_n - A| < ε$、ε > 0）的時候，在滿足n>N的n之中，如同可取得的a_n值會向 $|a_n - A| < ε$ 收斂一樣，有相當大的正整數N存在。
- 就算盡可能縮小 ε，只要盡可能放大N，在n>N，以及往 $|a_n - A| < ε$ 的範圍收斂時，代表「在n→∞的時候，$\{a_n\}$ 往A收斂（$\lim_{n \to \infty} a_n = A$）。

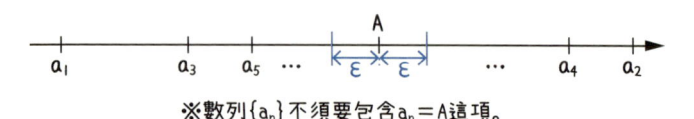

※數列 $\{a_n\}$ 不須要包含 $a_n = A$ 這項。

Column

◇ 函數的增減、凹凸與股價的變動 ◇

2-5 節說明了函數的增減與凹凸。在剖析量的變化時，常常會將注意力放在增加與減少的部分，但其實思考圖形是往上凸或往下凸也有重要的意義。

增減與凹凸的組合可參考下表，總共有四種模式。看了這張表就會知道，就算都是增加，圖形往上凸與往下凸的情況也不一樣。

	$f'(x)>0$（增加）	$f'(x)<0$（增加）
$f''(x)>0$（往下凸）	↗ 加速增加	↘ 停止下跌
$f''(x)<0$（往上凸）	↗ 停止上漲	↘ 加速減少

這種概念很適合用來分析資料的變化。

比方說，要分析股價的變動，決定買賣的時間點時，可調查股價變動的導函數或二次導函數的正負，建立圖形上升且往下凸的時候就買股票，發現圖形下降且往上凸的時候就賣股票的演算法。關注增減（導函數）與凹凸（二次導函數），就能取得數值變化的重要指標。

股價從停止下跌加速上漲時→買股票的時間點？

股價從停止上漲，加速下跌時→賣股票的時間點？

上漲 往上凸

趁這時候賣股票吧？

種出一堆蕪菁（與股票的發音相同），得趕快賣掉不可

Let's "Integrate" !!!

第3章　積分法

本章要介紹單變數函數的積分定義與實用的計算公式。

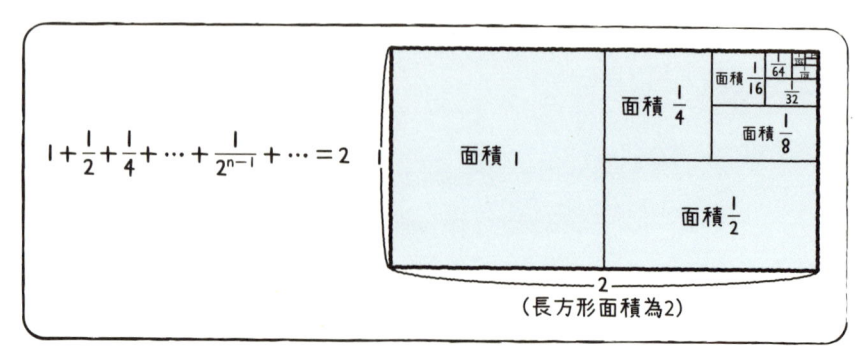

$$1 + \frac{1}{2} + \frac{1}{4} + \cdots + \frac{1}{2^{n-1}} + \cdots = 2$$

面積 1　面積 $\frac{1}{4}$　面積 $\frac{1}{16}$　面積 $\frac{1}{64}$　面積 $\frac{1}{32}$　面積 $\frac{1}{8}$　面積 $\frac{1}{2}$

（長方形面積為2）

● 無窮級數

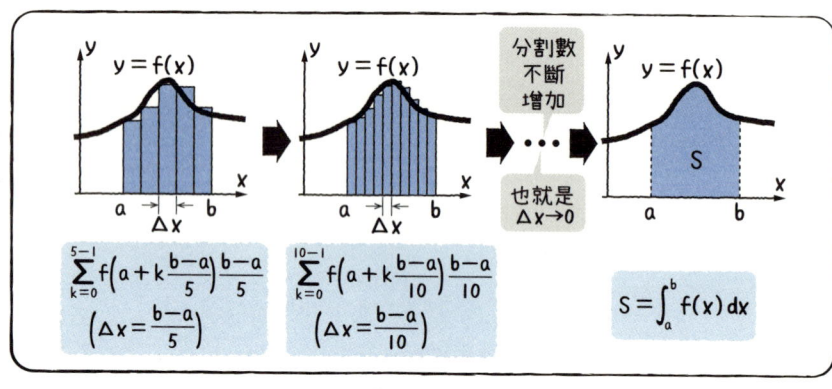

$$\sum_{k=0}^{5-1} f\left(a + k\frac{b-a}{5}\right)\frac{b-a}{5}$$
$$\left(\Delta x = \frac{b-a}{5}\right)$$

$$\sum_{k=0}^{10-1} f\left(a + k\frac{b-a}{10}\right)\frac{b-a}{10}$$
$$\left(\Delta x = \frac{b-a}{10}\right)$$

分割數不斷增加

也就是 $\Delta x \to 0$

$$S = \int_a^b f(x)\,dx$$

● 定積分

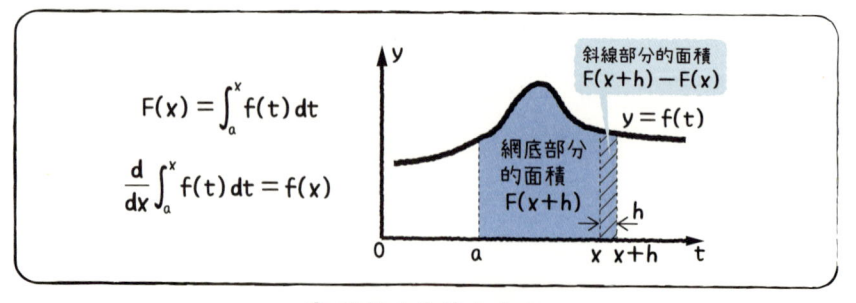

$$F(x) = \int_a^x f(t)\,dt$$

$$\frac{d}{dx}\int_a^x f(t)\,dt = f(x)$$

斜線部分的面積 $F(x+h) - F(x)$

$y = f(t)$

網底部分的面積 $F(x+h)$

● 微積分的基本定理

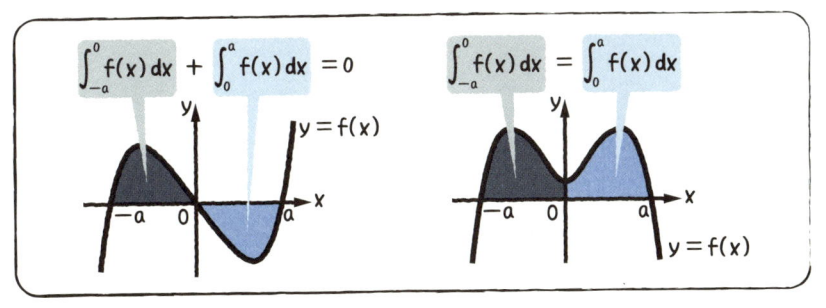

$$\int_{-a}^{0} f(x)\,dx + \int_{0}^{a} f(x)\,dx = 0 \qquad \int_{-a}^{0} f(x)\,dx = \int_{0}^{a} f(x)\,dx$$

● 奇函數與偶函數的定積分

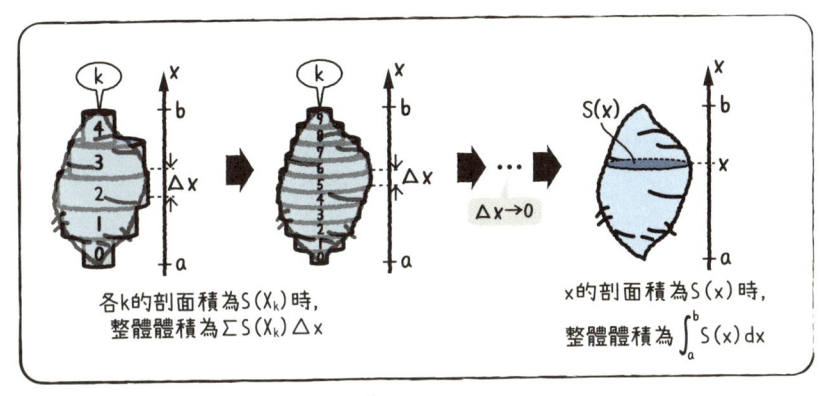

各k的剖面積為S(X_k)時，
整體體積為ΣS(X_k)△x

x的剖面積為S(x)時，
整體體積為 $\int_{a}^{b} S(x)\,dx$

● 體積

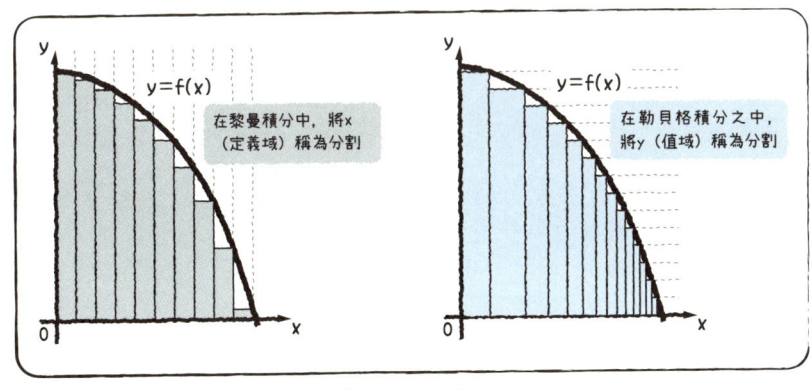

在黎曼積分中，將x
（定義域）稱為分割

在勒貝格積分之中，
將y（值域）稱為分割

● 勒貝格積分

77

3-1 就算加了無限個也不一定會變成無限大～無窮級數～

$$\sum_{k=1}^{\infty}$$

> 要理解積分就必須了解無窮級數這個概念。所謂的「級數」就是和，而相加的項有無限個的級數稱為「無窮級數」。

數列 $\{a_n\}$ 無限延伸的和稱為**無窮級數**。

無窮級數

$$a_1 + a_2 + a_3 + \cdots + a_n + \cdots = \sum_{k=1}^{\infty} a_k = \lim_{n \to \infty} \sum_{k=1}^{n} a_k$$

代表項數有無數個

數列 $\{a_n\}$ 的部分和

部分和 $\sum_{k=1}^{n} a_k$ 於 $n \to \infty$ 收斂時，稱為「無窮級數收斂」。

無窮級數的重點在於**就算加入無限個項，項的和也不一定會是無限大**。

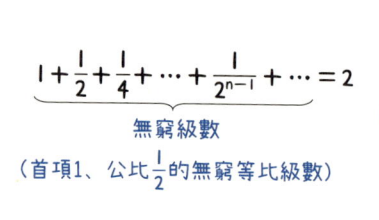

$$\underbrace{1 + \frac{1}{2} + \frac{1}{4} + \cdots + \frac{1}{2^{n-1}} + \cdots}_{\text{無窮級數}} = 2$$

（首項1、公比 $\frac{1}{2}$ 的無窮等比級數）

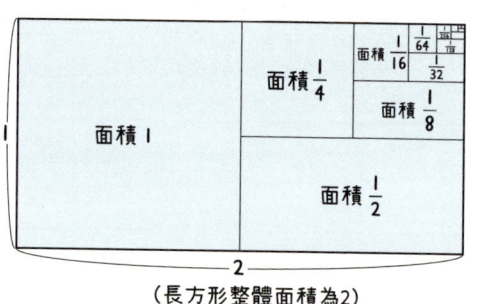

面積1　面積 $\frac{1}{4}$　面積 $\frac{1}{16}$　面積 $\frac{1}{64}$
面積 $\frac{1}{2}$　面積 $\frac{1}{8}$　面積 $\frac{1}{32}$

（長方形整體面積為2）

如上圖配置面積1、$\frac{1}{2}$、$\frac{1}{4}$ 的正方形或長方形時，面積和不會超過兩邊邊長分別為1與2的長方形面積2。

➡ 上方的無窮級數會逼近2，但不會超過2

※**無窮等比級數（等比數列的無限個項的總和）**

假設 $n \to \infty$，首項 a、公比 r（$\neq 1$）的等比數列的部分和 $\frac{a(1-r^n)}{1-r}$（參考1-7節）會在 $|r|<1$ 的時候 $r^n \to 0$，所以會收斂，變成 $\frac{a}{1-r}$。在上方的無窮等比級數之中，$a=1$，$r=\frac{1}{2}$。

3-2 積分有兩個意思
～積分、微積分的基本定理～

定義積分的方法分成兩種，一種是計算面積，另一種是從微分逆推。如果學過高中數學，應該比較熟悉後者的方法，但了解前者的定義，可進一步加深對積分的了解。

🔍 面積的定積分定義

對於在區間 $a \leq x \leq b$ 定義的函數 $f(x)$，$y=f(x)$ 的圖形、x 軸、直線 $x=a$、$x=b$ 圍成的面積是由 $f(x)$ 的 a 到 b 的定積分定義。

面積的定積分定義
右圖網底區域的面積 S 可寫成下列式子。

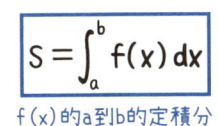

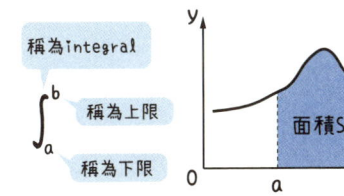

$$S = \int_a^b f(x)\, dx$$

$f(x)$ 的 a 到 b 的定積分

$\int$ 稱為 integral
$\int_a^b$ b 稱為上限
a 稱為下限

🔍 用長方形切割區域

在提及定積分是用來表示面積之前，要來說明該怎麼掌握面積。

要求出上圖 S 可以如下般，用底邊（短邊）為 $\Delta x = \dfrac{b-a}{5}$、高為 $f(x_k)$（$k = 0、1、2、3、4$）的五個長方形來切割區域。如此一來，S 就會近似於五個長方形面積的和。

以近似的長方形切割區域

$S \fallingdotseq f(x_0)\Delta x + f(x_1)\Delta x + f(x_2)\Delta x + f(x_3)\Delta x + f(x_4)\Delta x$

$= \sum\limits_{k=0}^{4} f(x_k)\Delta x$

$= \sum\limits_{k=0}^{5-1} f\left(a + k\dfrac{b-a}{5}\right)\dfrac{b-a}{5} \quad \left(\Delta x = \dfrac{b-a}{5}\right)$

$x_k = a + k\Delta x \begin{cases} x_0 = a \\ x_1 = a + \Delta x \\ x_2 = a + 2\Delta x \\ x_3 = a + 3\Delta x \\ x_4 = a + 4\Delta x \end{cases}$

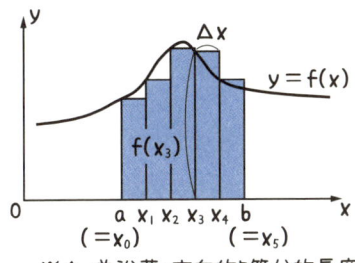

※Δx 為沿著 x 方向的 5 等分的長度

🔍 無限增加分割的長方形數量直至極限就是定積分

以五個長方形分割區域時會產生誤差，面積也與 S 不一致。不過，當分割數不斷增加，就能讓長方形組成的面積越來越接近正確的面積 S。換言之，**讓分割數增加至極限時，長方形組成的面積就與 S 相等。**

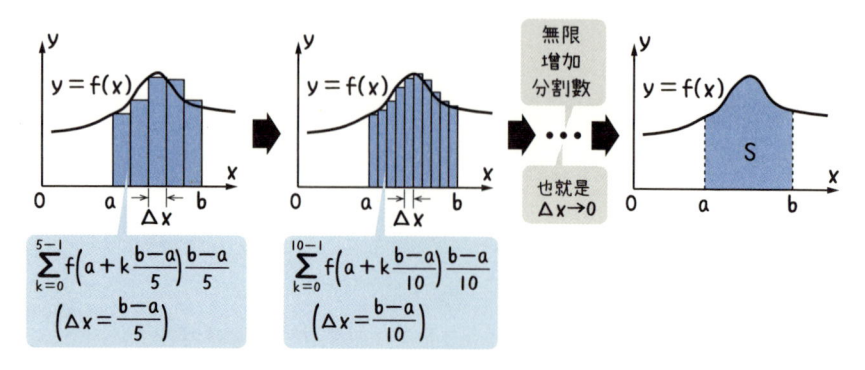

$$\sum_{k=0}^{5-1} f\left(a+k\frac{b-a}{5}\right)\frac{b-a}{5}$$
$$\left(\Delta x = \frac{b-a}{5}\right)$$

$$\sum_{k=0}^{10-1} f\left(a+k\frac{b-a}{10}\right)\frac{b-a}{10}$$
$$\left(\Delta x = \frac{b-a}{10}\right)$$

無限增加分割數 也就是 $\Delta x \to 0$

當分割數增加至極限，面積就會等於S，所以可利用<u>定積分</u>表示。

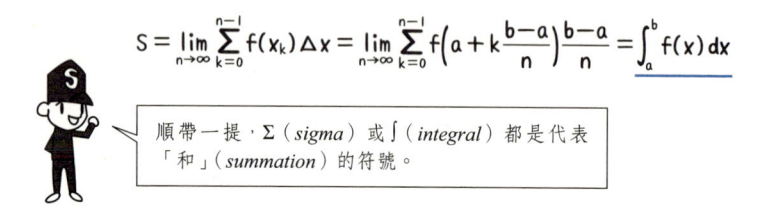

$$S = \lim_{n \to \infty} \sum_{k=0}^{n-1} f(x_k)\Delta x = \lim_{n \to \infty} \sum_{k=0}^{n-1} f\left(a+k\frac{b-a}{n}\right)\frac{b-a}{n} = \underline{\int_a^b f(x)\,dx}$$

順帶一提，Σ（sigma）或 $\int$（integral）都是代表「和」（summation）的符號。

🔍 「負」的面積

在 $f(x) < 0$ 的區間思考時，定積分會是負值。在下列式子裡，從 $f(X_k) < 0$ 與 $\triangle x > 0$ 的條件可以知道 $f(X_k)\triangle x < 0$。

$$S = \lim_{n \to \infty} \sum_{k=0}^{n-1} f(x_k)\Delta x \quad \text{負}$$
$$= \int_a^b f(x)\,dx < 0$$

定積分為負
→S為「負」的面積

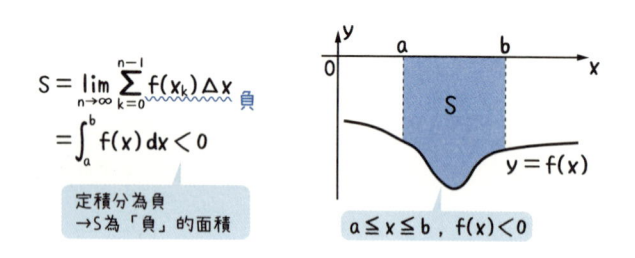

$a \leq x \leq b$, $f(x) < 0$

🔍 從微分逆推的積分

微積分有所謂的基本定理,也就是積分是微分的逆運算。換言之,微分與積分的關係就像是乘法與除法的關係,**微分某個經過積分的函數就能還原為本來的函數。**

<u>微積分的基本定理</u>
以x微分f(x)的積分就能還原為f(x)。 → <u>積分為微分的逆運算</u>

$$\frac{d}{dx}\int_a^x f(t)\,dt = f(x) \quad \text{(a為常數)}$$

※要注意的是,$\int_a^x f(t)dt$ 的上限是x,所以是x的函數。

這個式子的意思是,在 ty 平面上,$y = f(t)$ 的圖形、t 軸、直線 $t = a$、$t = x$ 圍成的面積的變化率(變化的比例)為 $f(x)$。

此外,這個面積是 x 的函數。代表面積的 x 的函數 $F(x) = \int_a^x f(t)\,dt$,也就是 $F'(x) = f(x)$ 時,$F(x)$ 稱為 $f(x)$ 的原始函數。

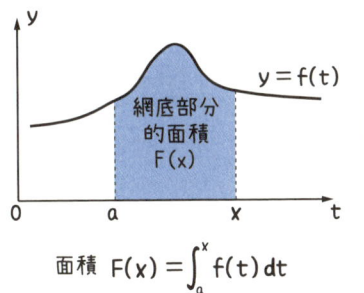

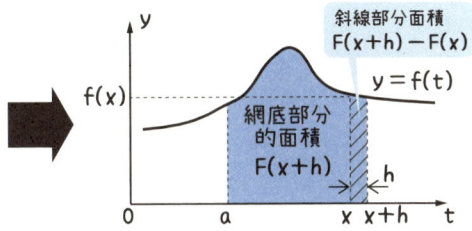

面積 $F(x) = \int_a^x f(t)\,dt$

隨著x的變化而變化的面積變化率為(式子)

$$\lim_{h \to 0}\frac{F(x+h)-F(x)}{h} = F'(x) \quad \text{導函數的定義}$$

$$= \frac{d}{dx}\int_a^x f(t)\,dt \quad \text{①}$$

另一方面,在|h|非常小的時候,斜線部分的面積會與f(x)h非常相近,所以

$$F(x+h) - F(x) \fallingdotseq f(x)h$$

$$\therefore \lim_{h \to 0}\frac{F(x+h)-F(x)}{h} = \underline{f(x)} \quad \text{②}$$

從①、②可以得出 $\dfrac{d}{dx}\int_a^x f(t)\,dt = f(x)$

3-3 最終只能背下來 ～不定積分的公式～

Constant

一如前一節所述，積分是微分的逆運算，而利用這點求出原始函數稱為不定積分。了解積分的意義之後，再記下主要函數的原始函數吧。

🔍 原始函數與積分常數

一般來說，**原始函數**不一定只有一個。

比方說，x^2 微分之後會變成 $2x$，所以 x^2 為 $2x$ 的原始函數。不過，常數項（未以 x 的冪乘表現的項）在微分之後會變成 0，所以 x^2+1 或 x^2+8 也都是 $2x$ 的原始函數。

原始函數不一定只有一個

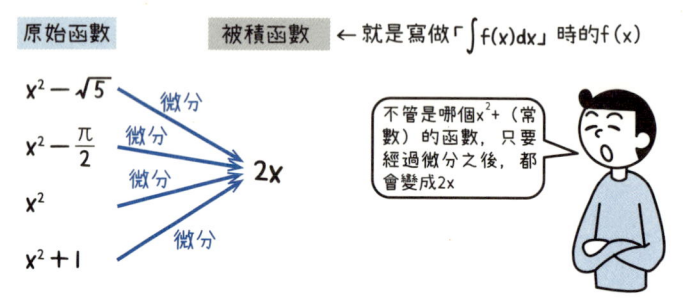

| 原始函數 | | 被積函數 | ← 就是寫做「$\int f(x)dx$」時的 f(x) |

$x^2 - \sqrt{5}$ 微分 ↘
$x^2 - \dfrac{\pi}{2}$ 微分 → $2x$
x^2 微分 →
$x^2 + 1$ 微分 ↗

> 不管是哪個 x^2+（常數）的函數，只要經過微分之後，都會變成 $2x$。

原始函數不只一個，所以若常數的符號為 C，$2x$ 的原始函數就能寫成 x^2+C。這個常數項 C 稱為**積分常數**。此外，$f(x)$ 有原始函數 $F(x)$ 的時候，$f(x)$ 的所有原始函數寫成 $\int f(x)\,dx$，稱為 $f(x)$ 的不定積分。

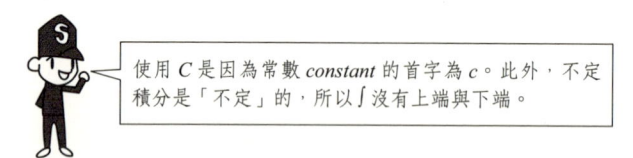

> 使用 C 是因為常數 *constant* 的首字為 c。此外，不定積分是「不定」的，所以 $\int$ 沒有上端與下端。

要注意的是，一般來說，無法求出原始函數。考試出現的積分題目通常都是能算出原始函數的特殊範例，所以若在解析資料時，須要對無法求出原始函數的函數積分，通常會使用 8-4 節介紹的方法，從數值方面著手。

主要的不定積分公式

主要函數的不定積分公式如下。試著微分得到的原始函數，確認是不是能還原為原本的函數（夾在 $\int$ 與 dx 之間的函數、被積函數）。

※下方的C都為積分常數。

$$\int x^a dx = \frac{1}{a+1} x^{a+1} + C \quad (a \neq -1)$$

> 在冪函數的積分中的 x^{-1} 的積分屬於特例！

$$\int \frac{1}{x} dx = \log_e |x| + C$$

$$\int \sin x \, dx = -\cos x + C$$

> 注意符號！

$$\int \cos x \, dx = \sin x + C$$

$$\int \tan x \, dx = -\log_e |\cos x| + C$$

> 試著微分右邊，得到原本的函數（被積函數）之後，就只須要背下這些公式。

$$\int e^x dx = e^x + C$$

$$\int a^x dx = \frac{a^x}{\log_e a} + C \quad (a > 0, \ a \neq 1)$$

$$\int \log_e x \, dx = x \log_e x - x + C$$

此外，積分與微分一樣，具有下列的線性性質，所以就算是基本函數的和的形式，各項也能獨立積分。

<u>積分計算的線性性質</u>

$$\int \{af(x) + bg(x)\} dx = a \int f(x) dx + b \int g(x) dx$$

（a、b是與x無關的常數）

※定積分也一樣。 $\int_\alpha^\beta \{af(x) + bg(x)\} dx = a \int_\alpha^\beta f(x) dx + b \int_\alpha^\beta g(x) dx$

3-4 思考面積的區間吧 〜定積分的公式〜

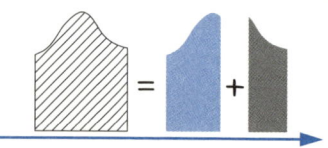

前一節介紹了求得原始函數（不定積分）的方法。這節要介紹以原始函數算出面積的定積分。這部分也請大家把計算方法死背下來。

🔍 定積分的計算方法

在 $f(x)$ 的區間 $a \leqq x \leqq b$ 的**定積分**可如下計算。

原始函數與定積分的計算
假設f(x)的原始函數之一為F(x)

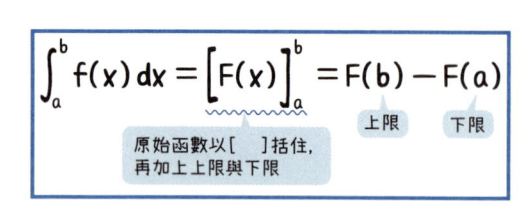

$$\int_a^b f(x)\,dx = \Big[F(x)\Big]_a^b = F(b) - F(a)$$

原始函數以 [ ] 括住，再加上上限與下限
上限　下限

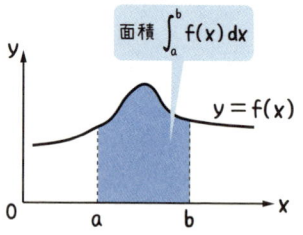

面積 $\int_a^b f(x)\,dx$　　$y = f(x)$

計算定積分的時候，不用理會積分常數 C，因為定積分使用的是原始函數計算 $F(b) - F(a)$，所以就算在 $F(x)$ 加入 C，也只會變成 $(F(b)+C) - (F(a)+C) = F(b) - F(a)$ 而已，C 還是會消失。

🔍 定積分的上限與下限

為了求得面積而計算定積分的時候，要注意積分區間（端）。**下限為積分的「起點」，上限為「終點」**，若是上下顛倒，積分值的符號就會反轉。

定積分的上限與下限互換

$$\int_b^a f(x)\,dx = -\int_a^b f(x)\,dx$$

$= F(a) - F(b)$　　$= F(b) - F(a)$

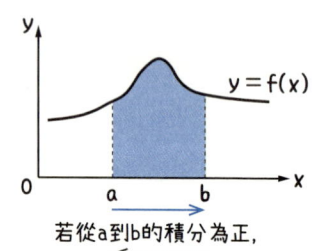

若從a到b的積分為正，
從b到a的積分就會變成負的

🔍 積分區間的分割

積分區間可以任意分割。用面積來思考就會知道為什麼。

定積分的分割

$$\int_a^b f(x)\,dx = \int_a^c f(x)\,dx + \int_c^b f(x)\,dx$$

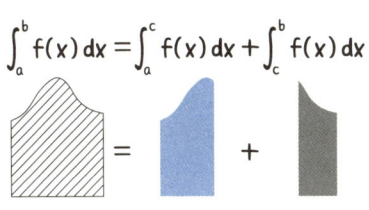

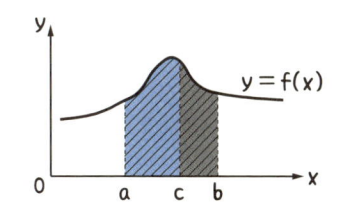

雖然在圖裡面是 $a < c < b$，但是計算定積分之後，會像是
$\{F(c) - F(a)\} + \{F(b) - F(c)\} = F(b) - F(a)$
一樣 $F(c)$ 消失，所以 c 落在哪裡都一樣。

🔍 奇函數與偶函數的定積分

$f(x)$ 為奇函數或偶函數時，定積分 $\int_{-a}^{a} f(x)\,dx$ 就變得簡單。此時使用的是定積分的分割與 1-1 節說明的奇函數與偶函數的性質。

從定積分的分割導出 $\int_{-a}^{a} f(x)\,dx = \int_{-a}^{0} f(x)\,dx + \int_{0}^{a} f(x)\,dx$

奇函數的定積分

f(x) 為奇函數時，y = f(x) 的圖形沿著原點對稱，所以右圖的定積分會彼此抵銷。

➡ $\int_{-a}^{a} f(x)\,dx = 0$

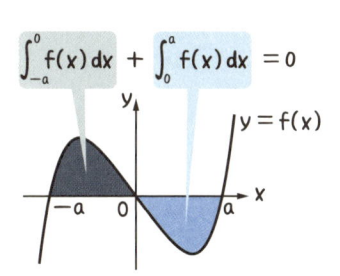

$\int_{-a}^{0} f(x)\,dx + \int_{0}^{a} f(x)\,dx = 0$

偶函數的定積分

f(x) 為偶函數時，y = f(x) 的圖形沿著 Y 軸對稱，所以右圖的定積分會相等。

➡ $\int_{-a}^{a} f(x)\,dx = 2\int_{0}^{a} f(x)\,dx$

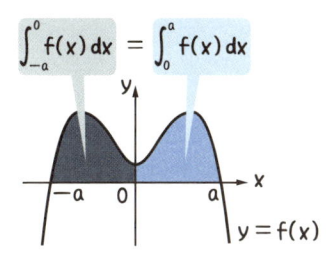

$\int_{-a}^{0} f(x)\,dx = \int_{0}^{a} f(x)\,dx$

🔍 廣義積分

在定積分中,上限或下限為 +∞ 或 –∞,或是積分區間包含了不連續點時,會先利用適當的變數積分上限或下限,取得極限。此時的積分稱為**廣義積分(瑕積分)**。極限收斂時,「廣義積分存在」,極限發散時稱為「廣義積分不存在」。

例1 積分的上限為 +∞ 的情況

$$\int_1^{+\infty} \frac{1}{x^2} dx = \underbrace{\lim_{p \to +\infty} \int_1^p \frac{1}{x^2} dx}_{\text{在上端放入變數p,換成計算 } p \to +\infty \text{的極限。}}$$

$$= \lim_{p \to +\infty} \left[-\frac{1}{x} \right]_1^p$$

$$= \lim_{p \to +\infty} \left(-\frac{1}{p} + 1 \right) = 1$$

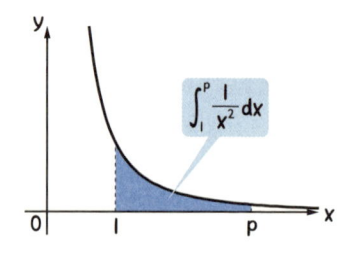

例2 積分範圍出現了不連續點的情況

$$\int_{-1}^{1} \frac{1}{x} dx = \int_{-1}^{0} \frac{1}{x} dx + \int_{0}^{1} \frac{1}{x} dx$$

$$= \underbrace{\lim_{\varepsilon \to -0} \int_{-1}^{\varepsilon} \frac{1}{x} dx + \lim_{\delta \to +0} \int_{\delta}^{1} \frac{1}{x} dx}_{\text{於不連續點x=0分割區間,再於各積分思考左極限與右極限}}$$

$$\lim_{\varepsilon \to -0} \int_{-1}^{\varepsilon} \frac{1}{x} dx = \lim_{\varepsilon \to -0} \left[\log_e |x| \right]_{-1}^{\varepsilon} = -\infty$$

$$\lim_{\delta \to +0} \int_{\delta}^{1} \frac{1}{x} dx = \lim_{\delta \to +0} \left[\log_e |x| \right]_{\delta}^{1} = +\infty$$

因此,$\int_{-1}^{1} \frac{1}{x} dx$ 存在

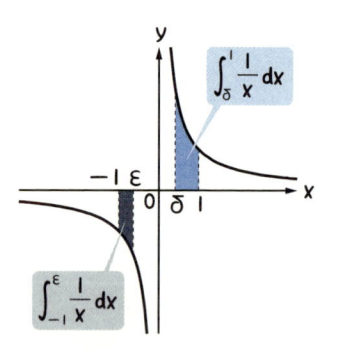

> $\frac{1}{x}$ 為奇函數,所以想轉換成 $\int_{-1}^{1} \frac{1}{x} dx = 0$,但是廣義積分若要存在,必須同時存在 $\int_{0}^{1} \frac{1}{x} dx$ 與 $\int_{-1}^{0} \frac{1}{x} dx$(收斂)。

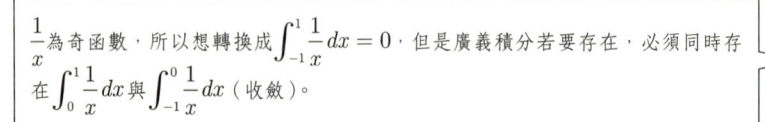

3-5 計算複雜積分所需的技巧 ～分部積分法、代換積分法～

$$\int fg' = fg - \int f'g$$

雖然取得函數之後就能不假思索地微分，但積分通常沒辦法這樣（因為求不出原始函數），而且就算可行，過程也不比微分容易。這節要介紹分部積分法與代換積分法這兩個重要的積分技巧。

🔍 分部積分法

若取得了 $f(x)$ 與 $g(x)$，則 $f(x)g'(x)$ 的積分可透過分部積分法的公式計算。**分部積分法是透過積的微分公式求得**，所以不妨一起記住這兩個公式吧。

<u>分部積分法的公式</u>：$\int f(x)g'(x)\,dx = f(x)g(x) - \int f'(x)g(x)\,dx$

「分部」的「積分」　　　讓左右一致

※積的微分公式（2-4節）：$\{f(x)g(x)\}' = f'(x)g(x) + f(x)g'(x)$
$\Leftrightarrow f(x)g'(x) = \{f(x)g(x)\}' - f'(x)g(x)$

兩邊一起積分就能得到分部積分法的公式。

使用分部積分法公式的祕訣就在於選擇滿足下列兩種條件的 $f(x)$ 與 $g(x)$。

❶ 被積函數能以 $f(x)g'(x)$ 的形式〔某個函數 $f(x)$ 與另一個函數 $g(x)$ 的導函數 $g'(x)$ 的積〕呈現

❷ 可簡單算出 $f'(x)g(x)$ 的積分

例 計算 $x\sin x$ 的不定積分

假設 $f(x) = x$、$g'(x) = \sin x$ ($g(x) = -\cos x$) 則（技巧❶）

$$\int x\sin x\,dx = x(-\cos x) - \int (x)'(-\cos x)\,dx$$
$$= -x\cos x + \int \cos x\,dx \quad \text{技巧❷}$$
$$= -x\cos x + \sin x + C$$

> 反之，若假設 $f(x) = \sin x$、$g'(x) = x$，$g(x)$ 就會變成 $\frac{1}{2}x^2$，次數會增加。使用分部積分法的公式就能計算 $\int \cos x \cdot \frac{1}{2}x^2\,dx$，反而會變得麻煩。

此外，定積分的分部積分法公式會變成下列這種樣子。

分部積分法的公式： $\int_a^b f(x)g'(x)\,dx = \left[f(x)g(x)\right]_a^b - \int_a^b f'(x)g(x)\,dx$
（定積分）

$\left[f(x)g(x)\right]_a^b = f(b)g(b) - f(a)g(a)$

🔍 代換積分法

接著介紹的**代換積分法公式是透過合成函數的微分公式求出**，所以也同時記住這兩個公式吧。

代換積分法的公式： $\int f'(g(x))g'(x)\,dx = \int f'(t)\,dt$ （設 $t = g(x)$）

※合成函數的微分公式（2-4節）：$t = g(x)$ 的時候，以 x 微分 $y = f(t)$ 可以得到下列的結果

$$\frac{d}{dx}f(t) = f'(t)\frac{dt}{dx} = f'(g(x))g'(x)$$
$$\left(\frac{dy}{dx} = \frac{dy}{dt}\frac{dt}{dx}\right)$$

以 x 積分這個結果，就可以得到 $\int f'(t)\frac{dt}{dx}dx = \int f'(t)\,dt$ 這個代換積分法的公式。

讓我們透過具體的範例確認公式。為此，要先了解合成函數的微分。

在以 x 微分 $(x^2+1)^{\frac{3}{2}}$ 的時候，假設 $t = x^2+1$，那麼 $(x^2+1)^{\frac{3}{2}}$ 就能整理成 $h(t) = t^{\frac{3}{2}}$，所以可透過合成函數的微分公式得到下列結果

$$\frac{d}{dx}(x^2+1)^{\frac{3}{2}} = \frac{d}{dx}h(t) = h'(t)\cdot\frac{dt}{dx}$$
$$= \left(t^{\frac{3}{2}}\right)'\cdot\frac{d}{dx}(x^2+1) = \frac{3}{2}t^{\frac{1}{2}}\cdot 2x = 3x(x^2+1)^{\frac{1}{2}}$$

那麼，對 $3x(x^2+1)^{\frac{1}{2}}$ 積分吧。結果當然會是 $(x^2+1)^{\frac{3}{2}} + C$（C 為積分常數），這時候能派上用場的就是代換積分法的公式。步驟如下。

假設 $f'(t) = t^{\frac{1}{2}}$、$t = g(x) = x^2+1$，那麼可根據 $g'(x) = 2x$ 求出下列結果。

$$\int 3x(x^2+1)^{\frac{1}{2}}\,dx = \frac{3}{2}\int(x^2+1)^{\frac{1}{2}}\cdot 2x\,dx = \frac{3}{2}\int f'(g(x))\cdot g'(x)\,dx = \frac{3}{2}\int f'(t)\,dt$$

以代換積分法轉換成 t 函數的積分

$$= \frac{3}{2}\int t^{\frac{1}{2}}\,dt = t^{\frac{3}{2}} + C = \underline{(x^2+1)^{\frac{3}{2}} + C}$$

由於是 x 函數的積分，所以也還原為 x 函數

🔍 定積分的代換積分法要特別注意積分區分的轉換

假設要積分的函數為 $f'(g(x))g'(x)$ 的形式,可反過來使用合成函數的微分公式求出原始函數。這就是代換積分法。

不過,代換積分法的定積分有一點須要特別注意。

代換積分法是轉換變數再積分,但此時**積分區間也得整理成新的變數**。

假設以 x 從 a 積分至 b 的時候,是於新變數 $t(=g(x))$ 從 $\alpha(=g(a))$ 到 $\beta(=g(b))$ 的變化,那麼在代換積分法的時候,積分區分就是 t 的動態範圍,也就是「α 到 β 為止」的範圍。

代換積分法的積分區間轉換

假設 $t=g(x)$、$\begin{cases} \alpha=g(a) \\ \beta=g(b) \end{cases}$ 則

x	$a \to b$
t	$\alpha \to \beta$

※積分區分的變更常會忘記,所以在計算的時候,可先計算積分區間(上限與下限)。

$$\int_a^b f'(g(x))g'(x)\,dx = \int_\alpha^\beta f'(t)\,dt$$

積分區分(上限與下限)變更為t的動態範圍

請透過下列範例掌握以變數轉換進行積分區間轉換的意義。

例 x 的函數 $2x(x^2+1)^3$ 的 0 到 1 的定積分 $\int_0^1 2x(x^2+1)^3\,dx$

假設 $f'(t)=t^3$、$t=g(x)=x^2+1$ 則可得到下列結果。

$\dfrac{dt}{dx}=g'(x)=2x$、$g(0)=1$、$g(1)=2$

x	$0 \to 1$
t	$1 \to 2$

積分區間也轉換了

$$\int_0^1 2x(x^2+1)^3\,dx = \int_0^1 (x^2+1)^3 \cdot 2x\,dx = \int_0^1 f'(g(x)) \cdot g'(x)\,dx = \int_1^2 f'(t)\,dt$$

以代換積分法轉換為t的函數。

$$= \int_1^2 t^3\,dt = \left[\frac{1}{4}t^4\right]_1^2 = \frac{15}{4}$$

3-6 以積分求出的各種量 ～體積、曲線的長度～

剛剛介紹了積分可用來計算面積，但也可以利用同一套方法計算體積與曲線的長度。這些計算的共通之處在於積分就是分割再加總的過程。讓我們一起了解這個過程吧。

🔍 利用積分計算體積的方法

假設眼前有一個 $a \leq x \leq b$ 範圍內的立體。這個立體以直交於 x 軸的垂直平面切割之後，可利用下列公式根據剖面積算出這個立體的體積。

立體的體積與剖面積的關係

右圖的立體落在區間 $a \leq x \leq b$ 之間，而與 x 軸垂直的剖面積若為 $S(x)$，可用下列公式表示體積 V。

$$V = \int_a^b S(x)\,dx$$

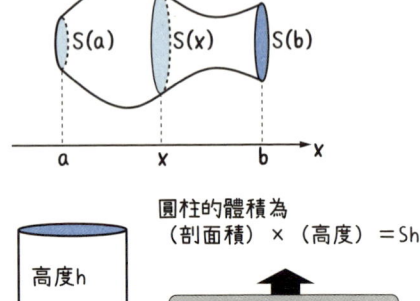

這個積分的公式可透過下列的示意圖了解。

右上圖的圓柱體積為底圓面積乘上高度的積。不過，右下圖的地瓜卻沒辦法如此簡單算出體積，因此要切割為薄薄的圓柱體，再將這些圓柱體的體積加總起來，才能算出地瓜的體積。

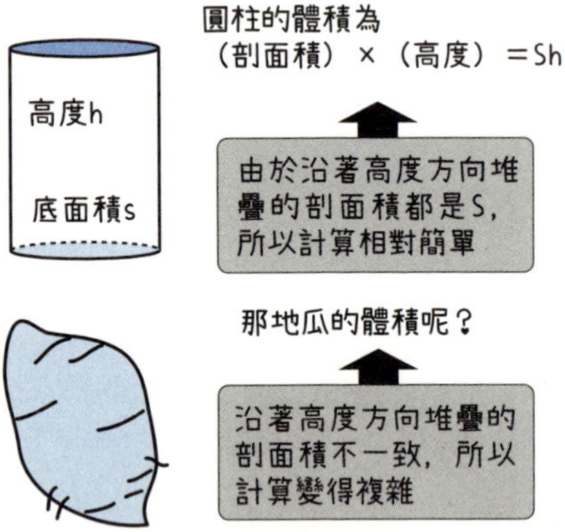

如果分割的數量有限就一定會有誤差，也與真實的體積有出入，但是在盡可能切成更小（更薄）的極限之下，就能算出真正的體積。

圓柱的體積為（剖面積）×（高度）= Sh

由於沿著高度方向堆疊的剖面積都是 S，所以計算相對簡單

那地瓜的體積呢？

沿著高度方向堆疊的剖面積不一致，所以計算變得複雜

> 分割再加總的概念其實在 3-2 節介紹面積的計算方式時提過。說到底，這就是積分啊。

在這種「盡可能切割成更小（更薄）的極限」之下，可將剖面積視為 $S(x)$，高度視為 dx，所以體積就為 $S(x)\,dx$，而在 $a \leq x \leq b$ 的範圍之內加總（也就是積分）這些剖面積，體積就會是 $\int_a^b S(x)\,dx$。

切割成薄薄的圓柱體，並且無限增加分割數

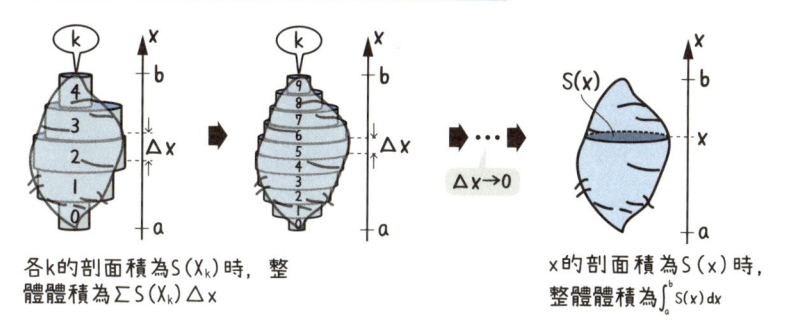

各 k 的剖面積為 $S(X_k)$ 時，整體體積為 $\sum S(X_k)\Delta x$

x 的剖面積為 $S(x)$ 時，整體體積為 $\int_a^b S(x)\,dx$

讓我們透過具體的例子了解計算立體體積的過程吧。

例 圓錐的體積

讓我們以直線 $y = ax\,(a > 0)$ 在 $0 \leq x \leq h$ 的範圍內，繞著 x 軸旋轉的圓錐為例。在 $x\,(0 \leq x \leq h)$ 的位置的剖面是半徑 ax 的圓，所以剖面積為 $S(x) = \pi(ax)^2$。因此，圓錐的體積 V 可透過下列過程算出

$$\begin{aligned}V &= \int_0^h S(x)\,dx = \int_0^h \pi(ax)^2\,dx \\ &= \pi a^2 \int_0^h x^2\,dx = \pi a^2 \left[\frac{1}{3}x^3\right]_0^h \\ &= \frac{1}{3}\pi a^2 h^3\end{aligned}$$

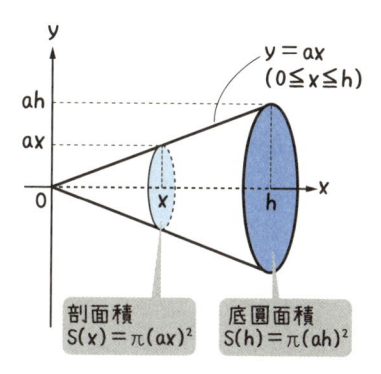

剖面積 $S(x) = \pi(ax)^2$

底圓面積 $S(h) = \pi(ah)^2$

求出的 V 值與利用錐體體積公式算出的值，也就是 $\frac{1}{3} \times$（底圓面積）$\times$（高度）$= \frac{1}{3} \times \pi(ah)^2 \times h$ 的值當然一致。

🔍 以積分計算曲線長度的方法

積分也可以用來計算曲線的長度。

曲線的長度
y＝f(x)的圖形在區間a≦x≦b的長度L為：

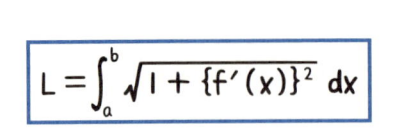

$$L = \int_a^b \sqrt{1 + \{f'(x)\}^2}\, dx$$

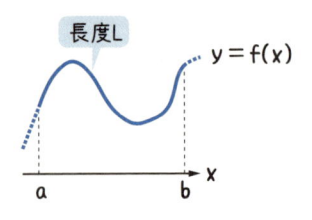

這公式有點複雜，但其中的概念如下。

這公式的基本概念就是右圖這種直角三角形。斜邊的長度可透過畢式定理算出，也就是 $L = \sqrt{(\Delta x)^2 + (\Delta y)^2}$。雖然無法快速求出曲線的長度，但如果將曲線切割成無限個短直線，就能如上算出長度，之後也只須要加總這些直線的長度，就能算出曲線的長度。

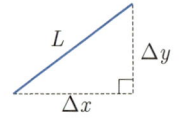

一如下圖所示，當分割數有限，就會產生誤差，無法算出真正的長度，但在無限分割成短直線的極限之下，就能算出真正的長度。

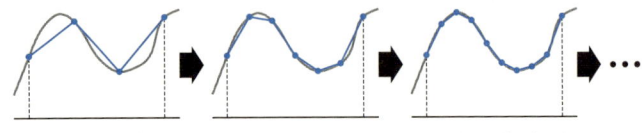

將曲線切割成3段　將曲線切割成6段　將曲線切割成9段

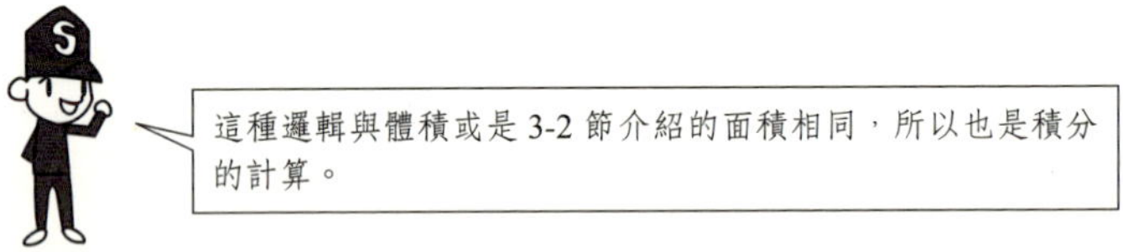

> 這種邏輯與體積或是 3-2 節介紹的面積相同，所以也是積分的計算。

不過，計算曲線長度與計算面積或體積不同，計算過程相對複雜一點。這是因為將曲線切割成無限條短直線之後，短直線的長度為 $\sqrt{(dx)^2 + (dy)^2}$，但這樣沒辦法整理成 $\int f(x)dx$，所以無法計算。因此要先調整為 $\sqrt{1 + \left(\dfrac{dy}{dx}\right)^2}\, dx$ 的形式，或是以媒介變數方程式 $\begin{cases} x = x(t) \\ y = y(t) \end{cases}$，表現成 $\sqrt{\left(\dfrac{dx}{dt}\right)^2 + \left(\dfrac{dy}{dt}\right)^2}\, dt$ 的形式才能計算。

曲線長度的式子

●使用 y＝f(x) 的形式如下

$$L = \int \sqrt{(dx)^2 + (dy)^2} = \int \sqrt{1 + \left(\frac{dy}{dx}\right)^2}\, dx = \int \sqrt{1 + \{f'(x)\}^2}\, dx$$

●使用 x＝x(t)、y＝y(t) 的形式（媒介變數表示）的情況如下。

$$L = \int \sqrt{(dx)^2 + (dy)^2} = \int \sqrt{\left(\frac{dx}{dt}\right)^2 + \left(\frac{dy}{dt}\right)^2}\, dt$$

※積分的上限與下限以t值表示

例1 $y = \dfrac{x^3}{3} + \dfrac{1}{4x}$ 的圖形在 $1 \leqq x \leqq \dfrac{3}{2}$ 這個區間的長度可根據 $y' = x^2 - \dfrac{1}{4x^2}$ 得到下列結果

$$\int_1^{\frac{3}{2}} \sqrt{1 + \left(x^2 - \frac{1}{4x^2}\right)^2}\, dx = \int_1^{\frac{3}{2}} \sqrt{\left(x^2 + \frac{1}{4x^2}\right)^2}\, dx$$
$$= \int_1^{\frac{3}{2}} \left(x^2 + \frac{1}{4x^2}\right) dx = \left[\frac{x^3}{3} - \frac{1}{4x}\right]_1^{\frac{3}{2}} = \frac{7}{8}$$

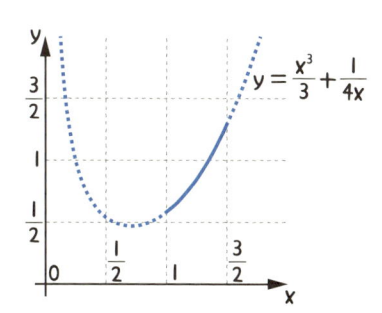

例2 擺線 $\begin{cases} x = \theta - \sin\theta \\ y = 1 - \cos\theta \end{cases}$ 在 $0 \leqq \theta \leqq 2\pi$ 這個區間的長度可根據 $\dfrac{dx}{d\theta} = 1 - \cos\theta$、$\dfrac{dy}{d\theta} = \sin\theta$ 算出。

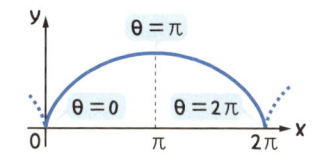

$$\int_0^{2\pi} \sqrt{(1-\cos\theta)^2 + \sin^2\theta}\, d\theta = \int_0^{2\pi} \sqrt{2(1-\cos\theta)}\, d\theta$$
$$= \int_0^{2\pi} \sqrt{4\sin^2\frac{\theta}{2}}\, d\theta$$
$$= \int_0^{2\pi} 2\sin\frac{\theta}{2}\, d\theta$$
$$= 4\left[-\cos\frac{\theta}{2}\right]_0^{2\pi} = 8$$

半角的公式 $\sin^2\dfrac{\theta}{2} = \dfrac{1-\cos 2\theta}{2}$

在 $0 \leqq \theta \leqq 2\pi$ 的區間之中，$\sin\dfrac{\theta}{2} \geqq 0$

3-7 【擴充內容】延拓積分 ～勒貝格積分～

> 直到前一節為止，介紹的積分都以連續函數為對象，而這節要介紹的是能夠處理不連續函數的「勒貝格積分」。這個概念會於使用機率分布函數的時候使用，所以想認真學習機率論或統計學的人，最好熟悉這種積分方式。
> 由於這種積分的數學討論非常艱深，所以在此僅介紹初步的內容，希望大家能稍微感受一下這種積分的有趣之處。

🔍 為什麼需要勒貝格積分

話說回來，勒貝格積分究竟是為什麼發明的呢？

簡單來說，就是**為了對不連續函數積分而發明**（在熟悉貝勒格積分的人眼中，這種說法或許有點不太正確，但初學者這麼想比較容易繼續學習下去）。

儘管如此，就算是以包含不連續點的區間定義的函數，也能在下列情況之下，透過前幾節的積分計算。

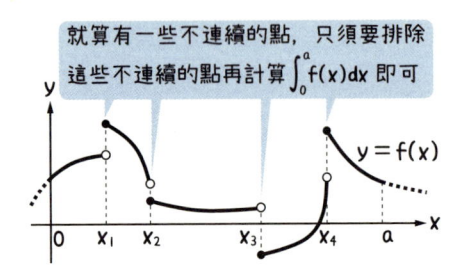

就算有一些不連續的點，只須要排除這些不連續的點再計算 $\int_0^a f(x)dx$ 即可

上方的函數 $y = f(x)$ 在 $x = x_1$、x_2、x_3、x_4 之處不連續，所以在 $0 \leq x \leq a$（不過，$a > x_4$）的範圍對這個函數積分時，只要去除 x_1、x_2、x_3、x_4 就不會有任何問題。雖然這個做法有點粗糙，但是點的長度是 0，所以把面積當成 0 也沒有問題（才對）。

不過，這種做法在某些情況下會出問題。例如機率論就是其中之一。

在此要思考從有限的事象中選出一個事象的情況。比方說，從寫著 1 到 10 的 10 張卡片中抽出 1 張卡片時，若每張卡片被抽到的機率相等，那麼抽到 3 的卡片與抽到 7 的卡片應該都是 1/10。

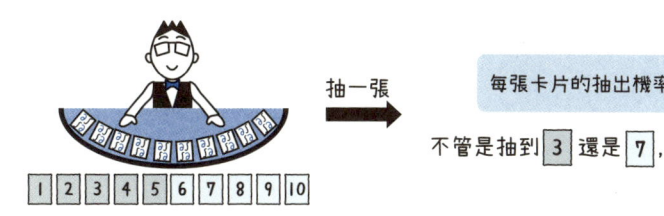

不過，事象的個數為無限個時就會發生問題。

比方說，讓我們思考從 0 到 10 的實數之中選擇一個實數的情況。在這個區間中，實數當然有無限個。此時選中實數 x 的機率若為函數 $P(x)$，那麼以下列的邏輯思考，就會得到 $P(x) = 1/10$ 的結果。

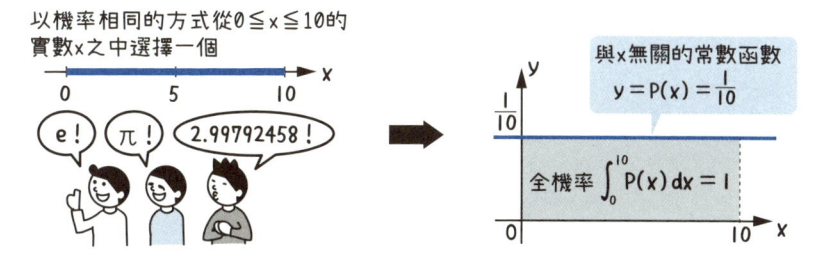

那麼，這時候選中 5 的機率是多少呢？

前面提過，積分值在去除有限個點之後也不會改變，但如果將這個概念套用在這裡，選中 5 的機率有可能會變成 0。

不過，這時候所有點的機率都會是 0。所以，在 0 到 10 之間的實數雖然有無限多個，但是 0 不管相加幾次，都只會得到 0 這個結果，可是對 0 到 10 的 $P(x)$ 積分之後，又會得到 1 這個結果，所以兩者是矛盾的。

要透過數學的方式計算這類問題再得到嚴謹的答案，就必須針對「機率」建立複雜的邏輯與理論，而這也就是測度論與勒貝格積分的意義。

🔍 勒貝格積分與測度的初階知識

直到前一節為止的積分都是介紹將某個範圍分割成細條，取得該分割數達無限個的極限，而這又稱為區分求積法，以這種方式算出的積分值在去除有限個（在特定條件下，無限個也無妨）不連續點之後也不會改變，這也稱為黎曼積分。

若比較黎曼積分與勒貝格積分可得到下列的結論。**勒貝格積分被定義為延拓的黎曼積分，所以勒貝格積分的值（可進行黎曼積分的情況）與黎曼積分的值一致。**

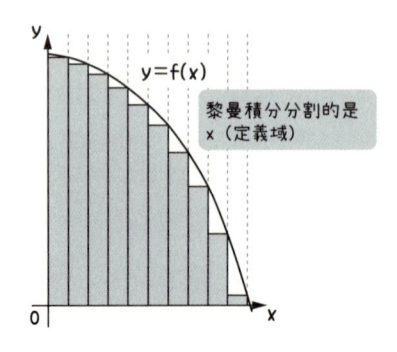

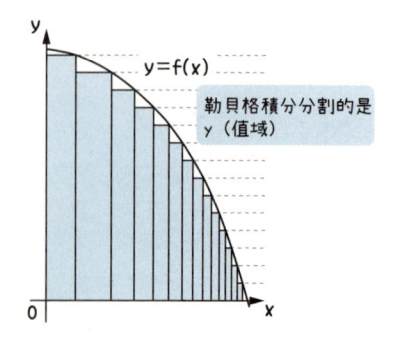

勒貝格積分是沿著 y 方向分割，算出對應的 x 的長度以及長方形面積後再加總。因此如右圖所示，以 y_a 與 y_{a+1} 分割 $y = f(x)$ 時，須要算出對應的 x 的長度。假設這個長度為函數 $\mu(A)$，此時函數 $\mu(A)$ 就稱為**測度**。

勒貝格積分也能將隨機變數這類集合轉換成值域。只要能在此時定義測度 $\mu(A)$，就能進行勒貝格積分。

勒貝格積分也可以對特殊的函數積分，例如**狄利克雷函數**就是特殊的函數。

讓我們思考對 0 到 1 的狄利克雷函數積分的情況。這個函數的所有點都是不連續的，換言之，在任兩個無理數之中都有有理數存在，而且在任兩個有理數之間，都有無理數存在。所以，沒辦法將要積分的區塊分割成長方形，無法使用黎曼積分。

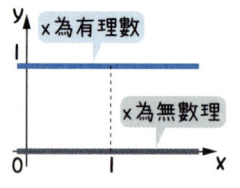

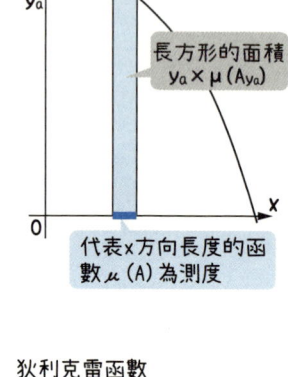

狄利克雷函數
$$f(x) = \begin{cases} 1 & (x\text{為有理數}) \\ 0 & (x\text{為無理數}) \end{cases}$$
$$= \lim_{n \to \infty} \left\{ \lim_{k \to \infty} \cos^{2k}(n!\,\pi x) \right\}$$

不過，就算是這麼特別的函數也能使用勒貝格積分。

詳細的說明請容作者省略，但此時的測度在 $y = 1$（x 為有理數）時，$\mu(1) = 0$，而在 $y = 0$（x 為無理數）的時候，$\mu(0) = 1$。這代表積分所有的權重都給了無理數，而算出的積分值將為 0。

$$\int_0^1 f(x)dx = 1 \times \mu(1) + 0 \times \mu(0) = 1 \times 0 + 0 \times 1 = 0$$

Column

◊ 汽車追不上腳踏車？◊

大家聽過「追逐腳踏車的汽車追不上腳踏車」這個故事嗎？或是「飛箭追不上飛鳥」「兔子追不上烏龜」這類故事。簡單來說，就是速度較快的東西追不上速度較慢的東西的故事。這是由古希臘哲學家芝諾提出的主張，所以又稱為芝諾悖論。

假設有輛汽車與腳踏車沿著同一條路、同一個方向同時出發，而腳踏車在汽車前方 20 公里的地點 A 出發。汽車以時速 40 公里前進，腳踏車以時速 20 公里前進時，汽車要花多少時間才能追到腳踏車呢？答案很簡單，1 個小時之後。因為此時汽車走了 40 公里。

不過，若是以下列的邏輯思考，又會得到什麼結果（這就是芝諾的邏輯）。

在 0.5 小時之後，汽車來到地點 A，但腳踏車已經前進到 10 公里遠的地點 B。在 0.75（= 0.5 + 0.25）小時之後，汽車來到地點 B，但是腳踏車已經前進到 5 公里遠的地點 C。在 0.875（= 0.5 + 0.25 + 0.125）小時之後，汽車來到地點 C，但是腳踏車又前進到 2.5 公里遠的位置，以此類推，不管重覆幾次，腳踏車始終都在汽車前面，所以汽車永遠追不到腳踏車。

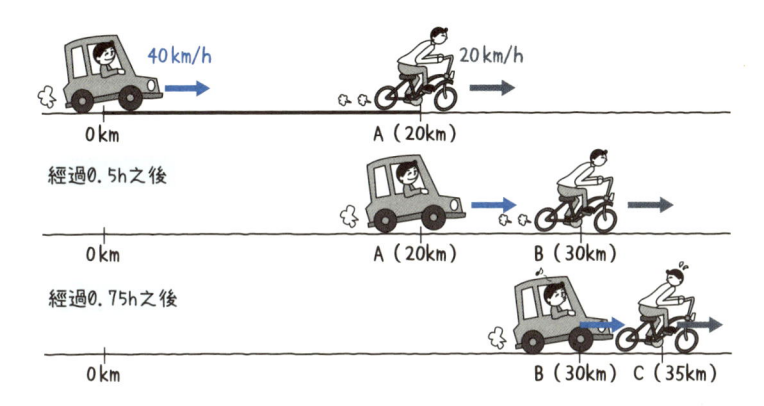

雖然這種結論很奇怪，但是這種邏輯到底哪裡出了問題呢？

雖然行進時間不斷以 0.5 小時、0.25 小時、0.125 小時、……相加，但不管相加幾次，都不會超過汽車追上腳踏車的 1 小時，而這就是 3-1 節介紹的無窮級數的概念，也就是相加無限個時間之後，只要總和會往有限的值收斂，就不會是無限的時間。其實汽車追上腳踏車的時間為首項 0.5 = 1/2、公比 1/2 的無窮等比級數，而這個無窮等比級數的總和為（1/2）/ {1 −（1/2）} = 1，換言之，這個討論會在汽車追上腳踏車的 1 小時之前不斷延續下去。

So Many
VALUES

第 4 章　多變數函數

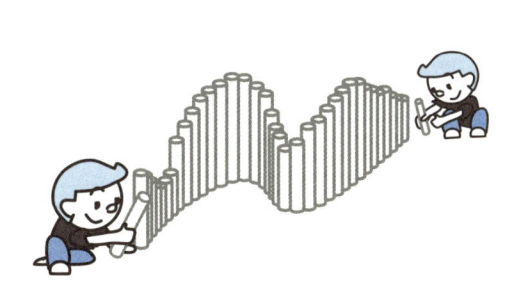

本章要介紹的是多變數函數的微積分定義與實用的計算方式。

$$\frac{\partial}{\partial x}f(x,y) = \lim_{h \to 0}\frac{f(x+h,y)-f(x,y)}{h}$$

y是固定的（視為常數）

與x的微小變化有關的極限

● 偏微分

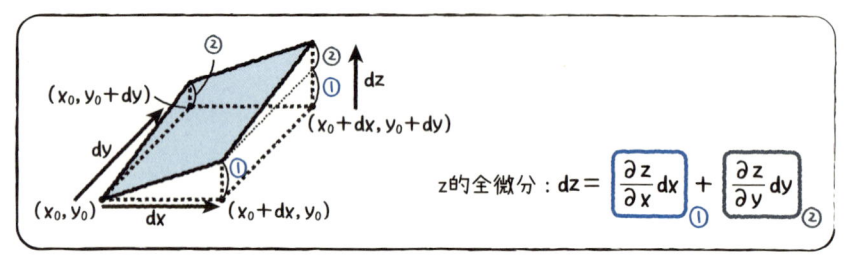

z的全微分：$dz = \boxed{\frac{\partial z}{\partial x}dx}_① + \boxed{\frac{\partial z}{\partial y}dy}_②$

● 全微分

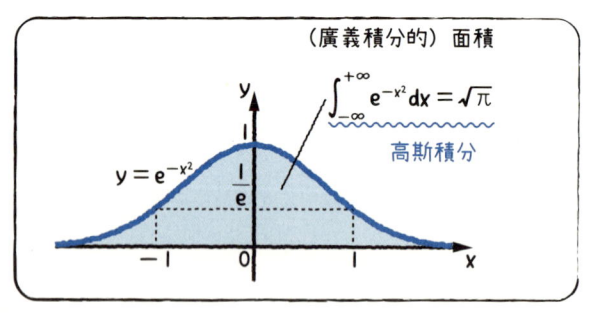

（廣義積分的）面積

$$\int_{-\infty}^{+\infty} e^{-x^2}dx = \sqrt{\pi}$$

高斯積分

$y = e^{-x^2}$

● 高斯積分（以二重積分的計算導出值）

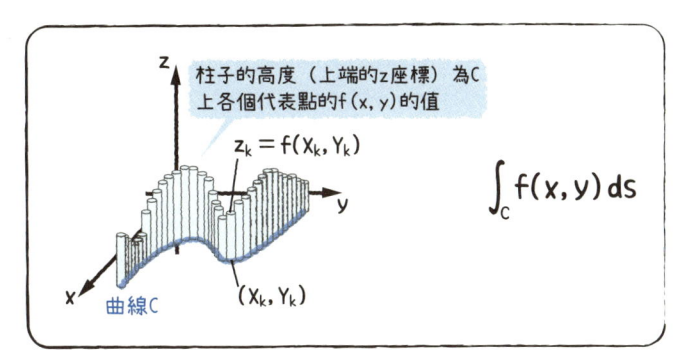

柱子的高度（上端的z座標）為C上各個代表點的f(x,y)的值

$z_k = f(X_k, Y_k)$

曲線C　　(X_k, Y_k)

$$\int_C f(x,y)\,ds$$

● 線積分

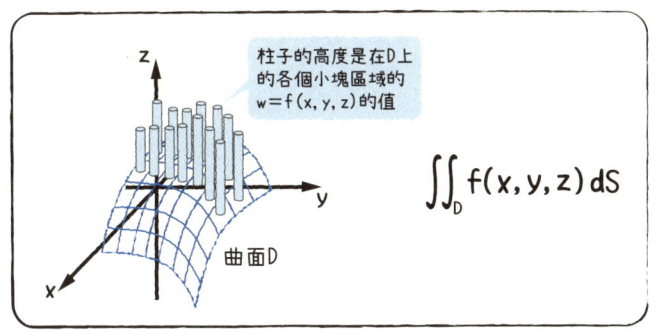

柱子的高度是在D上的各個小塊區域的 $w = f(x,y,z)$ 的值

曲面D

$$\iint_D f(x,y,z)\,dS$$

● 面積分

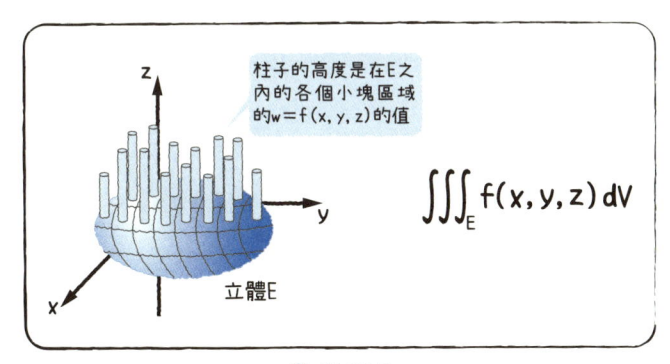

柱子的高度是在E之內的各個小塊區域的 $w = f(x,y,z)$ 的值

立體E

$$\iiint_E f(x,y,z)\,dV$$

● 體積分

4-1 「其他」的部分固定再微分 ～偏微分～

> 多變數函數的微分會用到偏微分這項概念。由於是非常簡單的計算，只要了解單變數微分就不會覺得太難。

🔍 何謂偏微分

思考多變數函數 $z = f(x, y, \cdots)$ 的時候，**將重點變數以外的變數視為常數（固定）再微分的微分稱為偏微分，算出的導函數稱為偏導函數。**

（以x進行）的偏導函數的寫法

假設以x針對雙變數函數z＝f(x, y)進行偏微分，就是將y視為常數，以x進行微分，算式可寫成如下。

$$\frac{\partial z}{\partial x} \qquad \frac{\partial}{\partial x} f(x,y)$$

符號 ∂ 稱為「Round D」「partial D」「del」

以x進行微分的z偏導函數　　以x進行的f (x, y) 偏導函數

> 一如 1-1 節所述，將多變數函數寫成 $z = f(x, y, \cdots)$ 的時候，x 或 y 為自變數，z 為應變數。雖然很多情況下會直接稱為「變數 x」或「變數 y」，但還是可以從前後文判斷是自變數還是應變數。

偏導函數的定義式如下。假設只思考這個式子的 x 的變化，就可以得知 y 是固定的。

（以x進行）偏導函數的定義

$$\frac{\partial}{\partial x} f(x,y) = \lim_{h \to 0} \frac{f(x+h, y) - f(x, y)}{h}$$

y為固定的（視為常數）

與x的微小變化有關的極限

看到具體範例應該就會了解「固定 y，再以 x 微分」的偏微分計算過程。請試著了解重點（要偏微分的）變數與固定的變數。

例 $z = x^2 + 3xy + 4y^2 - 1$

$$\frac{\partial z}{\partial x} = \frac{\partial}{\partial x}(x^2 + 3xy + 4y^2 - 1)$$
$$= \frac{\partial}{\partial x}(x^2) + \frac{\partial}{\partial x}(3xy) + \frac{\partial}{\partial x}(4y^2) + \frac{\partial}{\partial x}(-1)$$
$$= 2x + 3y$$

以x偏微分時，y與「3」一樣視為常數

以x偏微分時，$4y^2$視為常數，所以等於0

$$\frac{\partial z}{\partial y} = \frac{\partial}{\partial y}(x^2 + 3xy + 4y^2 - 1) = \frac{\partial}{\partial y}(x^2) + \frac{\partial}{\partial y}(3xy) + \frac{\partial}{\partial y}(4y^2) + \frac{\partial}{\partial y}(-1)$$
$$= 3x + 8y$$

以y偏微分時，會將x^2視為常數，所以x^2會變成0

以y偏微分時，x會與「3」一樣被視為常數

🔍 偏微分的標記方式

偏微分有許多標記方式，下列以雙變數函數 $z = f(x, y)$ 為例，將這些標記方式整理成表格。最明顯的特徵就是 z_x 或 $f_y(x, y)$ 這種將偏微分的變數寫在下面的標記方式，這也是單變數函數的導函數所沒有的。

此外，物理學領域之一的熱力學會在偏微分的時候，將固定的變數寫在右下角，也就是 $\left(\frac{\partial z}{\partial x}\right)_y$（固定 y，以 x 進行偏微分），但本書會寫成 $\frac{\partial z}{\partial x}$。

	z_x 標記	$f_x(x, y)$ 標記	$\frac{\partial z}{\partial x}$ 標記	$\frac{\partial}{\partial x}f(x,y)$ 標記	$z = x^3 + 3x^2y + 4xy^2$ 的時候
以 x 進行偏微分（一階偏微分）	z_x	$f_x(x, y)$	$\frac{\partial z}{\partial x}$	$\frac{\partial}{\partial y}f(x,y)$	$\frac{\partial z}{\partial x} = 3x^2 + 6xy + 4y^2$
以 y 進行偏微分（一階偏微分）	z_y	$f_y(x, y)$	$\frac{\partial z}{\partial y}$	$\frac{\partial}{\partial y}f(x,y)$	$\frac{\partial z}{\partial y} = 3x^2 + 8xy$

「∂」的筆順

與「d」一樣的筆順

這樣也行　　這樣也行

別執著於筆順，知道就好。

明明中文字就要重視筆順。

好賊喔！

4 多變數函數

🔍 高階偏導函數與偏微分的順序

與單變數函數一樣,也有高階(高次)的偏微分與偏導函數,而且因為是多變數函數,因此能以「利用 x 進行偏微分,再利用 y 進行偏微分」這種用不同變數進行偏微分。利用不同變數進行偏微分的時候,要注意順序與寫法。

例 先以 x 偏微分 $z = f(x, y)$,接著再以 y 偏微分,會得到下列的二階偏導函數

$$z_{xy} = f_{xy}(x, y) = \frac{\partial^2 z}{\partial y \partial x} = \frac{\partial}{\partial y}\left(\frac{\partial z}{\partial x}\right)$$

右下角的小字代表從左側的變數開始微分

「分母」是從右側的變數開始偏微分

> 要注意,不同的標記方式有不同的偏微分順序。

此外,假設在點 (x, y) 這邊,有 $f_{xx}(x, y)$、$f_{yy}(x, y)$、$f_{xy}(x, y)$、$f_{yx}(x, y)$,而且是連續的(此會說成「$f(x, y)$ 為 C^2 級函數」),則偏微分的結果不會受到偏微分的順序影響,會變成:

$$f_{xy}(x, y) = f_{yx}(x, y)$$

在應用情況下使用的函數幾乎都符合 $f_{xy}(x, y) = f_{yx}(x, y)$ 這個條件,所以不須要太過在意,但還是要記得偏微分有順序。此外,本書介紹的多變數函數都是不會受到偏微分順序影響的函數。

與一階偏導函數(只以 x 或 y 偏微分一次的函數,又稱為一次偏導函數)相同的是,這次同樣將高階偏導函數(高次偏導函數)以雙變數函數 $z = f(x, y)$ 為例,將標記方式整理成下列的表格(都是高階偏微分不受順序影響的情況)。

	z_x 標記	$f_x(x,y)$ 標記	$\frac{\partial z}{\partial x}$ 標記	$\frac{\partial}{\partial x} f(x,y)$ 標記	$z = x^3 + 3x^2y + 4xy^2$ 的時候
以 x 與 y 偏微分(二階偏微分)	z_{xy}	$f_{xy}(x, y)$	$\frac{\partial^2 z}{\partial x \partial y}$	$\frac{\partial^2}{\partial x \partial y} f(x,y)$	$\frac{\partial^2 z}{\partial x \partial y} = 6x + 8y$
以 x 進行 2 次、y 進行 1 次的一次偏微分(三階偏微分)	z_{xxy}	$f_{xxy}(x, y)$	$\frac{\partial^3 z}{\partial x^2 \partial y}$	$\frac{\partial^3}{\partial x^2 \partial y} f(x,y)$	$\frac{\partial^3 z}{\partial x^2 \partial y} = 6$

🔍 於極值問題的應用

一階偏導函數可於計算多變數函數的極值（極大值或極小值）時使用。

一般來說，可偏微分的雙變數函數 $f(x, y)$ 在 $(x, y) = (x_0, y_0)$ 的時候成為極值時，下列的公式會成立。

$$f_x(x_0, y_0) = f_y(x_0, y_0) = 0$$

在此要注意的是，**只有 $f_x(x_0, y_0) = f_y(x_0, y_0) = 0$ 這個必要條件**，這與單變數函數的情況（2-5 節）是一樣的。換言之，須要另外查驗 $f(x, y)$ 是否真的在點 (x_0, y_0) 之處成為極值。

例 函數 $z = x^2 + 2xy + 2y^2 - 4x - 6y + 7$ 的極值

從 $\begin{cases} \dfrac{\partial z}{\partial x} = 2x + 2y - 4 \\ \dfrac{\partial z}{\partial y} = 2x + 4y - 6 \end{cases}$ 得知，公式要成立，就得是 $\dfrac{\partial z}{\partial x} = \dfrac{\partial z}{\partial y} = 0$

$\begin{cases} 2x + 2y - 4 = 0 \\ 2x + 4y - 6 = 0 \end{cases}$ $\therefore$ $x = y = 1$

不過，只憑這樣無法得知點 (1,1) 的時候，z 是否會成為極值。

此外，這個函數可以整理成 $z = (x + y - 2)^2 + (y - 1)^2 + 2$，所以可得知 z 在點 (1,1) 這邊最小（也極小值）。

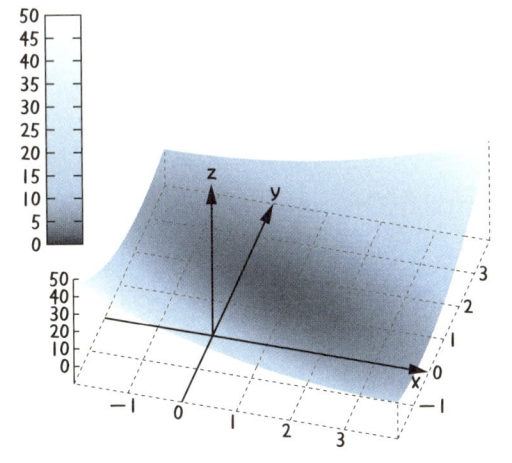

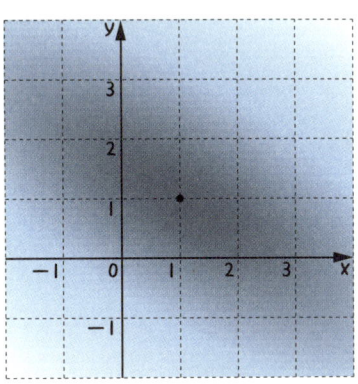

4-2 ∂ 與 d 有什麼不同？～全微分～

> 多變數函數的微分也會出現「d」，而這種微分稱為全微分。雖然不像偏微分那樣常常用來計算，但了解全微分的涵義，就能了解偏微分與全微分的差異（「∂」與「d」的差異），也能進一步了解微分。

🔍 何謂全微分

假設眼前有個多變數函數 $w = f(x, y, z, \cdots)$，並且如同下面式子對每個變數進行偏微分（$\frac{\partial w}{\partial x}$、$\frac{\partial w}{\partial y}$、$\frac{\partial w}{\partial z}$、$\cdots$）與無限小變化（$dx$、$dy$、$dz$、$\cdots$）的積加入所有變數的過程稱為 $w = f(x, y, z, \cdots)$ 的**全微分**。

<u>全微分</u>
$w = f(x, y, z, \cdots)$ 的全微分為

$$dw = \frac{\partial w}{\partial x}dx + \frac{\partial w}{\partial y}dy + \frac{\partial w}{\partial z}dz + \cdots$$

※$df = \frac{\partial f}{\partial x}dx + \frac{\partial f}{\partial y}dy + \frac{\partial f}{\partial z}dz + \cdots$ 有時也寫成這樣

🔍 可全微分的條件

假設 $w = f(x, y, z, \cdots)$ 可全微分，必須具備下面兩個條件。

❶ $w = f(x, y, z, \cdots)$ 的所有變數都可以偏微分

❷ 偏導函數 $\frac{\partial w}{\partial x}$、$\frac{\partial w}{\partial y}$、$\frac{\partial w}{\partial z}$、$\cdots$ 的所有變數都是連續的

例1 $z = x^2 + 3xy + 4y^2 - 1$ 的時候（z 為 x、y 的函數）

$dz = \frac{\partial z}{\partial x}dx + \frac{\partial z}{\partial y}dy = (2x + 3y)dx + (3x + 8y)dy$

例2 $w = \frac{xy}{z}$ 的時候（w 為 x、y、z 的函數）

$dw = \frac{\partial w}{\partial x}dx + \frac{\partial w}{\partial y}dy + \frac{\partial w}{\partial z}dz = \frac{y}{z}dx + \frac{x}{z}dy - \frac{xy}{z^2}dz$

透過幾何學了解全微分的意義

接著讓我們進一步了解雙變數函數 $z = f(x, y)$。
$z = f(x, y)$ 的全微分可寫成下列的樣子。

$$dz = \frac{\partial z}{\partial x}dx + \frac{\partial z}{\partial y}dy$$

全微分與偏微分的關係可透過下圖解釋。一般來說，會在三維 xyz 空間討論，這裡將關注方程式 $z = f(x, y)$ 的圖形為曲面這點上。

- 在曲面z＝f(xy)的點（x₀, y₀）為起點，dx往x方向微幅變化，dy往y方向微幅變化的狀況下，可將下圖的網底部分視為平面
- 以平面y＝y₀截斷曲面z＝f(xy)之後，其截面就是xz平面的曲線（左下圖），於這條曲線的點x＝x₀的斜率為 $\frac{\partial z}{\partial x}$ 所以（於微幅變化區域往x方向的z增量）

　＝（斜率）×（x的微幅變化）＝ $\underset{①}{\underline{\frac{\partial z}{\partial x}dx}}$

- 同理可證，以平面x＝x₀截斷的截面（右下圖）則有下列的結果
（於微幅變化區域往y方向的z增量）＝（斜率）×（y的微幅變化）＝ $\underset{②}{\underline{\frac{\partial z}{\partial y}dy}}$
- z的微幅變化（全微分）dz就是①與②的總和

①y固定時，z因x的變化而增加的量為 $\frac{\partial z}{\partial x}dx$

②x固定時，z因y的變化而增加的量為 $\frac{\partial z}{\partial y}dy$

z的全微分：$dz = \boxed{\frac{\partial z}{\partial x}dx}_{①} + \boxed{\frac{\partial z}{\partial y}dy}_{②}$

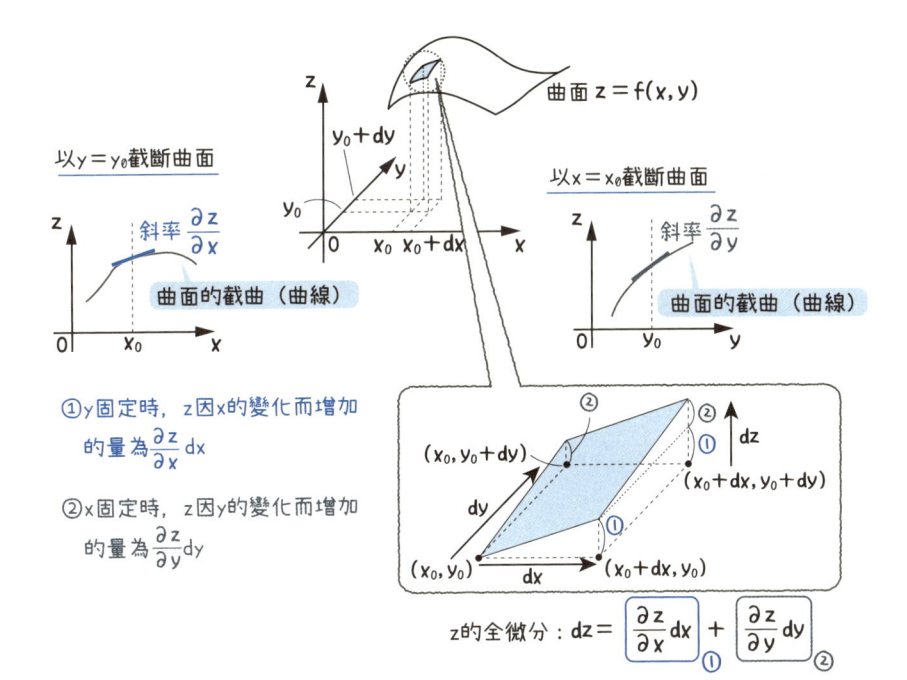

4-3 總之很方便的計算方法 ～拉格朗日乘數～

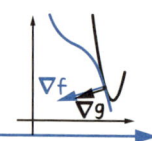

拉格朗日乘數可在滿足某種限制條件之下，求出讓多變數函數極大化或極小化的必要條件。這是在物理學、統計學、機器學習中廣泛使用的方法，實用價值極高，所以請大家務必學會喲。

🔍 何謂拉格朗日乘數

為求簡單，以雙變數的情況說明。

拉格朗日乘數法（雙變數）
當 f(x, y) 一邊取得滿足限制條件 g(x, y) = 0 的 (x, y) 一邊變化，讓 f(x, y) 為極值的 (x, y) 滿足下列包含變數 λ 的式子。

$$F(x, y, \lambda) = f(x, y) - \lambda g(x, y) \qquad \frac{\partial F}{\partial x} = \frac{\partial F}{\partial y} = \frac{\partial F}{\partial \lambda} = 0$$

以拉格朗日乘數法算出的 x、y、λ 的值是**函數 $f(x, y)$ 為極值的必要條件，而不是充份條件**。換言之，必須透過其他方法檢查函數 $f(x, y)$ 是否真的在 (x, y) 處為極值。

> 雖然將未知的係數 λ 當成限制條件，但是不一定非得求出 λ 的值（不須確定），所以 λ 又稱為未定乘數（或稱未定係數）。

例 於圓形 $x^2 + y^2 = 2$ 內接的長方形面積的極值

在 xy 平面的圓形 $x^2 + y^2 = 2$（$x \geq 0$、$y \geq$）取點 (x, y) 之後，以該點為頂點的內接長方形的面積為 $f(x, y) = 4xy$

限制條件為 $x^2 + y^2 = 2$ 也就是 $x^2 + y^2 - 2 = 0$，所以假設 $g(x, y) = x^2 + y^2 = 2$，以及
$$F(x, y, \lambda) = f(x, y) - \lambda g(x, y)$$
$$= 4xy - \lambda(x^2 + y^2 - 2),$$
可得到下列三個式子

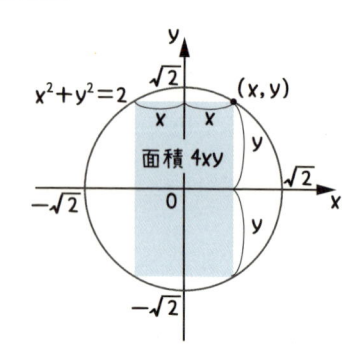

108

$$\begin{cases} \dfrac{\partial F}{\partial x} = 4y - 2\lambda x = 0 & \cdots ① \\ \dfrac{\partial F}{\partial y} = 4x - 2\lambda y = 0 & \cdots ② \\ \dfrac{\partial F}{\partial \lambda} = -(x^2 + y^2 - 2) = 0 & \cdots ③ \end{cases}$$

要滿足①~③的式子以及 $x \geqq 0$、$y \geqq 0$,可從 $(x, y, \lambda) = (1, 1, 2)$ 算出 $f(x, y)$ 的極值候選為
$f(1, 1) = 4$

> 到這裡都是拉格朗日乘數法的部分。

若要從解析幾何學來說明,先畫圓弧 $g(x, y) = x^2 + y^2 - 2 = 0$ ($x \geqq 0$、$y \geqq 0$)與直角雙曲線 $f(x, y) = 4xy = k$,這些曲線若有交點,就能得出 k 的極大值。從圖中可以發現,$x = y = 1$ 的時候 $k = 4$,這就是 k 的最大值(而且是極大值)。

> 拉格朗日乘數法光是計算微分就能找到可能的極值,非常方便。

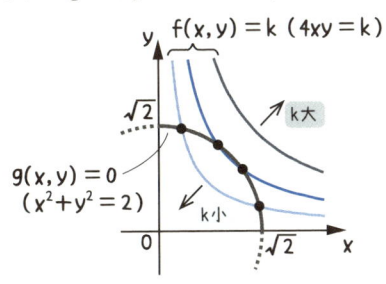

🔍 拉格朗日乘數法的一般形態

拉格朗日乘數法也能在變數超過 2 個,或是限制條件有很多個時使用。

拉格朗日乘數法的一般形態

比方說,$f(x, y, z, w)$ 一邊取得滿足 $g(x, y, z, w) = 0$、$h(x, y, z, w) = 0$ 的 (x, y, z, w),一邊變化時,$f(x, y, z, w)$ 為極值時的 (x, y, z, w) 滿足下列包含變數 λ 與 μ 的式子。

> 依照限制條件的數量預備同等數量的未定乘數

$$F(x, y, z, w, \lambda, \mu) = f(x, y, z, w) - \lambda g(x, y, z, w) - \mu h(x, y, z, w)$$

$$\frac{\partial F}{\partial x} = \frac{\partial F}{\partial y} = \frac{\partial F}{\partial z} = \frac{\partial F}{\partial w} = \frac{\partial F}{\partial \lambda} = \frac{\partial F}{\partial \mu} = 0$$

> 依照 $f(x, y, \cdots)$ 的變數個數設定式子　　依照未定數的個數設定式子

4-4 只是多積分幾次 ～多重積分～

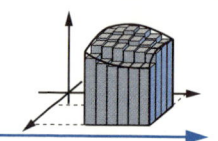

> 多變數函數可利用多個變數積分,而這個過程稱為多重積分。計算過程雖然簡單,但還是要知道這個過程的用意為何。

🔍 雙重積分

以多變數積分的過程稱為**多重積分**。讓我們一起以雙變數函數 $z = f(x, y)$ 為例,透過圖解的方式了解多重積分的意思。

雙重積分

將雙變數函數 f(x, y) 以區域 G:$a \leq x \leq b$ 且 $c \leq y \leq d$ 積分(二重積分)時,可寫成如下的式子。

$$\iint_G f(x,y)\,dxdy = \int_c^d \int_a^b f(x,y)\,dxdy$$

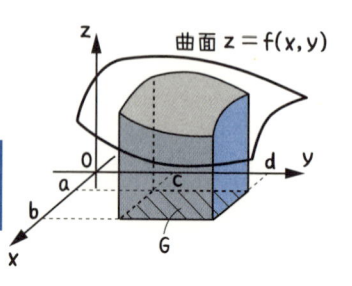

【雙重積分與單變數函數的積分(定積分)的比較】

單變數函數的積分(定積分)

→切割積分區間,再計算長方形面積的總和,同時讓分割數無限增加。

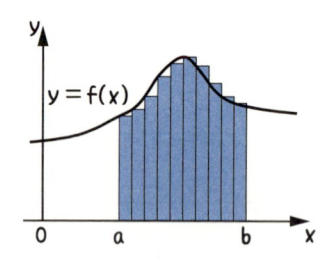

$\int_a^b f(x)\,dx$:定積分的值代表面積。

雙變數函數的積分(二重積分)

→切割積分區間,再計算立方體體積的總和,同時讓分割數無限增加。

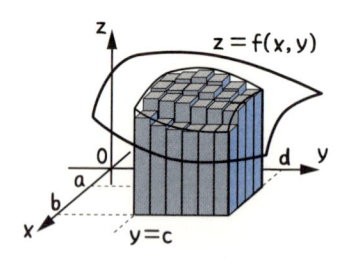

$\int_c^d \int_a^b f(x,y)\,dxdy$:雙重積分的值代表體積。

🔍 雙重積分的式子的寫法

多重積分的式子有很多種寫法，但不管怎麼寫，都要注意積分區間與積分變數。讓我們以雙重積分為例，確認多重積分的寫法。

多重積分的寫法（以雙重積分為例）

$$\iint_G f(x,y)\,dxdy = \int_c^d \left\{ \int_a^b f(x,y)\,dx \right\} dy = \int_c^d \int_a^b f(x,y)\,dxdy = \int_c^d dy \int_a^b dx\, f(x,y)$$

先在{ }內明確展示出積分部分的表現法

將對應的積分區間與積分變數寫在前面的表現法

積分計算的順序交換

$$\iint_G f(x,y)\,dxdy = \int_c^d \left\{ \int_a^b f(x,y)\,dx \right\} dy = \int_a^b \left\{ \int_c^d f(x,y)\,dy \right\} dx$$

先以x積分　　　　先以y積分

- 一般來說，若是連續函數，可以交換積分計算的順序（富比尼定理的結論）
- 具體的積分計算只須要依序以1個變數積分去進行即可（稱為逐次積分或累次積分）
- 以某個變數積分時，將其他的變數當成常數

例 在領域 $G: 1 \leq x \leq 3$ 且 $1 \leq y \leq 2$ 的多重積分 $\iint_G (2y^2 - xy + 1)\,dxdy$

$$\iint_G (2y^2 - xy + 1)\,dxdy$$
$$= \int_1^2 \left\{ \int_1^3 (2y^2 - xy + 1)\,dx \right\} dy \quad \text{先以x積分}$$
$$= \int_1^2 \left[2xy^2 - \frac{1}{2}x^2 y + x \right]_1^3 dy$$
$$= \int_1^2 \left\{ \left(6y^2 - \frac{9}{2}y + 3\right) - \left(2y^2 - \frac{1}{2}y + 1\right) \right\} dy$$
$$= \int_1^2 (4y^2 - 4y + 2)\,dy = \left[\frac{4}{3}y^3 - 2y^2 + 2y \right]_1^2$$
$$= \left(\frac{32}{3} - 8 + 4\right) - \left(\frac{4}{3} - 2 + 2\right) = \frac{16}{3}$$

此外，調整積分順序，先以 y 積分也會得到相同的值

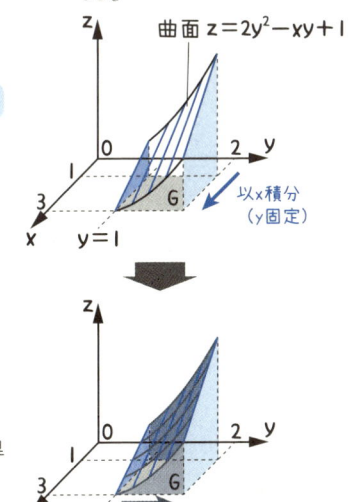

🔍 三重積分

與雙重積分一樣,三重積分就是在三維區域 V 對三變數函數 $f(x, y, z)$ 積分。要將三重積分畫成圖,需要四維空間,所以無法在紙上繪製。不過,計算方法與雙重積分一樣,都是逐次以1個變數積分。

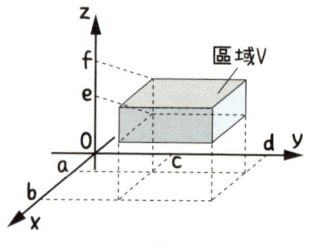

※雖然 f(x, y, z) 無法畫成圖,卻是在這個空間內被定義

三重積分

以區域 V:$a \leq x \leq b$ 且 $c \leq y \leq d$ 且 $e \leq z \leq f$ 對三變數函數 $f(x, y, z)$ 積分(三重積分)的過程可寫成下列式子。

$$\iiint_V f(x, y, z) \, dxdydz = \int_e^f \int_c^d \int_a^b f(x, y, z) \, dxdydz$$

🔍 多重積分的總結與補充

多重積分沒有單變數積分那種原始函數(不定積分)的概念,只能夠思考由積分區間(區域)定義的定積分(區間的邊緣有時會是變數,但這種情況的積分值不算是原始函數或不定積分)。

此外,到目前為止為求簡單,我們都將雙重積分的積分領域視為長方形,三重積分的積分領域視為長方體,但其實積分領域的形狀很多種。即使如此,多重積分的意義仍符合之前的說明。

下表是統整單變數積分、雙重積分、三重積分相關內容的表格。

	單變數積分 $\int_a^b f(x) dx$	雙變數積分 $\int_c^d \int_a^b f(x, y) dxdy$	三變數積分 $\int_e^f \int_c^d \int_a^b f(x, y, z) dxdydz$
積分領域	一維	二維	三維
積分值	面積	體積	※ 無法繪製

112

利用多變數轉換座標？
～連鎖法則、雅可比變數轉換～

在計算多變數函數的偏微分或多重積分時，進行座標轉換有時候會看得更清楚。這節要介紹轉換座標再微分或積分所需的概念，尤其要請大家記住雅可比變數轉換這個重要的概念。

🔍 連鎖法則

連鎖法則就是將單變數函數的合成函數微分公式擴張成多變數函數的法則。

連鎖法則

若以1個變數t代替z＝f(x, y)的x, y，寫成x＝x(t)、y＝y(t)時，將z寫成t的函數z＝h(t)＝f(x(t), y(t))，就可以得到下列結果。

$$\frac{dz}{dt} = \frac{\partial z}{\partial x}\frac{dx}{dt} + \frac{\partial z}{\partial y}\frac{dy}{dt}$$

將z＝f(x, y)的全微分想成以t的微幅變化dt除之的結果即可。

z＝f(xy)的x、y若以兩個變數u、v整理成x＝x(u, v)、y＝y(u, v)，再將z寫成u、v的函數z＝h(u, v)＝f(x(u, v)、y(u, v))就可以得到下列結果

$$\frac{\partial z}{\partial u} = \frac{\partial z}{\partial x}\frac{\partial x}{\partial u} + \frac{\partial z}{\partial y}\frac{\partial y}{\partial u} \qquad \frac{\partial z}{\partial v} = \frac{\partial z}{\partial x}\frac{\partial x}{\partial v} + \frac{\partial z}{\partial y}\frac{\partial y}{\partial v}$$

$$\frac{\partial z}{\partial u} = \frac{\partial z}{\partial x}\frac{\partial x}{\partial u} + \frac{\partial z}{\partial y}\frac{\partial y}{\partial u}$$

由於具有左側這種連鎖性，所以又稱為「連鎖法則」。

例 將直角座標的函數 $z = f(x, y)$ 轉換成極座標，寫成 $z = h(r, \theta)$ 時，可透過連鎖法則導出下列式子。

$$\left(\frac{\partial z}{\partial x}\right)^2 + \left(\frac{\partial z}{\partial y}\right)^2 = \left(\frac{\partial z}{\partial r}\right)^2 + \frac{1}{r^2}\left(\frac{\partial z}{\partial \theta}\right)^2$$

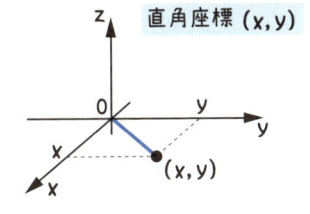

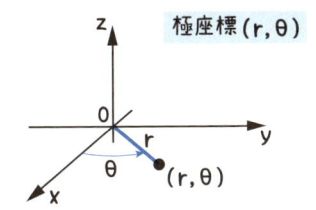

直角座標(x, y)　　　　　極座標(r, θ)

🔍 雅可比變數轉換與座標轉換

計算多重積分時,先試著轉換座標(變數轉換),有時計算會變得比較簡單。這時的轉換就需要**雅可比變數轉換概念**。

雅可比變數

對座標(x, y)進行座標轉換(變數轉換),改成座標(u, v),也就是 x＝x(u, v)、y＝y(u, v)的時候,雅可比變數轉換可透過下列式子定義。

$$J = \frac{\partial x}{\partial u}\frac{\partial y}{\partial v} - \frac{\partial x}{\partial v}\frac{\partial y}{\partial u}$$

符號J為雅可比(Jacobian)的首字。

此時,f(x, y)若整理成u、v的函數h(u, v)＝f(x(u, v)、y(u, v)),並針對xy平面區域G的f(x, y)以x、y進行多重積分,式子將如下。

$$\iint_G f(x, y)\,dxdy = \iint_G h(u, v)\,|J|\,dudv$$

雅可比的絕對值 |J|

🔍 高斯積分的計算（其1：何謂高斯積分）

接著示範高斯積分這個應用雅可比概念的計算方式。
高斯積分就是以下列形態呈現的積分

$$\int_{-\infty}^{+\infty} e^{-\alpha x^2}\,dx \quad (\alpha > 0)$$

是在統計學常態分布式子中出現的重要式子。這個式子的積分結果會是 $\sqrt{\dfrac{\pi}{\alpha}}$,但有些人可能會懷疑「怎麼會突然出現 π 呢?」

為求簡單,讓我們試著設定 $\alpha = 1$ 再積分。

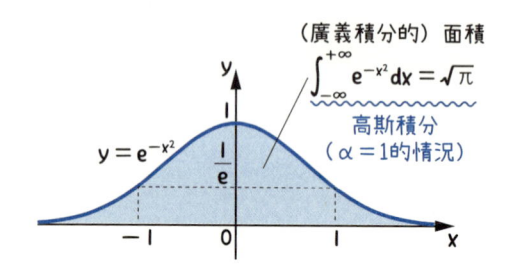

（廣義積分的）面積
$$\int_{-\infty}^{+\infty} e^{-x^2}\,dx = \sqrt{\pi}$$
高斯積分（α＝1的情況）

$y = e^{-x^2}$

🔍 高斯積分的計算（其2：以雙重積分計算）

讓我們先把高斯積分的值設定為 I。要算出這個積分等於要算出 I^2 的值。乍看之下似乎在繞遠路，但整理成這個形式之後，反而能順利求出積分值。

$$\begin{aligned}I^2 &= \left(\int_{-\infty}^{+\infty} e^{-x^2} dx\right)\left(\int_{-\infty}^{+\infty} e^{-x^2} dx\right) \\ &= \int_{-\infty}^{+\infty} e^{-x^2} dx \cdot \int_{-\infty}^{+\infty} e^{-y^2} dy \\ &= \iint e^{-(x^2+y^2)} dxdy\end{aligned}$$

> 先將一邊的積分變數轉換成 y
>
> 轉換成多重積分（使用了富比尼定理）

> 或許有些讀者會覺得「真的可以整理成多重積分嗎？」但「富比尼定理」已經證實這樣的整理沒有問題。

接著若要算出高斯積分的值，就等於要計算多重積分的值。

$$\iint e^{-(x^2+y^2)} dxdy$$

要求出這個積分值可將直角座標 (x, y) 轉換成極座標 (r, θ)。

$$\left.\begin{aligned}x &= r\cos\theta \\ y &= r\sin\theta\end{aligned}\right\} \to x^2 + y^2 = r^2, \quad dxdy = rdrd\theta$$

> 雅可比 $J = \dfrac{\partial x}{\partial r}\dfrac{\partial y}{\partial \theta} - \dfrac{\partial x}{\partial \theta}\dfrac{\partial y}{\partial r}$
> $= \cos\theta \cdot r\cos\theta - (-r\sin\theta) \cdot \sin\theta$
> $= r$
> $|J| = r$

完成這種座標轉換過程後，就能輕易進行多重積分。

$$\begin{aligned}I^2 &= \int_0^\infty \int_0^{2\pi} e^{-r^2} r d\theta dr \\ &= 2\pi \int_0^\infty e^{-r^2} r dr \\ &= 2\pi \left[\frac{e^{-r^2}}{-2}\right]_0^\infty \\ &= \pi\end{aligned}$$

> 由於積分範圍是整個 xy 平面，所以轉換為極座標後，r 就會從 0 變成 ∞，θ 也會從 0 變成 2π。

如此一來，就能算出高斯積分的積分值為 $I = \sqrt{\pi}$ 這個結果。簡單來說，高斯積分的 π 就是在轉換成極座標的時候積分區間的邊緣。

4-6 各種區域的積分 ～線積分、面積分～

多變數函數可視為各種區域的積分。這節要介紹於曲線進行的線積分、於曲面進行的面積分、以及於立體進行的體積分。實際計算積分值的時候，須要使用向量這種計算，但這些技術會於第 5 章介紹，這節只介紹線積分、面積分、體積分的概念，還請大家先掌握概念的輪廓。

🔍 線積分

線積分就是沿著曲線積分的積分。在此要依照下列的方式，沿著 xy 平面上的曲線 C，對 x、y 的雙變數函數 $z = f(x, y)$ 進行線積分。

二維的線積分

沿著xy平面上的曲線C對函數 f(x,y)進行的線積分可如下定義。不過，將曲線C分割成n個微幅區間，再將第k個微幅區間的端點設定為(x_k, y_k)、(x_{k+1}, y_{k+1})，然後將這個區間的代表點設定為(X_k, Y_k)，以及將長度設定為 ΔS_k。

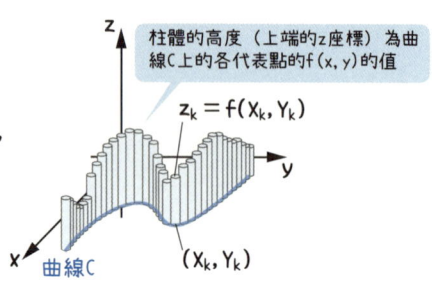

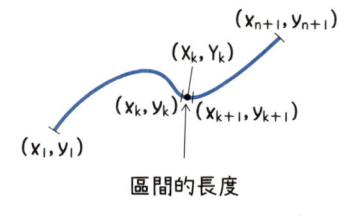

柱體的高度（上端的z座標）為曲線C上的各代表點的f(x,y)的值
$z_k = f(X_k, Y_k)$

① 在曲線C上的 $f(X_k, Y_k) \cdot \Delta S_k$ 的總和 $\sum_{k=1}^{n} f(X_k, Y_k) \cdot \Delta S_k$ 於 $n \to \infty$ 收斂時，可稱為沿著C的線元素（弧長）的線積分，這個線積分可寫成 $\boxed{\int_C f(x, y) \, ds}$。

② 在曲線C上的 $f(X_k, Y_k) \cdot (x_{k+1} - x_k)$ 的總和 $\sum_{k=1}^{n} f(X_k, Y_k) \cdot (x_{k+1} - x_k)$ 於 $n \to \infty$ 收斂時，可稱為沿著C的x的線積分，這個線積分可寫成 $\boxed{\int_C f(x, y) \, dx}$。

③ 在曲線C上的 $f(X_k, Y_k) \cdot (y_{k+1} - y_k)$ 的總和 $\sum_{k=1}^{n} f(X_k, Y_k) \cdot (y_{k+1} - y_k)$ 於 $n \to \infty$ 收斂時，可稱為沿著C的y的線積分，這個線積分可寫成 $\boxed{\int_C f(x, y) \, dy}$。

🔍 與線元素有關的積分

一如前一節所述,在 xy 平面上的線積分可分成以**曲線的長度** s **積分**、以 x **積分**、以 y **積分**這三種。這三種積分除了會於第 5 章的向量分析使用,與 x、y 有關的線積分還會在第 6 章定義複變數函數的積分時扮演重要的角色。

在此讓我們進一步了解以曲線長度 s 積分的線積分。

下圖是曲線 C 的局部放大圖。C 雖然是曲線,但是被分割成無限多個微幅區間之後,就能將這些微幅區間視為線段。這些線段的長度與這個區間的 $z = f(x, y)$ 的值的積會沿著曲線 C 加總。

將 C 分割成 n 個微幅區間,再關注第 k 個微幅區間〔代表點 (x_k, y_k)〕,就能將這個區間的曲線視為線段,所以這個線段的長度為 $\Delta s_k \fallingdotseq \sqrt{(\Delta x_k)^2 + (\Delta y_k)^2}$ 根號,而這個區間的 z 值為 $f(x_k, y_k)$。沿著曲線 C 加總長度與 z 值的積 $f(x_k, y_k) \Delta s_k$,就可以得到下列的量

$$\sum_{k=1}^{n} f(X_k, Y_k) \Delta s_k$$

將 C 的分割數 n 放大至無限大的極限就是線積分的值。

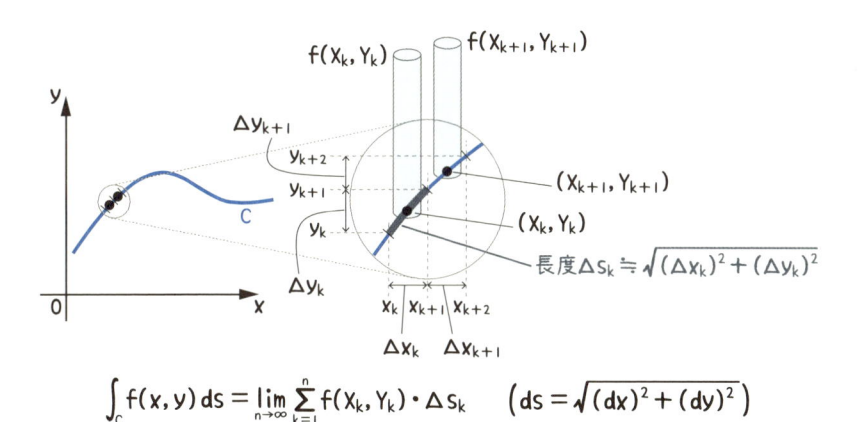

$$\int_C f(x, y) \, ds = \lim_{n \to \infty} \sum_{k=1}^{n} f(X_k, Y_k) \cdot \Delta s_k \quad \left(ds = \sqrt{(dx)^2 + (dy)^2}\right)$$

同理可證,沿著三維空間的曲線的線積分也可以整理成公式。

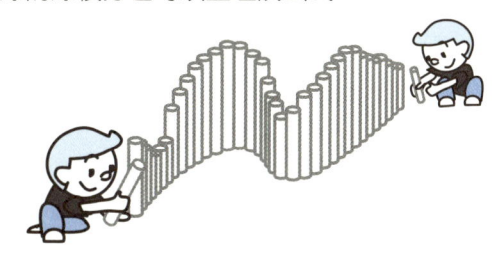

🔍 面積分

若已經先了解了線積分,應該就能快速了解**面積分**。

線積分是將曲線分割成微幅區間,再沿著曲線加總微幅區間的曲線(線段)長度與函數值的積所得到的值。同理可證,面積分就是將曲面分割成微幅區域,再沿著曲線加總這些微幅領域的曲面(因為很小,所以可視為平面)面積與函數值的乘積所得到的值。

讓我們試著思考在 xyz 空間的曲面 D 對三變數函數 $w = f(x, y, z)$ 進行面積分的例子。圖中的細柱體高度就是模擬曲面 D 各點 (x, y, z) 的 $w = f(x, y, z)$ 的值。

面積分

假設沿著 xyz 空間的曲面 D 對函數 f(x, y, z) 進行面積分之際,D 的微幅區域面積為 dS,可以得到下列的式子。

$$\iint_D f(x, y, z) \, dS$$

要注意的是,w 的柱體不是線積分的 z 軸。w 方向(第四維空間)無法於圖中正確呈現。

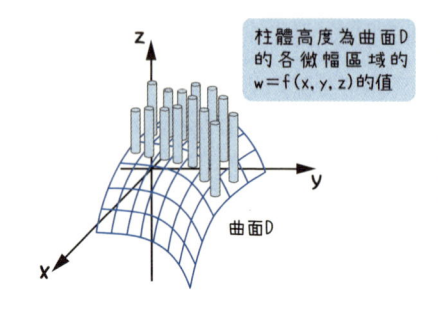

柱體高度為曲面 D 的各微幅區域的 w=f(x, y, z)的值

曲面 D

面積分的積分變數變成了「S」,而這個 S 就是曲面 D 的面積(因此,dS 才會是曲面 D 的微幅區域面積)。

下圖是局部放大的曲面 D。雖然 D 為曲面,但是分割成無限多個微幅區域之後,這些微幅區域都可視為平面。這些平面的面積與對應的 $w = f(x, y, z)$ 值的積會沿著曲面 D 加總。

將曲面 D 分割成 n 個微幅區域之後,關注第 k 個微幅區域〔假設代表點為 (x_k, y_k, z_k)〕。沿著曲面 D 加總區域面積 ΔS_k 與這個區域的 w 的值 $f(x_k, y_k, z_k)$ 的積,就可以得到下列的量

$$\sum_{k=1}^{n} f(X_k, Y_k, Z_k) \Delta S_k$$

D 的分割數 n 放大至無限大的極限就是面積分的值。

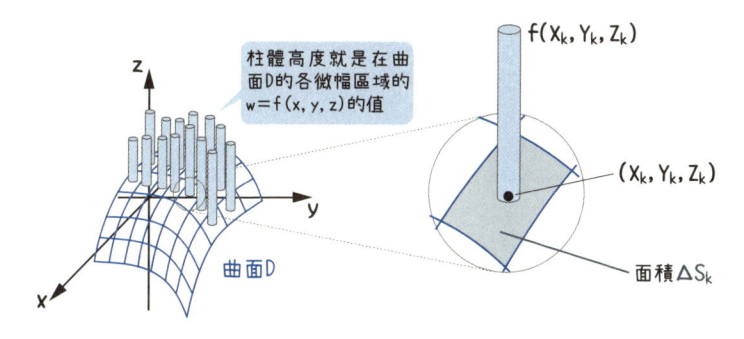

$$\iint_D f(x,y,z)\,dS = \lim_{n\to\infty} \sum_{k=1}^{n} f(X_k, Y_k, Z_k) \cdot \Delta S_k$$

🔍 體積分

與線積分、面積分一樣的是，**體積分**就是針對三變數函數 $w = f(x, y, z)$ 對 xyz 空間的立體進行積分。這個積分過程稱為**體積分**（或稱立體積分）。

概念其實與線積分以及面積分相同，就是將立體 E（積分區域）分割成微幅區域，再讓這個微幅區域的體積 ΔV 與對應的 w 的值 $f(x, y, z)$ 的積 $f(x, y, z)\Delta V$ 沿著立體 E 加總，此時會得到 $\Sigma f(x, y, z)\Delta V$ 這個值。將 E 的分割數放大至無限的極限就是體積分的值。此外，若是以 x、y、z 這三個要素描述積分區域，就能以 x、y、z 這三個積分變數的三重積分寫出體積分的公式。所以體積分也常被當成三重積分使用。

體積分（立體積分）

於 xyz 空間的立體 E 的函數 $f(x, y, z)$ 的體積分將 E 的微幅區域的體積設定為 dV，即可得到下列式子。

$$\boxed{\iiint_E f(x,y,z)\,dV}$$

將立體 E 拆解成 n 個微幅區域，再將微幅體積 ΔV_k 之內的代表點設定為 (x_k, y_k, z_k)，就能得到下列結果。

$$\iiint_E f(x,y,z)\,dV = \lim_{n\to\infty} \sum_{k=1}^{n} f(X_k, Y_k, Z_k) \cdot \Delta V_k$$

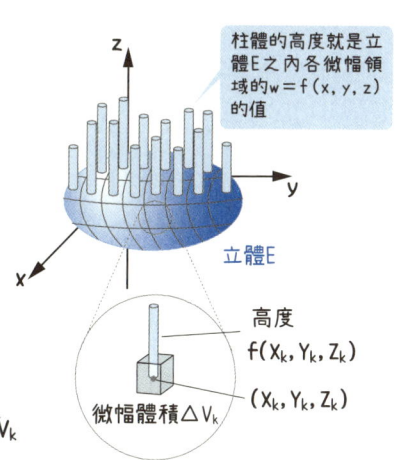

Column

◈ 拉格朗日乘數法為何成立？◈

4-3 節介紹了求出多變數函數極值候補的拉格朗日乘數法，但應該有不少讀者會覺得，為什麼能夠求出極值的候補呢？雖然嚴謹的證明過程很複雜，但本書打算以雙變數函數的例子，帶著大家稍微了解一下，此外，也會稍微用到第 5 章的向量分析知識。

拉格朗日乘數法指出，當限制條件為 $g(x, y) = 0$，讓雙變數函數 $f(x, y)$ 成為極值的 (x, y) 將滿足下列式子。

假設 $F(x, y, \lambda) = f(x, y) - \lambda g(x, y)$，則 $\dfrac{\partial F}{\partial x} = 0$、$\dfrac{\partial F}{\partial y} = 0$、$\dfrac{\partial F}{\partial \lambda} = 0$

首先，$\dfrac{\partial F}{\partial \lambda} = 0$ 與 $g(x, y) = 0$ 相同，這部分應該沒有問題吧。

令人在意的是剩下的 $\dfrac{\partial F}{\partial x} = 0$ 與 $\dfrac{\partial F}{\partial y} = 0$，但這兩個式子可整理成下列格式。要注意的是，最後整理成向量的格式。

$$\begin{cases} \dfrac{\partial F}{\partial x} = \dfrac{\partial f}{\partial x} - \lambda \dfrac{\partial g}{\partial x} = 0 \\ \dfrac{\partial F}{\partial y} = \dfrac{\partial f}{\partial y} - \lambda \dfrac{\partial g}{\partial y} = 0 \end{cases} \Rightarrow \begin{cases} \dfrac{\partial f}{\partial x} = \lambda \dfrac{\partial g}{\partial x} \\ \dfrac{\partial f}{\partial y} = \lambda \dfrac{\partial g}{\partial y} \end{cases} \Rightarrow \left(\dfrac{\partial f}{\partial x}, \dfrac{\partial f}{\partial y} \right) = \lambda \left(\dfrac{\partial g}{\partial x}, \dfrac{\partial g}{\partial y} \right) \quad \cdots ①$$

最後的式子代表向量 $\left(\dfrac{\partial f}{\partial x}, \dfrac{\partial f}{\partial y} \right)$ 為向量 $\left(\dfrac{\partial g}{\partial x}, \dfrac{\partial g}{\partial y} \right)$（常數倍），換言之，向量 $\left(\dfrac{\partial f}{\partial x}, \dfrac{\partial f}{\partial y} \right)$ 與向量 $\left(\dfrac{\partial g}{\partial x}, \dfrac{\partial g}{\partial y} \right)$ 是平行的。

話說回來，向量 $\left(\dfrac{\partial f}{\partial x}, \dfrac{\partial f}{\partial y} \right)$ 為向量 $\left(\dfrac{\partial g}{\partial x}, \dfrac{\partial g}{\partial y} \right)$ 就是 xy 平面上的曲線 $f(x, y) = c$（c 為常數）的法線向量（法線向量就是與切線向量直交的向量，5-3 節會介紹類似的情況）。同理可證，向量 $\left(\dfrac{\partial g}{\partial x}, \dfrac{\partial g}{\partial y} \right)$ 是曲線 $g(x, y) = 0$ 的法線向量。此外，法線向量平行意味著切線向量也平行。從這幾點來看，在滿足①的點 (x, y) 這邊，切線向量為平行（說得更精準一點，是重疊的），因此 $f(x, y) = c$、$g(x, y) = 0$ 這兩曲線於滿足①的點 (x, y) 處相切。

換言之，若用拉格朗日乘數法來思考，$f(x, y) = c$、$g(x, y) = 0$ 在符合①的點 (x, y) 相切時，c 就是函數 $f(x, y)$ 的極值候選。

$$\begin{cases} \nabla f = \left(\dfrac{\partial f}{\partial x}, \dfrac{\partial f}{\partial y} \right) \\ \nabla g = \left(\dfrac{\partial g}{\partial x}, \dfrac{\partial g}{\partial y} \right) \end{cases}$$

$$\nabla = \left(\dfrac{\partial}{\partial x}, \dfrac{\partial}{\partial y} \right)$$

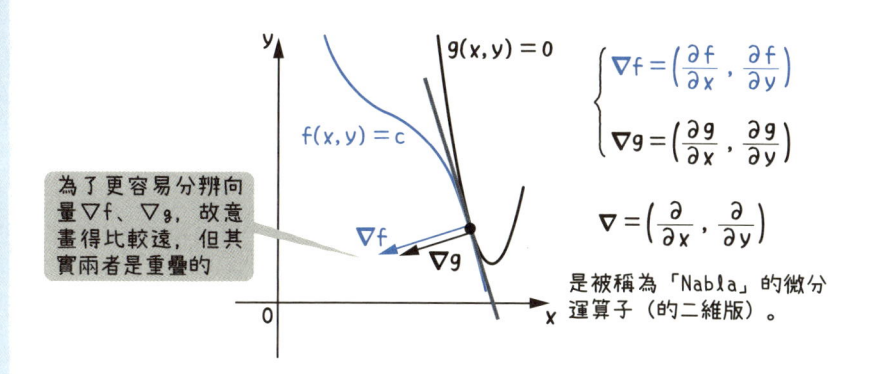

是被稱為「Nabla」的微分運算子（的二維版）。

為了更容易分辨向量 ∇f、∇g，故意畫得比較遠，但其實兩者是重疊的

其次，要先提一下，$f(x, y) = c$、$g(x, y) = 0$ 這兩條曲線相切時，為什麼 c 會是 $f(x, y)$ 的極值（的候選）這點。

一如下圖所非示，當 $f(x, y) = c$、$g(x, y) = 0$ 這兩條曲線沒有相切，而是於點 P 相交，曲線 $g(x, y) = 0$ 會以點 P 為分界，分成 $f(x, y) > c$ 的區域與 $f(x, y) < c$ 的區域。此時在點 P 附近，曲線 $f(x, y) = c_1 (> c)$ 與 $g(x, y) = 0$ 相交的數 c_1，以及曲線 $f(x, y) = c_2 (< c)$ 與 $g(x, y) = 0$ 相交的數 c_2 都存在，換言之，在 $g(x, y) = 0$ 的條件下，$f(x, y)$ 的值有可能比 c 大或比 c 小，所以 c 不會是極值。

因此 c 若是極值，$f(x, y) = c$、$g(x, y) = 0$ 這兩條曲線必定是相接的。

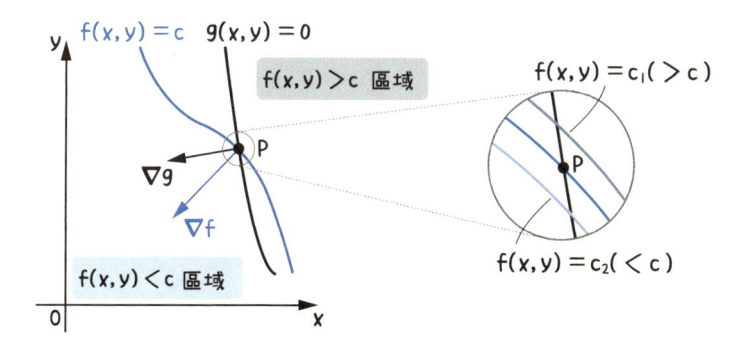

由此可知，拉格朗日乘數法代表的意思就是 $f(x, y) = c$ 與 $g(x, y) = 0$ 這兩條曲線相切。只要先記得這點，就能自然而然使用這個方法了。

Vector

Divergence

第5章 向量分析

本章要介紹向量微積分以及在幾何學的意義。

外積

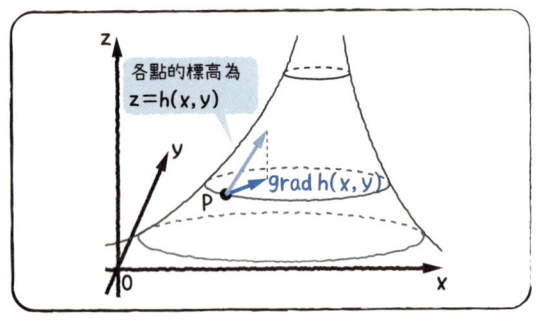

|a×b|是a與b組成的平行四邊形的面積|a||b|sinθ相等

往右扭轉（邊往右旋轉邊前進）

梯度（gradient）

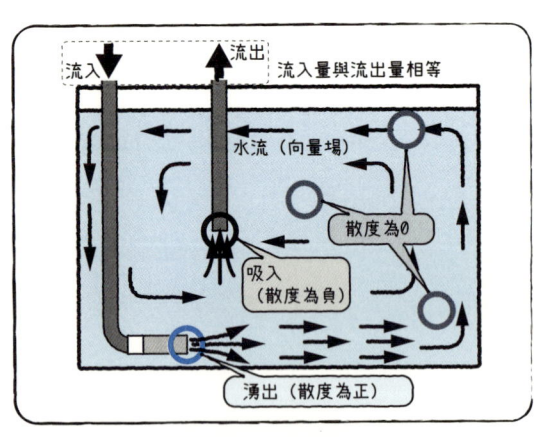

各點的標高為 z＝h(x, y)

grad h(x, y)

散度（divergence）

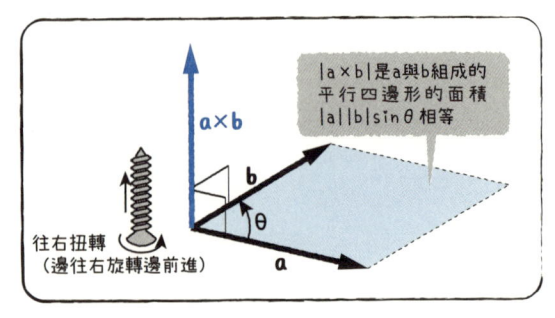

流入　流出　流入量與流出量相等

水流（向量場）

散度為0

吸入（散度為負）

湧出（散度為正）

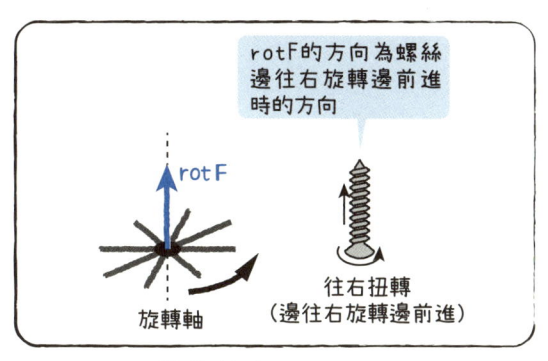

rotF的方向為螺絲
邊往右旋轉邊前進
時的方向

rotF

旋轉軸

往右扭轉
（邊往右旋轉邊前進）

🔵 旋轉（rotation）

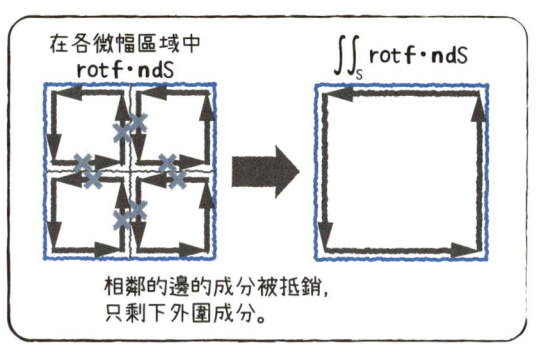

在各微幅區域中
rotf·ndS

$$\iint_S \mathbf{rotf} \cdot \mathbf{n} dS$$

相鄰的邊的成分被抵銷，
只剩下外圍成分。

🔵 斯托克斯定理

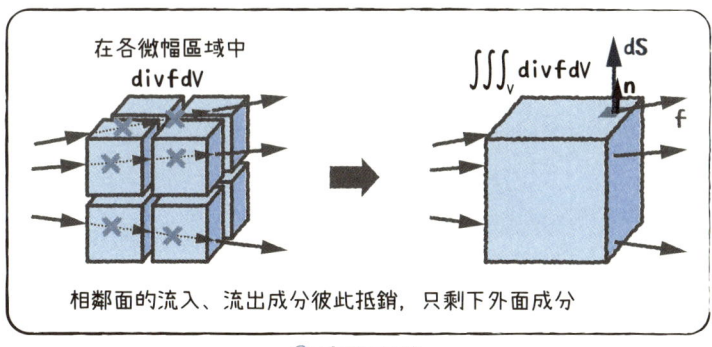

在各微幅區域中
divfdV

$$\iiint_V \mathrm{div} \mathbf{f} dV$$

dS
n
f

相鄰面的流入、流出成分彼此抵銷，只剩下外面成分

🔵 高斯定律

5-1 箭頭也有各種性質 ～向量的基礎～

正式進入向量分析的世界之前，要先把向量的基本知識介紹一輪。讓我們試著將式子與圖連結起來，弄清楚幾何學的模樣吧。

🔍 向量與純量

具有方向與大小的量稱為**向量**。

比方說，以 30 公里／小時朝北方前進時，這個「往北 30 公里／小時」的量（速度）就是向量，因為這個量除了具有 30 公里／小時這個速度之外，還具有「往北」這個資訊。此外，力、電場、磁場也都是具有方向與大小的向量。

至於只有數字的量就稱為純量。

以上述例子來說，「30 公里／小時」的量（速度）就是**純量**。此外，溫度、質量這類單一數值的資訊也都是純量。

根據上述「具有方向與大小的量」這個定義，向量是根據幾何學的概念標記為箭頭。向量 a 的大小（箭頭的長度）會寫成 $|a|$。a 是向量，但是 $|a|$ 則是只有大小的數值資訊，所以是純量。

> 向量的表示法分成兩種，一種是將箭頭放在符號上面，寫成 $\vec{a}$，另一種則是以粗體字 $\boldsymbol{a}$ 標記，本書採用進入大學之後常見的 $\boldsymbol{a}$ 作為標記方式。

此外，向量的起點通常很是任意，換言之，不管起點在哪裡，只要方向與大小一致，就是相同的向量。

●向量是具有方向與大小的量，可利用箭頭標記

箭頭的方向就是向量的方向

a

向量的大小以箭頭的長度標記

※向量a的大小|a|只是單一數值的資訊，所以是純量

●一般來說，向量的起點很任意

F
起點

左側的6個向量都具有相同的方向與大小 ⇒ 全部都是F

🔍 向量的運算

向量也有和、差、正負這類概念。透過箭頭思考這些概念，應該就更能從幾何學的角度了解這些概念。

◆ 向量的實數部、零向量

向量 a 的 k 倍（k 是實數，也就是純量）的向量寫成 ka。

如果 $k > 0$，ka 與 a 方向相同；如果 $k < 0$，ka 與 a 方向相反。

此外，$k = 0$ 的時候，就是 **0（零向量）**。要注意的是，這與純量的 0 不同，是大小（長度）為 0 的箭頭，換言之就是「點」。

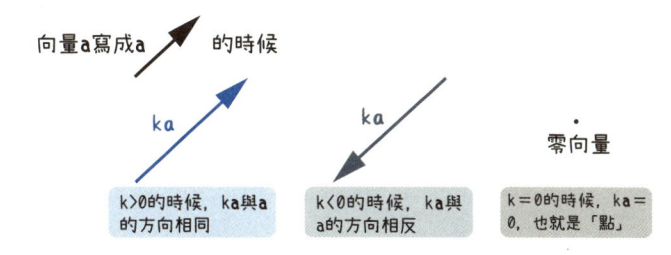

向量 a 寫成 ↗ 的時候

ka：k>0 的時候，ka 與 a 的方向相同
ka：k<0 的時候，ka 與 a 的方向相反
零向量：k=0 的時候，ka = 0，也就是「點」

◆ 向量的和

假設有向量 a 與 b，a 的終點（箭頭的末端）與 b 的起點（箭頭的根部）一致，由 a 的起點與 b 的終點連成的向量稱為 a 與 b 的和，可寫成 $a + b$。

此外，從這個和的定義可以得知，當 $b = -a$（與 a 方向相反，但大小相同，也就是反向量），$a + b = a + (-a)$，會變成零向量。

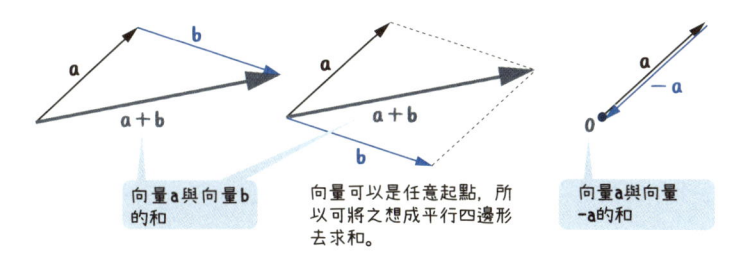

向量 a 與向量 b 的和

向量可以是任意起點，所以可將之想成平行四邊形去求和。

向量 a 與向量 -a 的和

◆ 向量的差

針對向量 a 與 b，我們會將 a 與 $-b$ 的和也就是 $a + (-b)$ 稱為 a 與 b 的差，寫成 $a - b$。

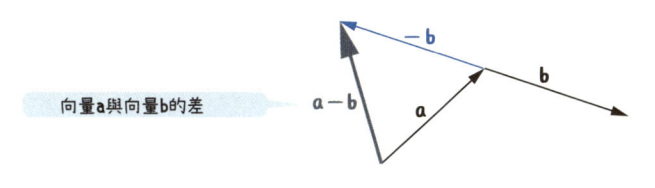

向量 a 與向量 b 的差

🔍 二維（平面）的向量成分標記

平面上的任意向量可利用**基向量** e_x、e_y（分別是與 x 軸、y 軸方向相同，大小為 1 的向量）標記成

$$a = a_x e_x + a_y e_y$$

此時 e_x、e_y 的係數 a_x、a_y 分別稱為 a 的 x 成分與 y 成分，也可以寫成 $a = (a_x, a_y)$。這種向量成分標記方式能在計算向量時幫上大忙。

● 以原點 o 為起點，圖示向量 a

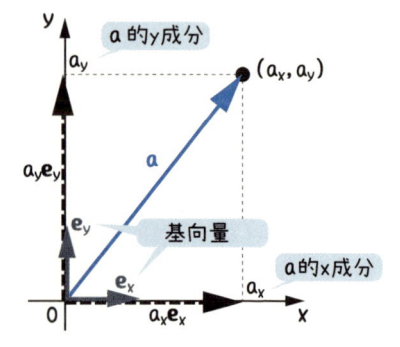

此外，本章將平面向量的成分視為 xy 直角座標的成分。

兩個向量 $a = (a_x, a_y)$、$b = (b_x, b_y)$ 可利用成分進行各種運算。

- ●向量的和：$a + b = (a_x, a_y) + (b_x, b_y) = (a_x + b_x, a_y + b_y)$
- ●反向量：$-a = -(a_x, a_y) = (-a_x, -a_y)$
- ●向量的差：$a - b = (a_x, a_y) - (b_x, b_y) = (a_x - b_x, a_y - b_y)$
- ●向量的 k 倍：$ka = k(a_x, a_y) = (ka_x, ka_y)$（$k$ 為實數）
- ●向量的大小：$|a| = \sqrt{a_x^2 + a_y^2}$

🔍 三維（空間）的向量成分標記

假設在三維空間裡，基向量為 e_x、e_y、e_z，可依照二維的概念，如右圖那樣思考向量的成分。此時向量的成分如下。

$$a = a_x e_x + a_y e_y + a_z e_z = (a_x, a_y, a_z)$$

此外，本章的空間向量成分都是 xyz 直角座標的成分。

● 以原點 o 為起點，圖示向量 a

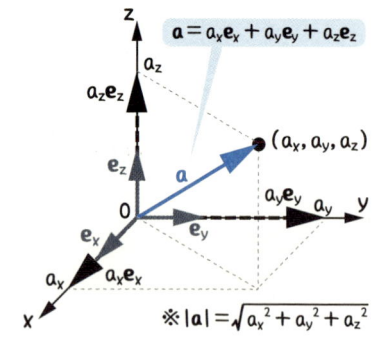

※ $|a| = \sqrt{a_x^2 + a_y^2 + a_z^2}$

🔍 位置向量

當向量的起點固定於原點 O，從原點 O 往點 a 延伸的向量稱為點 A 的位置向量。由於起點固定於原點 O，所以位置向量可當成座標使用。

不過，有些人或許會覺得，何不一開始就使用座標？根本不需要所謂的位置向量吧？採用位置向量的理由之一在於「位置向量可讓式子變得更簡潔有力」。

比方說，xy 平面上有 A (a_x, a_y)（位置向量 a）與 B (b_x, b_y)（位置向量 b），這兩點連成的線段為線段 AB，而將這個線段 AB 內分為 $m：n$ 的點（位於線段 AB 之中，將線段 AB 分成 AP：PB ＝ $m：n$ 的點）為 P，而 P 的位置向量為 p 時，可以發現，位置向量的標記方式比座標來得更加簡潔。

點P的位置向量p的標記方式的比較

● 座標標記方式：$P\left(\dfrac{mb_x + na_x}{m+n},\ \dfrac{mb_y + na_y}{m+n}\right)$

● 向量標記方式：$p = \dfrac{mb + na}{m+n}$　簡潔！

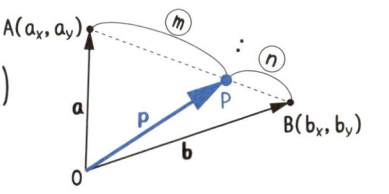

上方是二維的範例，如果是三維，更能看出位置向量的簡潔，因為座標標記方式須要寫出三個座標，但是位置向量標記方式卻與二維時的方式相同。
此外，座標沒有「A ＋ B」這種算式的寫法，而向量卻有「$a + b$」這種算式的寫法，這也算是向量的優點之一。

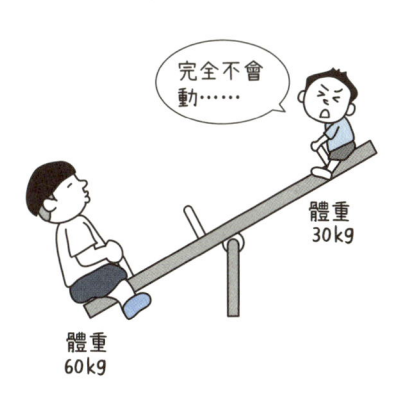

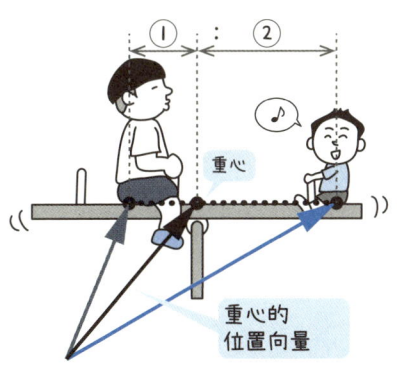

兩個人的重心若位於板中央，板就能夠上下移動了。

🔍 線性獨立與線性相依

線性獨立是向量的重要概念之一，不是線性獨立的情況就稱為**線性相依**。本書將這兩個概念整理成下列的表格。乍看之下，線性獨立似乎有點難懂，但只要先了解線性相依，或許就能快速了解線性獨立不過就是「不是線性相依的情況」了。

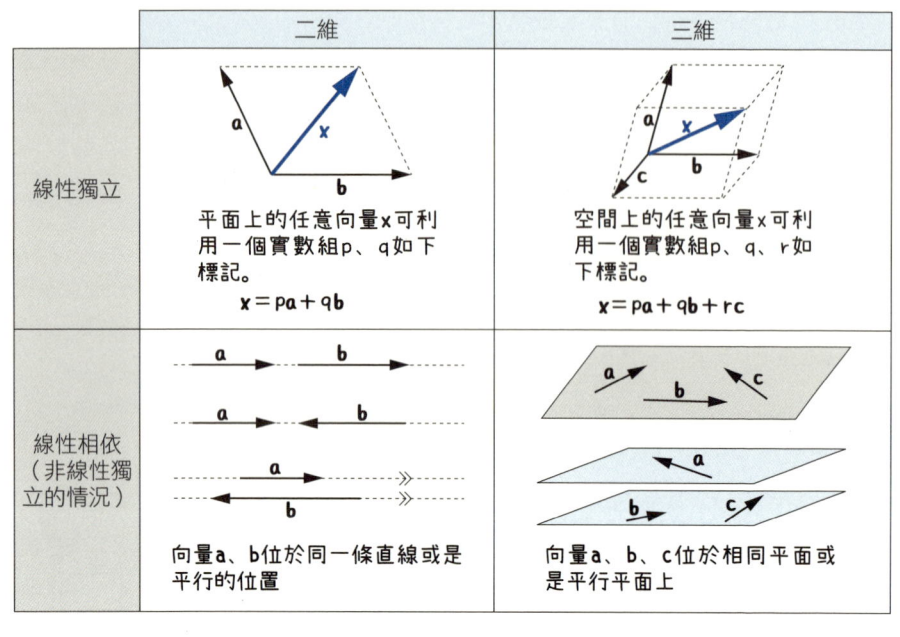

	二維	三維
線性獨立	平面上的任意向量x可利用一個實數組p、q如下標記。 $x = pa + qb$	空間上的任意向量x可利用一個實數組p、q、r如下標記。 $x = pa + qb + rc$
線性相依 （非線性獨立的情況）	向量a、b位於同一條直線或是平行的位置	向量a、b、c位於相同平面或是平行平面上

> 一般來說，在 N 維的 N 個向量 x_1、x_2、⋯、x_n 為線性獨立的意思是，「N 個向量不位於相同的 $(N-1)$ 維空間」。

比方說，a 與 b 在二維（平面）為線性相依的意思是，a 與 b（隨意平行移動）可以位於同一條直線，此時 $x = la + mb$（l、m 為實數）的向量 x 只能代表與 a 或 b 平行的直線，不能代表平面裡的任意點。

此外，a、b、c 在三維（空間）為線性相依的意思是，a、b、c（隨意平行移動之後）可以位於同一平面，此時以 $x = la + mb + nc$（l、m、n 為實數）的向量 x 只能代表 a、b、c 都存在的平面的點，無法代表空間中的任意點。

🔍 向量的內積

向量的積可以多重定義,這次要介紹其中最重要的「**內積**」。
a 與 b 的內積寫成 $a \cdot b$,定義如下。

向量的內積:$a \cdot b = |a||b|\cos\theta = (|a|\cos\theta)|b|$ 不過,$0 \leq \theta \leq \pi$

- 內積是純量(只有數值資訊)
- 不是零向量的 a、b 垂直時,$\theta = \dfrac{\pi}{2}$,
  所以 $\cos\theta = 0$ ⇒ $a \cdot b = 0$

長度 $|a|\cos\theta$

「a 與 b 垂直」與「內積為 0」的對應在應用向量時,是非常重要的概念。

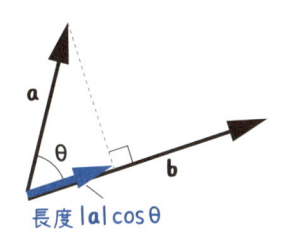

此外,若以改成成分標記的方式,內積可如下計算

● 二維

$a = (a_x, a_y)$、$b = (b_x, b_y)$ 時, $a \cdot b = a_x b_x + a_y b_y$

● 三維

$a = (a_x, a_y, a_z)$、$b = (b_x, b_y, b_z)$ 時, $a \cdot b = a_x b_x + a_y b_y + a_z b_z$

內積有時會用來計算物理學的功(能量的一種)。對某個物品施加力 F 之後,該物品的位置產生了 s 的變化,此時力 F 的功可利用內積定義為 $F \cdot s$。

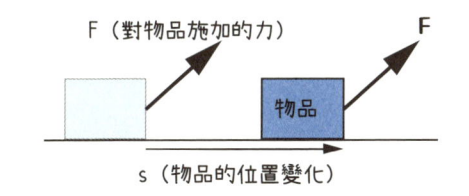

F(對物品施加的力)
物品
s(物品的位置變化)

力 F 的功為
$F \cdot s = |F||s|\cos\theta$

※ 物品的動能增加了 F 做功的量

力與物體的位置變化都是具有大小與方向的向量。物理學的許多量都被視為向量。

🔍 向量的外積

接著要介紹另一個重要的向量的積,也就是「外積」。
a 與 b 的外積可寫成 $a \times b$,定義如下。

<u>向量的外積:</u> $a \times b$

- 外積是向量
- 大小是 $|a \times b| = |a||b|\sin\theta$

不過,$0 \leq \theta \leq \pi$

- 方向為從a往b邊往右側扭轉邊前進
  ⇒ <u>與a、b垂直的方向</u>

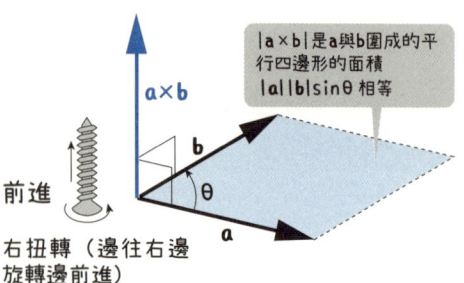

右扭轉(邊往右邊旋轉邊前進)

$|a \times b|$ 是a與b圍成的平行四邊形的面積 $|a||b|\sin\theta$ 相等

外積只在三維(空間)定義,無法於二維(平面)定義。

此外,若改成成分標記,外積可如下計算。
$a = (a_x, a_y, a_z)$、$b = (b_x, b_y, b_z)$
$$a \times b = (a_y b_z - a_z b_y, a_z b_x - a_x b_z, a_x b_y - a_y b_x)$$

若問外積的應用方式,電子於磁場中移動所產生的勞倫茲力就可利用外積計算。電子這類帶電粒子在磁場運動時會受到磁場影響,這個力就稱為勞倫茲力,這個力會讓通電的線圈旋轉。換言之,勞倫茲力就是馬達的運作原理,與現代社會的重要技術相關。

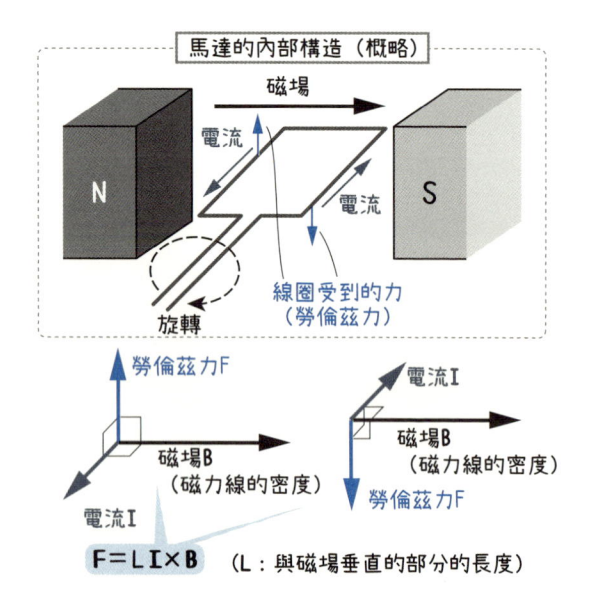

馬達的內部構造(概略)

$F = L I \times B$ (L:與磁場垂直的部分的長度)

5-2 只有維度增加,一點也不困難 ～向量的微分與積分～

向量的微分與積分或許讓人覺得很難,但只要記住向量就是箭頭,或許會比較容易想像。讓我們透過速度與加速度這類具體的範例,一邊掌握向量的微分與積分的輪廓,一邊學會相關的計算方式吧。

🔍 向量的微分

與函數相同的是,當某個向量 A 與變數 t 對應,$A(t)$ 稱為**向量值函數**。可針對向量值函數 $A(t)$ 定義微分係數與導函數。

向量值函數A(t)的導函數:
$$A'(t) = \frac{dA}{dt} = \lim_{\Delta t \to 0} \frac{A(t+\Delta t) - A(t)}{\Delta t}$$

在導函數的定義中,極限可如下說明。

假設有個點沿著曲線移動,而這個點在時間 t 的位置向量為 $A(t)$,點在時間 $t + \Delta t$ 的位置向量為 $A(t + \Delta t)$。

$A(t+1)$、$A(t+0.5)$、$A(t+0.25)$,……當 Δt 不斷縮小,$A(t+\Delta t)$ 與 $A(t)$ 的差,也就是向量 $\Delta A = A(t+\Delta t) - A(t)$ 也會變小。不過,代表 $A(t)$ 時間變化的平均 $\frac{\Delta A}{\Delta t}$ 的大小,會在 Δt 趨近於 0 的時候,分母越來越小,所以不會變成 0。由此可知,$\Delta t \to 0$ 的極限向量 $\frac{dA}{dt}$ 亦即向量函數 $A(t)$ 的導函數。

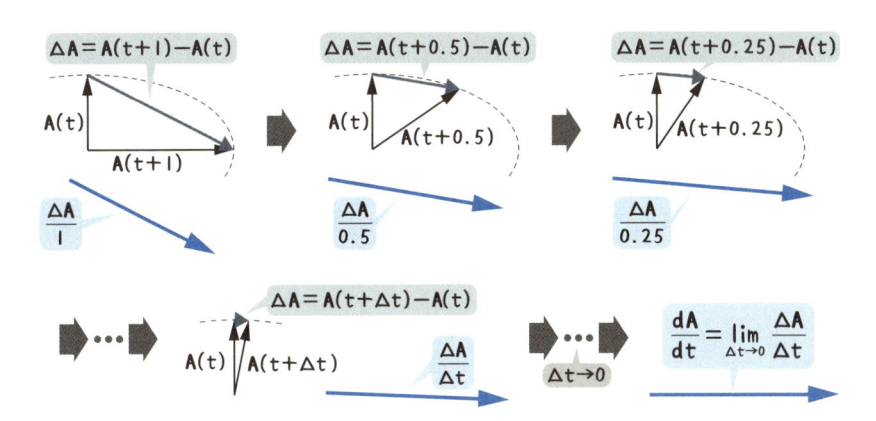

🔍 向量的微積分成分標記

以三維的 XYZ 直角座標標記 $\boldsymbol{A}(t)$ 的成分時，$\dfrac{d\boldsymbol{A}}{dt}$ 的各成分就是以 t 微分 $\boldsymbol{A}(t)$ 各成分的結果（t 的導函數）。高次導函數也能以相同的方式定義。

向量值函數的導函數與高次導函數的成分標記

當 $\mathbf{A}(t) = (A_x(t), A_y(t), A_z(t))$

$$\frac{d\mathbf{A}(t)}{dt} = \left(\frac{dA_x(t)}{dt}, \frac{dA_y(t)}{dt}, \frac{dA_z(t)}{dt} \right) = (A_x'(t), A_y'(t), A_z'(t))$$

$$\frac{d^2\mathbf{A}(t)}{dt^2} = \left(\frac{d^2A_x(t)}{dt^2}, \frac{d^2A_y(t)}{dt^2}, \frac{d^2A_z(t)}{dt^2} \right) = (A_x''(t), A_y''(t), A_z''(t))$$

...

※當然，向量值函數若以二維的 xy 直角座標定義，成分只有 2 個

將向量值函數視為成分，就能將這些向量值函數當成純量函數處理。因此，向量值函數的原始函數（不定積分）也能以相同的方式定義。

向量值函數的積分與成分標記

● 當 $\mathbf{A}(t) = \dfrac{d\mathbf{B}(t)}{dt}$

$$\boxed{\int \mathbf{A}(t)\,dt = \mathbf{B}(t) + \mathbf{C}}$$

（C 是與 t 無關的常數向量）

類似積分常數的部分

● $\mathbf{A}(t) = (A_x(t), A_y(t), A_z(t))$ 的時候

$$\int \mathbf{A}(t)\,dt = \left(\int A_x(t)\,dt, \int A_y(t)\,dt, \int A_z(t)\,dt \right)$$

多變數向量值函數的偏微分也能與多變數純量函數以相同的方式定義。

多變數向量值函數的偏微分與成分標記

雙變數 u、v 的向量值函數 a(u, v) 的偏導函數為：

$$\boxed{\begin{aligned}\frac{\partial \mathbf{a}(u,v)}{\partial u} &= \lim_{\Delta u \to 0} \frac{\mathbf{a}(u+\Delta u, v) - \mathbf{a}(u, v)}{\Delta u} \\ \frac{\partial \mathbf{a}(u,v)}{\partial v} &= \lim_{\Delta v \to 0} \frac{\mathbf{a}(u, v+\Delta v) - \mathbf{a}(u, v)}{\Delta v}\end{aligned}}$$

$\mathbf{a}(u, v) = (a_x(u,v), a_y(u,v), a_z(u,v))$ 時

$$\frac{\partial \mathbf{a}(u,v)}{\partial u} = \left(\frac{\partial a_x(u,v)}{\partial u}, \frac{\partial a_y(u,v)}{\partial u}, \frac{\partial a_z(u,v)}{\partial u} \right)$$

$$\frac{\partial \mathbf{a}(u,v)}{\partial v} = \left(\frac{\partial a_x(u,v)}{\partial v}, \frac{\partial a_y(u,v)}{\partial v}, \frac{\partial a_z(u,v)}{\partial v} \right)$$

把偏導函數的定義與每個成分的標記都想成與純量函數相同即可。

🔍 位置、速度、加速度的關係

接著要介紹位置、速度、加速度的關係，讓大家了解向量值函數的應用方式。

假設有物體在平面移動，而這個位置為時間 t 的向量值函數 $r(t)$，速度、加速度可分別透過 $r(t)$ 的導函數、二次導函數定義。

位置向量為時間t的函數r(t) = (x(t), y(t)) 的時候

速度： $\mathbf{v}(t) = \dfrac{d\mathbf{r}(t)}{dt} = \left(\dfrac{dx(t)}{dt}, \dfrac{dy(t)}{dt}\right)$

※速度的大小（快慢）為
$|\mathbf{v}(t)| = \sqrt{\left(\dfrac{dx(t)}{dt}\right)^2 + \left(\dfrac{dy(t)}{dt}\right)^2}$

加速度： $\mathbf{a}(t) = \dfrac{d\mathbf{v}(t)}{dt} = \dfrac{d^2\mathbf{r}(t)}{dt^2} = \left(\dfrac{d^2x(t)}{dt^2}, \dfrac{d^2y(t)}{dt^2}\right)$

※加速度的大小為
$|\mathbf{a}(t)| = \sqrt{\left(\dfrac{d^2x(t)}{dt^2}\right)^2 + \left(\dfrac{d^2y(t)}{dt^2}\right)^2}$

使用速度或加速度即可如下分析等速率圓周運動這個經典的重要運動模式。請大家體會一下能夠同時分析方向的向量有多麼方便。

假設 xy 平面有個以原點 O 為圓心、半徑為 r 的圓周，點 P 以逆時針方向在這個圓周進行等速率圓周運動。時間 $t = 0$ 的時候，P 位於點 $(r, 0)$。

假設 P 的角速度（單位時間的旋轉角度）為 ω，而在 P 為等速率圓周運動時 ω 會是固定值，所以 P 在時間 t 的位置向量為 t 的向量值函數。

$$r(t) = (x(t), y(t)) = (r\cos\omega t, r\sin\omega t)$$

由此可知，P 的速度 $v(t)$ 與加速度 $a(t)$ 分別如下。

$$\mathbf{v}(t) = \left(\dfrac{dx(t)}{dt}, \dfrac{dy(t)}{dt}\right) = (-r\omega\sin\omega t, r\omega\cos\omega t), \quad |\mathbf{v}(t)| = r\omega$$

$$\mathbf{a}(t) = \left(\dfrac{d^2x(t)}{dt^2}, \dfrac{d^2y(t)}{dt^2}\right) = (-r\omega^2\cos\omega t, -r\omega^2\sin\omega t)$$

$$= -\omega^2(r\cos\omega t, r\sin\omega t) = -\omega^2\mathbf{r}(t), \quad |\mathbf{a}(t)| = r\omega^2$$

根據計算結果繪圖，可以發現 $v(t)$ 的方向為 P 的切線方向，$r(t)$ 與 $v(t)$ 是垂直，而且 $a(t)$ 與 $r(t)$ 的方向相反，$a(t)$ 的方向朝向圓心。

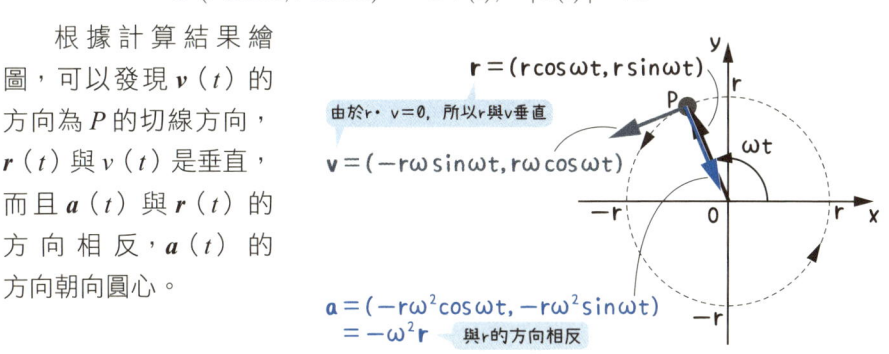

$\mathbf{r} = (r\cos\omega t, r\sin\omega t)$

由於 r・v＝0，所以r與v垂直

$\mathbf{v} = (-r\omega\sin\omega t, r\omega\cos\omega t)$

$\mathbf{a} = (-r\omega^2\cos\omega t, -r\omega^2\sin\omega t)$
$= -\omega^2\mathbf{r}$　　與r的方向相反

5-3 指出最陡急之處的向量 ～梯度（grad）～

接下來要在「場」這個舞台說明「梯度」「散度」「旋轉」這類新概念。在這些概念中，梯度相對容易理解，但我們須要了解向量場或純量場。接下來會依序說明，還請大家一步步跟著學習囉。

🔍 純量與場向量場

假設純量函數（一個數值）Φ 與空間的各點 $P(x, y, z)$ 對應時，$\Phi(x, y, z)$ 稱為**純量場**。比方說，溫度是純量，所以各地觀測所得的溫度就是純量場。

另一方向，當向量值函數 F 與點 P 對應，$F(x, y, z)$ 稱為**向量場**。比方說，各地的風向・風速可代表風的方向與速度這類向量，所以是向量場。

【純量場範例】
- 氣溫（下圖）
- 氣壓
- 海水或大氣中的鹽分濃度
- 電位　　　　　　　　　等

【向量場範例】
- 風向與風速（下圖）
- 地殼變動（地殼的位置變動）
- 地磁場（地球的磁場）
- 電場　　　　　　　　　等

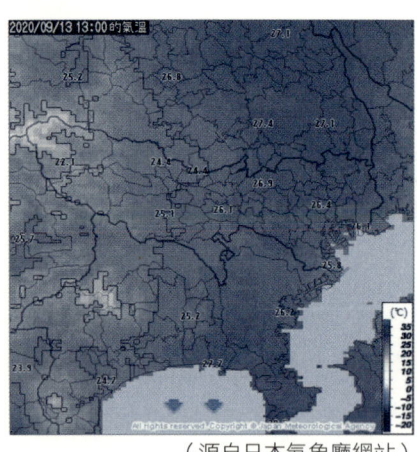

（源自日本氣象廳網站）　　　　　　（源自日本氣象廳網站）

🔍 何謂梯度（gradient）

取得純量場 $h(x, y, z)$ 之後，以下列式子定義的向量場 $\text{grad } h$ 稱為 h 的梯度。

純量場 $h(x, y, z)$ 的梯度（gradient）：

$$\text{grad } h(x, y, z) = \left(\frac{\partial h(x, y, z)}{\partial x}, \frac{\partial h(x, y, z)}{\partial y}, \frac{\partial h(x, y, z)}{\partial z} \right)$$

梯度 $\text{grad } h(x, y, z)$ 為向量場

此外，思考 ∇（向量微分運算子，nabla）這種形式向量與純量場 $h(x, y, z)$ 的「積」，梯度可如下表示。

向量微分運算子：

$$\nabla \equiv \left(\frac{\partial}{\partial x}, \frac{\partial}{\partial y}, \frac{\partial}{\partial z} \right)$$

∇ 是進行「微分」運算的符號。這種代表某種運算的符號稱為「運算子」，而 ∇ 是微分運算子的一種。

若以向量微分運算子（∇）表示梯度 grad，可得到下列的結果。

$$\text{grad } h(x, y, z) = \underline{\nabla h(x, y, z)} = \left(\frac{\partial}{\partial x}, \frac{\partial}{\partial y}, \frac{\partial}{\partial z} \right) h$$

∇與h的積

於梯度運算得到的**向量場 $\text{grad } h(x, y, z)$ 代表純量場 $h(x, y, z)$ 增加幅度最大的方向**。

為了方便說明，在此以二維座標為例。假設在地點 $P(x, y)$ 的標高為 x、y 的函數 $h(x, y)$。$h(x, y)$ 為純量函數，而 $\text{grad } h(x, y)$ 可以給予點 $P(x, y)$ 的斜率為最大（梯度為最大）的方向的向量。$\text{grad } h(x, y)$ 的大小就代表這個梯度（於 xy 平面移動單位距離時標高 h 的變化）。

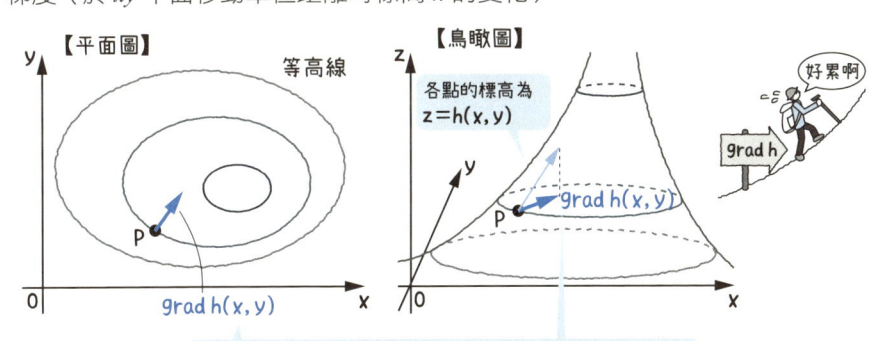

【平面圖】 等高線

【鳥瞰圖】 各點的標高為 $z = h(x, y)$

好累啊 grad h

$\text{grad } h(x, y)$ 代表點P最大斜度的方向
※ $\text{grad } h(x, y)$ 是 xy 平面上的向量（場），實際登山方向為圖中的箭頭方向

🔍 從算式思考梯度的意義

接著讓我們透過算式說明 grad h（x, y）。給予點 P（x, y）為起點，同時斜率為最大（梯度為最大）的方向的向量吧。

h（x,y）的全微分（參考 4-2 節）如下。

$$dh = \frac{\partial h}{\partial x}dx + \frac{\partial h}{\partial y}dy \quad (dx, dy \text{ 為 } x \cdot y \text{ 方向的微幅變位})$$

此時若使用代表微幅變化的向量 $dr = (dx, dy)$ 與 $\text{grad } h(x, y) = \left(\frac{\partial h}{\partial x}, \frac{\partial h}{\partial y}\right)$

$$dh = \frac{\partial h}{\partial x}dx + \frac{\partial h}{\partial y}dy = (\text{grad } h(x, y)) \cdot dr$$

換言之，標高 h 的微幅變位可利用梯度向量 grad h（x, y）與 dr 的內積表示。此外，若將梯度向量 grad h（x, y）與 dr 的夾角設定為 θ，可以得到下列的結果。

$dh = (\text{grad } h(x, y)) \cdot dr = |\text{grad } h(x, y)| \cdot |dr|\cos\theta$

因此，從點 P 的標高變化 dh 到達最大值的方向為 $\cos\theta = 1$（$\theta = 0$）的方向，也就是 dr 的方向與 grad h（x,y）的方向一致的情況。

此外，沿著等高線（沿著等高線的切線方向）移動時，標高當然不會變化，所以 $dh = 0$，此時 $\cos\theta = 0$（$\theta = \pi/2$）。因此等高線的切線方向與梯度向量 grad h（x,y）垂直。

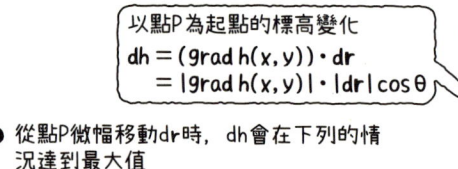

● 從點P微幅移動dr時，dh會在下列的情況達到最大值

　　$\cos\theta = 1 \Rightarrow \theta = 0$
　⇒ grad h(x,y) 與 dr 的方向相同時
　⇒ grad h(x,y) 的方向為標高變化幅度最大的方向

● 從點P沿著等高線移動時
　（dr等於等高線的切線方向）
　標高不會變化，所以dh＝0

　⇒ $\cos\theta = 0 \Rightarrow \theta = \frac{\pi}{2}$
　⇒ grad h(x,y) 與 dr 垂直
　⇒ grad h(x,y) 的方向與等高線垂直

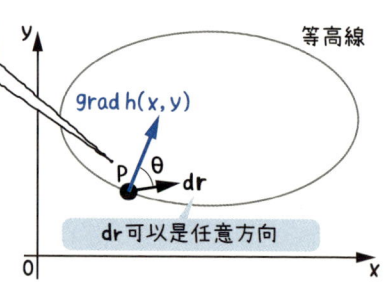

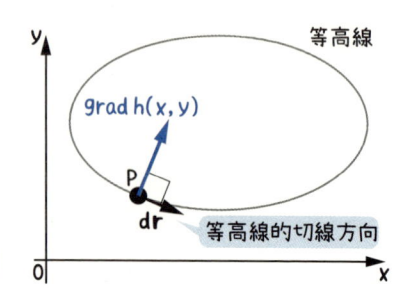

以點P為起點的標高變化
dh ＝ (grad h(x,y))・dr
　 ＝ |grad h(x,y)|・|dr|cosθ

dr可以是任意方向

等高線的切線方向

5-4 代表湧出與吸入的純量 ～散度（div）～

一如噴泉或排水口那樣，用來描述水湧出或吸入強度的量為散度。散度是將向量場轉換成純量場的運算，而這種運算方向可透過流水的感覺來理解。

🔍 何為散度（divergence）

取得向量場 $F(x,y,z)$ 之後，以下列式子定義的純量場 div F 稱為 F 的散度。

向量場F(x, y, z)的散度（divergence）：

當 $F(x,y,z) = (F_x(x,y,z), F_y(x,y,z), F_z(x,y,z))$

$$\text{div} F(x, y, z) = \frac{\partial F_x(x, y, z)}{\partial x} + \frac{\partial F_y(x, y, z)}{\partial y} + \frac{\partial F_z(x, y, z)}{\partial z}$$

散度div F(x, y, z)為純量場

此外，若以向量微分運算子（∇）整理，可得到下列的結果

$$\text{div} F(x, y, z) = \underline{\nabla \cdot F(x, y, z)} = \left(\frac{\partial}{\partial x}, \frac{\partial}{\partial y}, \frac{\partial}{\partial z}\right) \cdot (F_x, F_y, F_z)$$

∇與F的內積

可從 5-1 節介紹的內積成分標示確認喔。

散度可代表湧出與吸入的程度。讓我們透過水在右側的水槽循環的樣子思考散度的意思。

水槽的每個點都能定義水流（方向與大小）的向量場。在這個向量場的散度代表水於水槽內部各點湧出或吸入的程度。假設水槽內部的水量固定，水的流入量與流出量會相等。假設流入處的散度為正值，流出處的散度為負值，兩者的絕對值會相等。

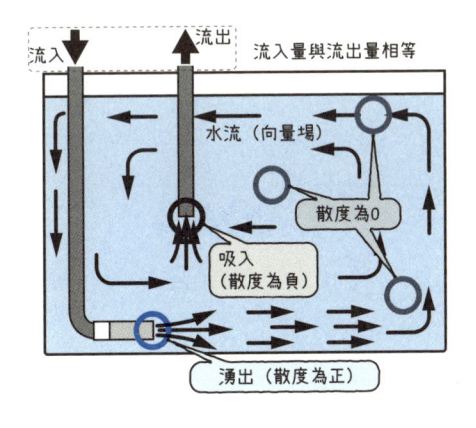

此外，如果水不可壓縮，那麼在湧出口與吸入口以外的點不會出現湧出或吸入的現象（湧出與吸入的力量相等），所以散度為 0。

🔍 從算式思考散度的意義

接著說明用向量場 F 的散度 div F 來描述湧出與吸入這件事。

為了方便說明,讓我們用二維來思考。假設在 xy 平面上有一個流動的向量場 $F(x, y) = (Fx(x, y), Fy(x, y))$,而這個 xy 平面上有個邊長分別為 Δx 與 Δy 的小長方形。由於 Δy 非常小,所以從 y 方向的邊攔腰截斷,往 x 方向流入的量可以設定為 $F_x(x, y)\Delta y$,流出的量為 $F_x(x + \Delta x, y)\Delta y$。由此可知,從長方向內部往 x 方向湧出的量(流出量與流入量的差)近似於 $F_x(x + \Delta x, y)\Delta y - F_x(x, y)\Delta y$。而且,$\Delta x$ 也非常小,所以在 Δx、Δy 趨近於 0 的極限裡,湧出量可利用 F_x 的偏導函數表示。

若以相同邏輯思考 y 方向的湧出量,長方形單位面積的湧出量即為 $div\, F$。

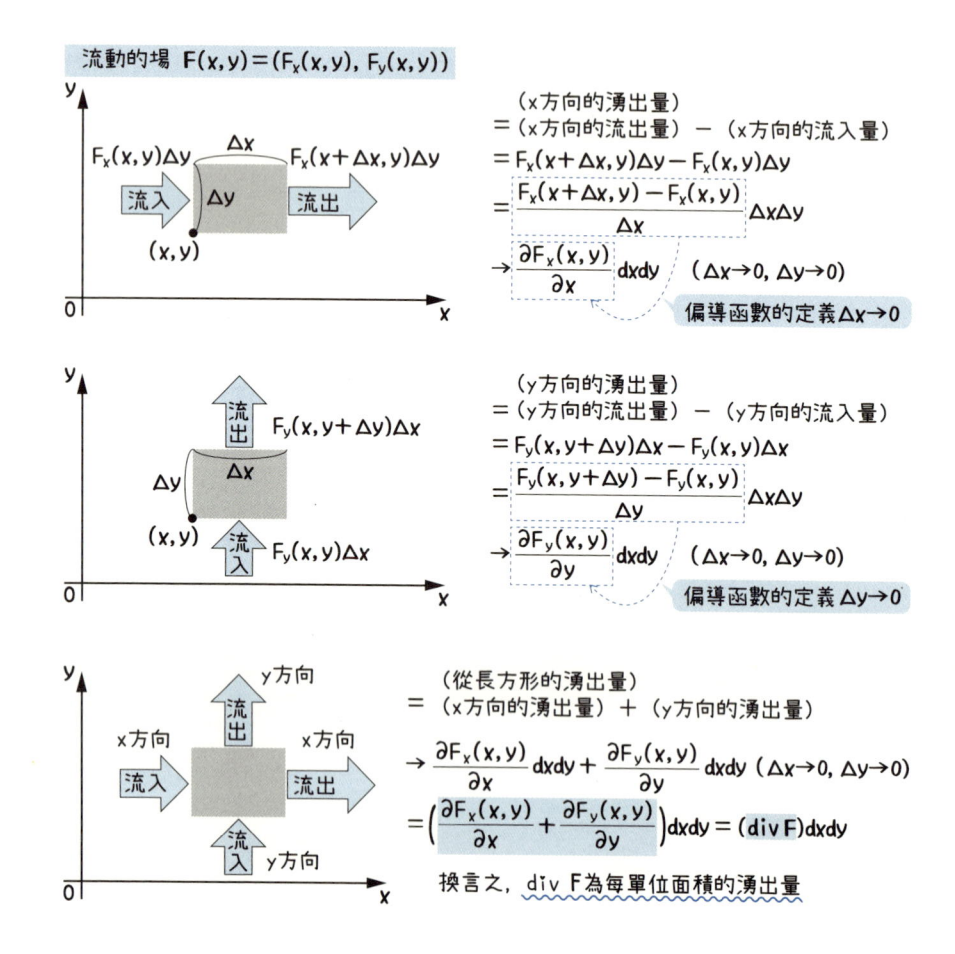

流動的場 $F(x,y) = (F_x(x,y), F_y(x,y))$

(x方向的湧出量)
= (x方向的流出量) − (x方向的流入量)
= $F_x(x+\Delta x, y)\Delta y - F_x(x, y)\Delta y$
= $\dfrac{F_x(x+\Delta x, y) - F_x(x, y)}{\Delta x}\Delta x \Delta y$
→ $\dfrac{\partial F_x(x, y)}{\partial x}dxdy$ ($\Delta x \to 0, \Delta y \to 0$)

偏導函數的定義 $\Delta x \to 0$

(y方向的湧出量)
= (y方向的流出量) − (y方向的流入量)
= $F_y(x, y+\Delta y)\Delta x - F_y(x, y)\Delta x$
= $\dfrac{F_y(x, y+\Delta y) - F_y(x, y)}{\Delta y}\Delta x \Delta y$
→ $\dfrac{\partial F_y(x, y)}{\partial y}dxdy$ ($\Delta x \to 0, \Delta y \to 0$)

偏導函數的定義 $\Delta y \to 0$

(從長方形的湧出量)
= (x方向的湧出量) + (y方向的湧出量)
→ $\dfrac{\partial F_x(x,y)}{\partial x}dxdy + \dfrac{\partial F_y(x,y)}{\partial y}dxdy$ ($\Delta x \to 0, \Delta y \to 0$)
= $\left(\dfrac{\partial F_x(x,y)}{\partial x} + \dfrac{\partial F_y(x,y)}{\partial y}\right)dxdy = (div\, F)dxdy$

換言之,div F 為每單位面積的湧出量

🔍 二維與三維的散度示意圖

三維也可以套用散度的概念。三維的 div F 代表每單位體積的湧出量。
此外,可根據 div F 的正負進行下列分類。

- 湧出淨量為 div $F > 0$
- 吸入淨量為 div $F < 0$
- 未湧出也未吸入的時候是 div $F = 0$

div F 的正負	div $F > 0$	div $F < 0$	div $F = 0$
狀態	湧出淨量 (流出量)>(流入量)	吸入淨量 (流出量)<(流入量)	無湧出無吸入 (流出量)=(流入量)
二維示意圖			
三維示意圖			

🔍 拉普拉斯算子

拉普拉斯算子是給予「純量函數的梯度的散度」的運算子,也就是將純量場轉換成純量場的運算子。分析靜電場或熱傳導的帕松方程式或拉普拉斯方程式、描述波的傳遞方式的波動方程式都會用到這個運算子。

拉普拉斯運算子

$$\Delta \equiv \nabla \cdot \nabla = \left(\frac{\partial}{\partial x}, \frac{\partial}{\partial y}, \frac{\partial}{\partial z}\right) \cdot \left(\frac{\partial}{\partial x}, \frac{\partial}{\partial y}, \frac{\partial}{\partial z}\right) = \frac{\partial^2}{\partial x^2} + \frac{\partial^2}{\partial y^2} + \frac{\partial^2}{\partial z^2}$$

∇與∇的內積

- 具體來說,在純量函數 φ 中使用拉普拉斯運算子之後

$$\Delta \phi = \nabla \cdot \nabla \phi = \nabla \cdot (\nabla \phi) = \text{div}(\text{grad} \phi)$$
$$= \frac{\partial^2 \phi}{\partial x^2} + \frac{\partial^2 \phi}{\partial y^2} + \frac{\partial^2 \phi}{\partial z^2}$$

φ 的梯度(gradφ)的散度
⇒∇φ(gradφ)與∇的內積

- 由於是∇與∇的內積,所以也可以寫成「∇^2」。

要注意的是,一般的向量沒有這種標記方式!
※比方說,沒有向量a的「平方」(大小的平方為 $|a|^2$)

5-5 描述超小型水車旋轉作用的向量 ～旋轉（rot）～

在梯度、散度、旋轉這三者中，最難理解的莫過於旋轉。說明旋轉的式子有點複雜，光看其形可能很難理解意義。透過被流水驅動的水車這類物理現象，或許可以更快了解旋轉的原理。

🔍 何謂旋轉（rotation）

取得向量場 $F(x, y, z)$ 的時候，以下列式子定義的向量場 rot F 稱為 F 的旋轉。

向量場 F(x, y, z) 的旋轉（rotation）：

當 $F(x,y,z) = (F_x(x,y,z), F_y(x,y,z), F_z(x,y,z))$

$$\text{rot } F(x,y,z) = \left(\frac{\partial F_z}{\partial y} - \frac{\partial F_y}{\partial z}, \frac{\partial F_x}{\partial z} - \frac{\partial F_z}{\partial x}, \frac{\partial F_y}{\partial x} - \frac{\partial F_x}{\partial y}\right)$$

旋轉 rot F(x, y, z) 為向量場

此外，若以向量微分運算子（∇）整理，可得到下列的結果。

$$\text{rot } F(x,y,z) = \underline{\nabla \times F(x,y,z)} = \left(\frac{\partial}{\partial x}, \frac{\partial}{\partial y}, \frac{\partial}{\partial z}\right) \times (F_x, F_y, F_z)$$

∇ 與 F 的外積

可根據 5-1 節介紹的外積的成分標記方式確認喔。

旋轉 rot F 用水槽內有個水流的向量場 $F(x, y, z)$ 來想時，可以用小型水車在這個向量場旋轉的強度與方向說明。

當水車由向量場 F 的水流驅動與旋轉，水車的旋轉軸與水車的旋轉面會直交，此時旋轉的方向為右旋時，右旋的前進方向可設定為 rot F 的方向。此外，rot F 的大小與旋轉的速度（水車的角速度）對應，rot F 越大，角速度愈大、旋轉的強度越強。

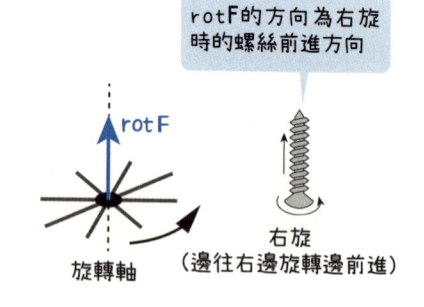

rot F 的方向為右旋時的螺絲前進方向

旋轉軸　　右旋（邊往右邊旋轉邊前進）

🔍 從式子思考旋轉的意義

接著說明向量場 F 的旋轉 rot F 描述旋轉的強度與方向是什麼意思。

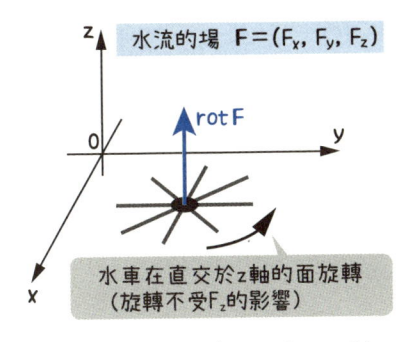

為了方便說明，在此將水車的軸設定朝向 z 方向。這個水車不會受到水流 F 的 z 成分影響，所以讓我們關注 F 的 x 成分與 y 成分就好，接著再將水車的半徑設定為 r，水車的圓心設定為 $(x+r, y+r, z)$，而且水車是往逆時鐘方向旋轉，再者，設定 $F(x, y, z) = (Fx(x, y, z), Fy(x, y, z), Fz(x, y, z))$。

首先讓我們著眼於往 x 方向流動的水流。關注水車的 y 方向（左右）時，左端的水流為 $Fx(x+r, y, z)$，右端的水流為 $Fx(x+r, y+2r, z)$。因此，x 方向的水流會造成水車左右兩端的流速差，而這個流速差會造成水車旋轉（逆時針旋轉），此時旋轉的強度會與 $\dfrac{F_x(x+r, y, z) - F_x(x+r, y+2r, z)}{r}$ 近似。在水車半徑趨近於 0 的極限之中，這個現象可利用 Fx 的偏導函數說明。

以相同過程思考 y 方向的水流造成的旋轉強度，就可以發現旋轉的強度與 rot F 的 z 成分相當。

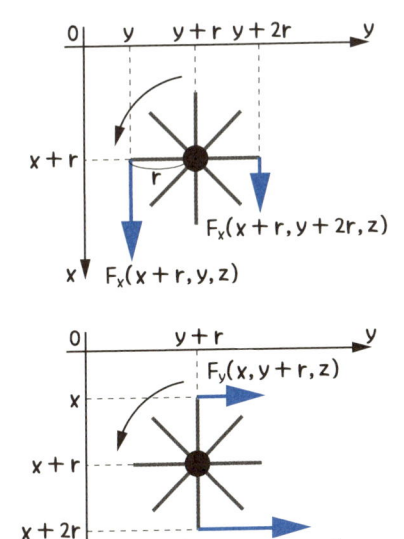

（x 方向的流動造成的旋轉強度）
$= \dfrac{（x方向的流動的左右端差距）}{（y方向的寬度）}$
$= \dfrac{F_x(x+r, y, z) - F_x(x+r, y+2r, z)}{2r}$
$\rightarrow -\dfrac{\partial F_x}{\partial y}$ （$r \rightarrow 0$）

$2r = h$（$h \rightarrow 0$）的前提使用偏導函數的定義

（y 方向的流動造成的旋轉強度）
$= \dfrac{（y方向的流動的左右端差距）}{（x方向的寬度）}$
$= \dfrac{F_y(x+2r, y+r, z) - F_y(x, y+r, z)}{2r}$
$\rightarrow \dfrac{\partial F_y}{\partial x}$ （$r \rightarrow 0$）

（旋轉強度的總和）$= \dfrac{\partial F_y}{\partial x} - \dfrac{\partial F_x}{\partial y}$ rot F 的 z 成分

5-6 結果是純量～向量值函數的線積分、面積分～

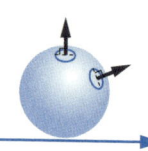

4-6 節介紹的線積分或面積分也可以用來定義向量值函數。向量值函數的線積分或面積分是對內積積分，所以會得到純量。5-7 節說明的向量分析的重要定理也會以這裡的線積分或面積分說明，所以請大家務必了解這節的說明。

🔍 向量值函數的線積分

沿著曲線對向量值函數進行線積分所得到的值，就是向量值函數與曲線在切線方向的向量內積之後的結果，也就是**純量**。

沿著向量值函數f(x, y, z)的曲線C的線積分：

$$\int_C \mathbf{f}(x, y, z) \cdot d\mathbf{r}$$

f(x,y,z) 與dr的內積 ⇒ 線積分為純量

- r為曲線C上的點的位置向量，
  dr為曲線C的切線方向的向量

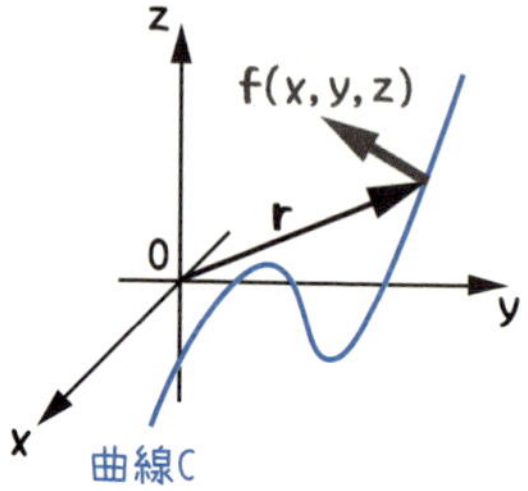

- 將內積改成成分標記的格式，會得到
  $\mathbf{f} = (f_x, f_y, f_z)$, $d\mathbf{r} = (dx, dy, dz)$
  換句話說
  $$\int_C \mathbf{f}(x, y, z) \cdot d\mathbf{r} = \int_C (f_x dx + f_y dy + f_z dz)$$
  每個成分的線積分的總和

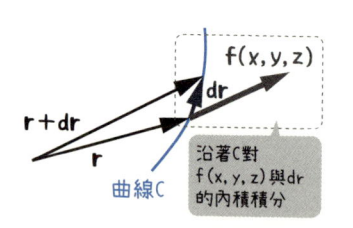

沿著C對 f(x, y, z) 與dr 的內積積分

🔍 以弧長變數對向量值函數進行線積分

當曲線 C 上的點的位置向量以弧長變數這個媒介變數 s 寫成

$\mathbf{r} = (x(s), y(s), z(s))$

並且將 C 的切線方向的單位向量設定為 t，線積分就會迴歸至以 s 針對純量函數進行的積分。

> 弧長變數就是從 $s = 0$ 的點沿著曲線出發，當長度為 s，要以 $(x(s), y(s), z(s))$ 標記該點座標所需的媒介變數。

曲線C上的點的位置向量若以弧長變數s寫成
r＝(x(s),y(s),z(s))之後

dr＝tds（t：C的切線方向量單位向量，也就是 $t = \dfrac{dr}{ds}$）

線積分為

$$\int_C f(x,y,z) \cdot dr = \int_C f(x,y,z) \cdot t\,ds = \int_C f(x,y,z) \cdot \dfrac{dr}{ds}\,ds$$

純量函數f．t以s積分（4-6節介紹的與線元素有關的線積分）
※ds（線元素，亦即極短的曲線）為純量

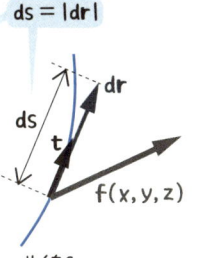

$ds = |dr|$

曲線C

🔍 對向量值函數進行線積分的曲線的方向（路徑）

對向量值函數進行線積分時，須要對曲線指定方向，這條帶有方向的曲線稱為**路徑**。比方說，要對下列這種點 A 到點 B 的曲線進行線積分時，必須區分這條曲線是從 A 到 B 的路徑 C_{AB} 還是從 B 到 A 的路徑 C_{BA}。如果方向相反，切線向量的方向就會相反，**積分值的符號也就會反轉**。

沿著路徑C_{AB}與路徑C_{BA}對向量函數f(x,y,z)進行線積分的關係：

$$\int_{C_{AB}} f(x,y,z) \cdot dr = -\int_{C_{BA}} f(x,y,z) \cdot dr$$

將右邊的式子移至左邊之後

$$\int_{C_{AB}} f(x,y,z) \cdot dr + \int_{C_{BA}} f(x,y,z) \cdot dr = 0$$

※沿著曲線進行線積分再沿原路進行線積分，等於沒有進行線積分

沿著原路折返，dr的方向就會相反，所以內積f・dr的符號也會相反

路徑C_{AB}　　　　　路徑C_{BA}

🔍 沿著封閉曲線進行的線積分

在線積分之中，沿著封閉曲線走完一圈的線積分會以符號 $\oint$（integral $\int$ 加上○）標記。

如果封閉曲線的積分路徑帶有方向，反向路徑的線積分就會是相反的符號。

沿著封閉曲線進行的線積分除了在斯托克斯定理出現，也常使用於 5-7 節介紹的馬克士威方程組這類物理學或工程學中。

沿著向量值函數f(x, y, z)的封閉曲線C進行的線積分：

$$\oint_C f(x,y,z) \cdot dr$$

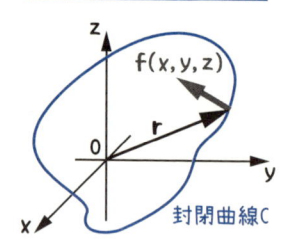

封閉曲線C

🔍 向量值函數的面積分

順著曲面對向量值函數進行面積分的值就是向量值函數與曲面上面的微幅平面的垂直向量（微幅平面的法線方向的向量）的內積總和，所以是**純量**。此外，與「微幅平面垂直的向量」可如下稱為「面積向量」。

沿著向量值函數f (x, y, z)的曲面D進行的面積分：

$$\iint_D f(x,y,z) \cdot dS$$

f(x, y, z) 與 dS的內積 ⇒ 面積分為純量

- dS是與曲面D的微幅平面垂直的向量〔曲面D的法線向量（面積向量）〕，|dS|為微幅平面的面積

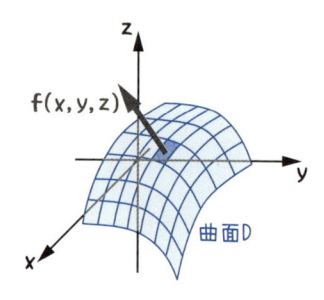

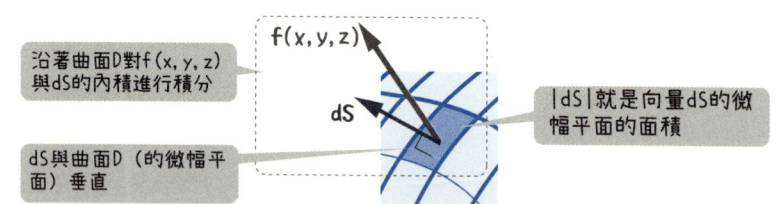

沿著曲面D對f(x, y, z) 與dS的內積進行積分

dS與曲面D（的微幅平面）垂直

|dS|就是向量dS的微幅平面的面積

- 與dS方向相同的單位向量（單位法線向量）若為n，$dS = n|dS| = ndS$（$|dS| = dS$），所以可得到下列結果

$$\iint_D f(x,y,z) \cdot dS = \iint_D f(x,y,z) \cdot ndS$$

以S對純量函數f・n進行積分（4-6節介紹的面積分）
※dS（曲面的微幅面積）為純量

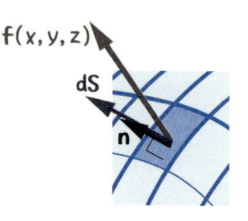

🔍 面積向量的方向

在此補充面積向量的方向的重要說明。

剛剛提過,面積向量的方向就是「微幅平面的法線方向」,但其實面的「法線方向」如右圖所示,總共有兩種。從面積分的定義來看,面積向量的方向會決定積分值的符號,所以面積向量的方向非常重要。

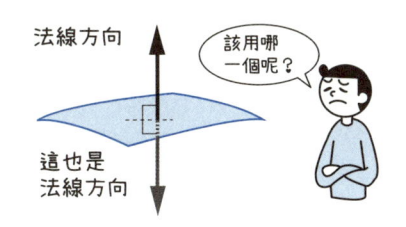

面積向量的方向通常如下定義。

- 如下圖(a)所示,微幅平面若位於有外圍(被封閉曲線圍住)曲線的曲面上,而且沿著微幅平面的外圍右旋時,將右旋的前進方向視為這個微幅面積的面積向量的方向。
- 假設微幅平面落在如下圖(b)的球體的封閉曲線上,將封閉曲線內部到外部的方向設定為該微幅平面的面積向量的方向。

(a)有外圍曲線的曲面:在微幅平面的外圍方向為右旋時,將右旋的前進方向視為面積向量

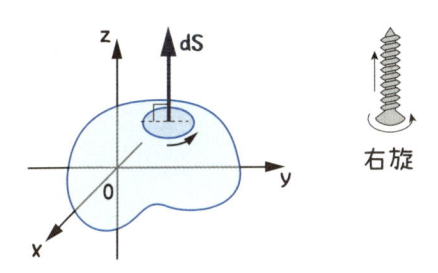

(b)封閉曲面:從封閉曲面的內部到外部的方向

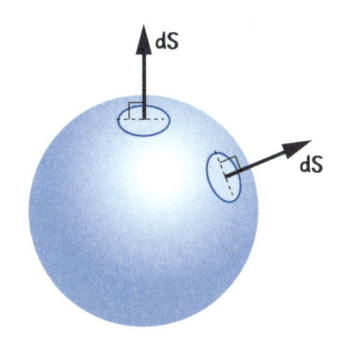

5-7 向量分析的集大成～斯托克斯定理、高斯定理～

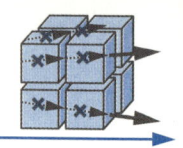

接下來要介紹在向量分析之中最重要，而且是集大成的斯托克斯定理、高斯定理與格林定理。這些都是讓向量分析得以在電磁學或其他領域應用，實用價值極高的定理。

🔍 斯托克斯定理

在空間內的封閉曲線 C 圍成的曲面 S 之中，向量值函數 $f(x, y, z)$ 若可以微分，則下列的斯托克斯定理會成立。

斯托克斯定理： $\iint_S \mathrm{rot} \, \mathbf{f} \cdot \mathbf{n} dS = \oint_C \mathbf{f} \cdot \mathbf{t} ds$ $\left(\iint_S \mathrm{rot} \, \mathbf{f} \cdot d\mathbf{S} = \oint_C \mathbf{f} \cdot d\mathbf{r} \right)$

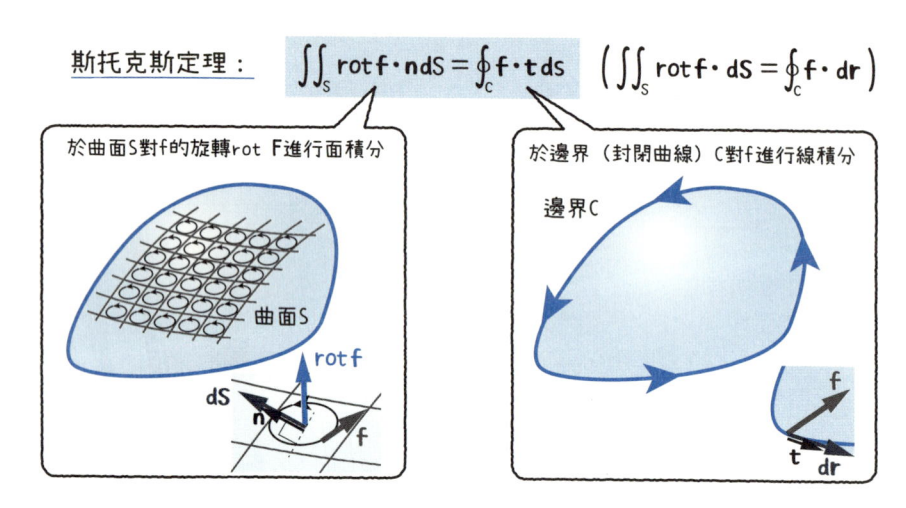

於曲面S對f的旋轉rot F進行面積分

於邊界（封閉曲線）C對f進行線積分

請注意斯托克斯定理左邊的面積分。將區域分割成面積向量 $d\mathbf{S} = \mathbf{n}dS$ 這種微幅區域，再相加各微幅區域的 $\mathrm{rot} \, \mathbf{f} \cdot d\mathbf{S} = \mathrm{rot} \, \mathbf{f} \cdot \mathbf{n}dS$，就會是面積分 $\iint_S \mathrm{rot} \, \mathbf{f} \cdot \mathbf{n}dS$。若關注相鄰的微幅區域的邊界，此時沿著這條邊界的向量的大小會相同，但是方向會相反，兩相抵銷之下等於 0，所以會只剩下外圍部分。

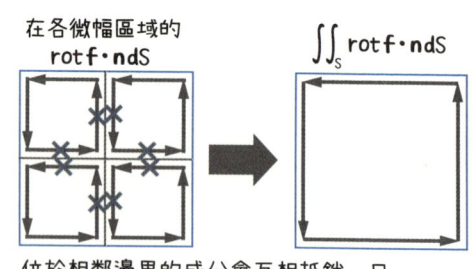

在各微幅區域的 rot f·ndS

位於相鄰邊界的成分會互相抵銷，只剩下外圍部分。

因此，左邊與右邊才會相等。像這樣**讓旋轉的面積分與線積分結合的定理就是斯托克斯定理**。

🔍 高斯定理

在空間的封閉曲面 S 圍成的區域 V 之中,若向量值函數 $f(x, y, z)$ 可微分,則下列的高斯定理成立。

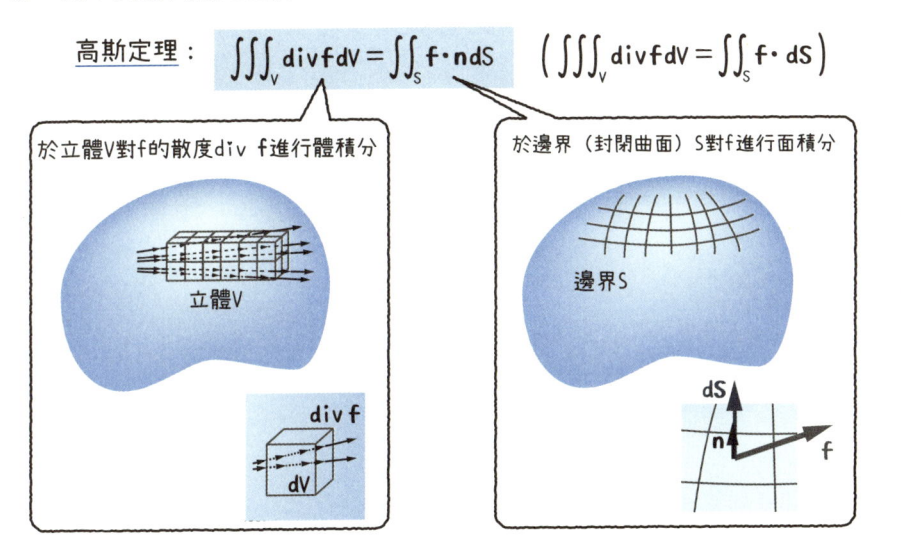

高斯定理: $\iiint_V \text{div} f dV = \iint_S f \cdot n dS$ $\left(\iiint_V \text{div} f dV = \iint_S f \cdot dS \right)$

- 於立體V對f的散度div f進行體積分
- 於邊界(封閉曲面)S對f進行面積分

請大家關注高斯定理左邊的體積分。將區域 V 分割成體積 dV 的微幅區域,再相加各微幅區域的 $\text{div} f dV$,就是體積分 $\iiint_V \text{div} f dV$。將注意力轉移到相鄰的微幅區域,會發現於微幅區域的流出就是於相鄰區域的流入,兩相抵銷之後等於 0。最終只剩下外面部分。

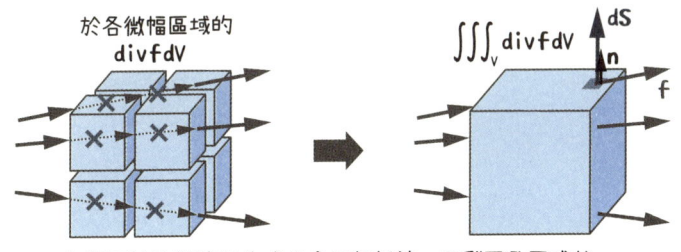

相鄰面流入與流出的成分會互相抵銷,只剩下外面成分。

所以左邊與右邊才會相等。像這樣讓**散度的體積分與面積分結合的定理**就是高斯定理。

🔍 格林定理

在高斯定理中，向量值函數 f 使用純量函數 Φ 與 φ 寫成下列式子時，
$$f = \Phi \nabla \varphi = \Phi(\text{grad }\varphi)$$
可得到下列 2 個式子。這兩個式子就稱為**格林定理**。

拉普拉斯運算子（$=\nabla\cdot\nabla$）　　　封閉曲線S的法線方向的微分係數

格林定理：
$$\iiint_V (\Phi \nabla^2 \psi + \nabla\Phi \cdot \nabla\psi)\, dV = \iint_S \Phi \frac{\partial \psi}{\partial n}\, dS$$

$$\iiint_V (\Phi \nabla^2 \psi - \psi \nabla^2 \Phi)\, dV = \iint_S \left(\Phi \frac{\partial \psi}{\partial n} - \psi \frac{\partial \Phi}{\partial n}\right) dS$$

※下方的式子可在上方式子與上方式子的 Φ 與 φ 對調之後的式子的差求出。

格林定理是從高斯定理導出的定理，所以積分區域就是右圖這種三維空間中的立體 V 與該立體表面（封閉曲面）的邊界 S。

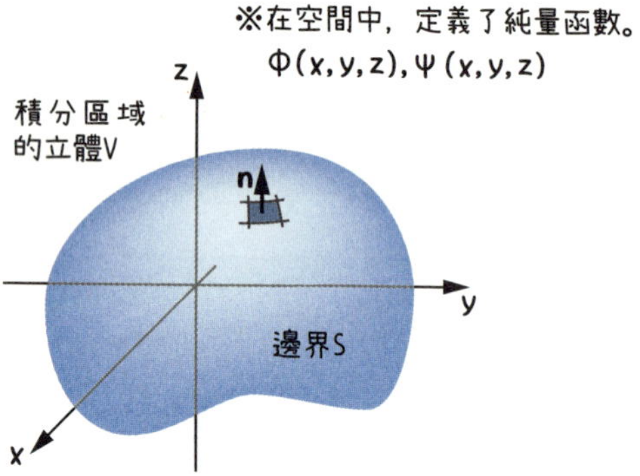

此外，純量函數的 n 微分、$\frac{\partial \phi}{\partial n}$ 或 $\frac{\partial \psi}{\partial n}$ 雖然出現在格林定理的式子中，但這些是位於 S 的向外法線向量 n 方向的微分係數。

※在空間中，定義了純量函數。
$\Phi(x,y,z), \Psi(x,y,z)$

積分區域的立體V

邊界S

當 n 軸落在法線向量 n 方向，Φ 或 φ 為純量函數，所以會如下圖所示，以座標平面說明 n 方向的距離與 Φ、φ 的值，也就是在該 S 表面部分的微分係數。要注意的是，n 軸的正值方向為封閉曲線朝外的方向。

【用來說明 Φ 沿著n軸變化的圖形】

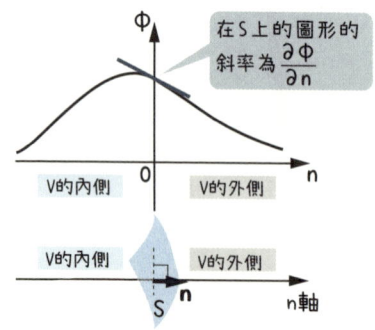

在S上的圖形的斜率為 $\frac{\partial \phi}{\partial n}$

V的內側　V的外側

V的內側　V的外側

※以算式描述法線方向的微分係數可以得到下列式子

$$\frac{\partial \Phi}{\partial n} = (\nabla \Phi) \cdot n = |\nabla \Phi| \cos\theta$$

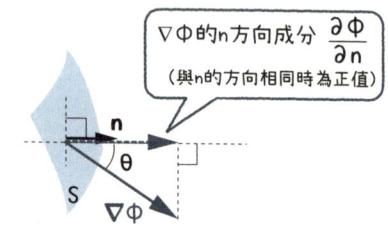

$\nabla\Phi$ 的n方向成分 $\frac{\partial \Phi}{\partial n}$
（與n的方向相同時為正值）

🔍 馬克士威方程組

電磁學基礎方程式的馬克士威方程組是向量值函數的重要應用之一。

馬克士威方程組共由四個方程式組成。如果將範圍限縮至真空中的電磁場,電場向量與磁力線密度向量的旋轉與散度會出現在微分的式子中,與高斯定理或斯托克斯定理相似的式子會出現於積分的式子中。實際上,在微分的式子使用高斯定理或斯托克斯定理可以得到積分的式子(反之亦然)。

再者,雖然與馬克士威方程組無關,但格林定理常用來解開帕松方程式 $\Delta \phi = -\dfrac{\rho}{\varepsilon_0}$($\Phi$:電位、$\rho$:電荷密度、$\varepsilon_0$:真空電容率),而帕松方程式則是與靜電場電位量有關的基礎方程式。

由此可知,向量解析是奠定電磁學數學基礎的重要領域。

馬克士威方程組

	微分形	積分形
高斯定律 (電場)	$\varepsilon_0 \nabla \cdot \boldsymbol{E} = \rho$	$\varepsilon_0 \iint_S \boldsymbol{E} \cdot \boldsymbol{n} dS = \iiint_V \rho dV$ 高斯定理
高斯定律 (磁場)	$\nabla \cdot \boldsymbol{B} = 0$	$\iint_S \boldsymbol{B} \cdot \boldsymbol{n} dS = 0$ 高斯定理
電磁感應定律	$\nabla \times \boldsymbol{E} = -\dfrac{\partial \boldsymbol{B}}{\partial t}$	$\oint_C \boldsymbol{E} \cdot \boldsymbol{t} ds = -\iint_S \dfrac{\partial \boldsymbol{B}}{\partial t} \cdot \boldsymbol{n} dS$ 斯托克斯定理
安培環路定律	$\nabla \times \boldsymbol{B} = \mu_0 \left(\boldsymbol{j} + \varepsilon_0 \dfrac{\partial \boldsymbol{E}}{\partial t} \right)$	$\oint_C \boldsymbol{B} \cdot \boldsymbol{t} ds = \mu_0 \iint_S \left(\boldsymbol{j} + \varepsilon_0 \dfrac{\partial \boldsymbol{E}}{\partial t} \right) \cdot \boldsymbol{n} dS$ 斯托克斯定理

E:電場向量　　　　　　ε_0:真空電容率　　　ρ:電荷密度
B:磁力線密度向量　　　μ_0:磁導率　　　　　j:電流密度向量

Column

◈ 從安培環路定律了解向量的旋轉 ◈

5-5 節介紹了向量的旋轉，而相關的式子乍看之下，似乎不太容易了解。與水車旋轉的角速度連結，雖然可以了解「旋轉」這個名稱的意思，但如果能透過與旋轉有關的範例說明，應該能夠進一步加深理解，所以接下來要以電磁學的安培環路定律思考向量的旋轉究竟有何意義。

安培環路定律可用來說明電流形成的磁場，比方說，當電流 I 呈直線流過，周邊會出現旋轉的（迴圈狀的）磁場 H，而安培環路定律指出，在距離電流 r 的位置，也就是半徑為 r 的圓周上的磁場大小為 $H = \dfrac{I}{2\pi r}$。在這個圓周上的磁場的大小是固定的。

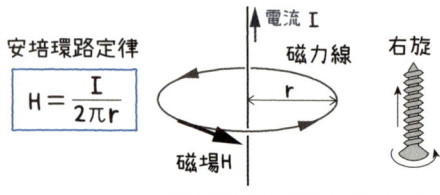

整理這個安培環路定律的式子之後，可以得到 $2\pi rH = I$。這個式子的左邊 $2\pi rH$ 就是沿著上圖圓形對磁場大小 H 進行積分的結果（也就是線積分）。由此可知，安培環路定律的式子可整理成下列形態。

$$\oint_C H ds = I \quad (\text{路徑 } C \text{ 為半徑 } r \text{ 的圓周})$$

若擴張這個式子，可以得到安培環路定律的積分形態。

除了流線細長導線的電流之外，為了能夠處理電漿這種帶電流體，必須思考通過某個面積 S 的電流。這個電流就是對於流經面積 S 單位面積的電流（在此假設電流密度為 j）進行面積分的結果。此外，將圍成面積 S 的封閉曲線設定為 C。

安培環路定律指出，沿著這條封閉曲線 C 對 H 進行線積分的結果與流經面積 S 的電流相等。此外，磁場 H 或電流密度 j 是具有大小與方向的向量，所以線積分或面積分都可透過 5-6 節介紹的方式計算。

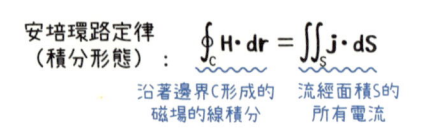

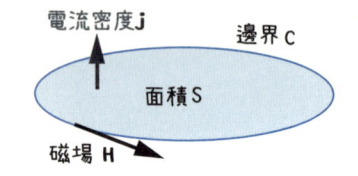

安培環路定律（積分形態）：$\oint_C \mathbf{H} \cdot d\mathbf{r} = \iint_S \mathbf{j} \cdot d\mathbf{S}$

在此之前,都以標準化的形態使用安培環路定律,但是當面積 S 為圓形,與 S 垂直的電流只流經圓心,就能得到於開頭所述的安培環路定律,也就是 $2\pi rH = I$。

接著讓我們一起思考安培環路定律的微分形態。

在積分形態的安培環路定律之中,面積 S 會越來越小,大家可以把面積 S 想成一個圓,然後圓的半徑不斷縮小的情況。當電流密度為 j 的電流流經微幅平面,會產生像是包圍這個微幅面積的迴圈狀磁場 H,而 rot H 會存在於與這個微幅平面垂直的方向。此外,j 與磁場的迴圈垂直。這個同方向的 j 與 rot H 相等就是安培環路定律的微分形態。

由於流經微小平面的電流為 $j \cdot dS$ = rot $H \cdot dS$,所以與積分形態的安培環路定律比較之後,可以得知磁場的線積分 $H \cdot dr$ 與 rot $H \cdot dS$ 相等。如此一來便可知道,當面積 S 縮小至極限,線積分就會是向量的旋轉 rot(的面積分)。

應用向量分析時,有可能會難以理解梯度、散度、旋轉這類微分形態(尤其旋轉特別難理解)。此時可先了解積分形態的定律,再提醒自己該極限就是微分形態,應該就會比較容易理解。

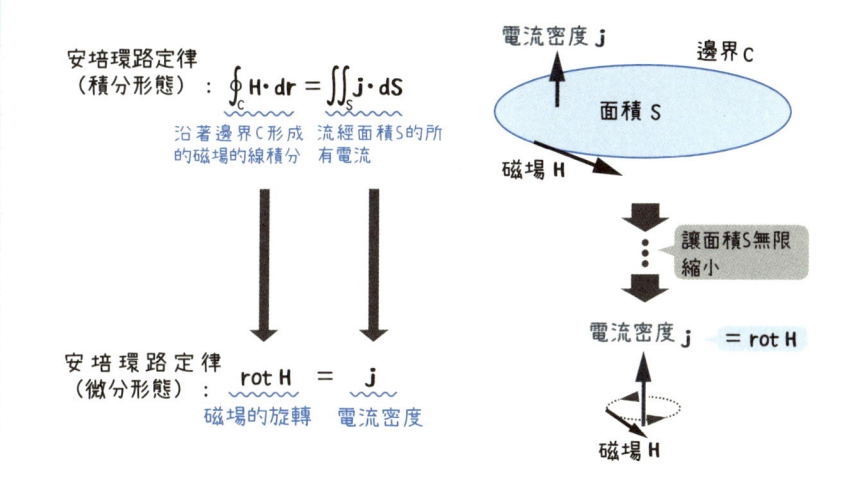

安培環路定律
(積分形態): $\oint_C \mathbf{H} \cdot d\mathbf{r} = \iint_S \mathbf{j} \cdot d\mathbf{S}$

沿著邊界C形成的磁場的線積分　流經面積S的所有電流

安培環路定律
(微分形態): rot $\mathbf{H}$ = $\mathbf{j}$

磁場的旋轉　電流密度

電流密度 $\mathbf{j}$
邊界 C
面積 S
磁場 H

讓面積S無限縮小

電流密度 $\mathbf{j}$ = rot $\mathbf{H}$

磁場 H

The most beautiful thing in this world

第6章 複變函數

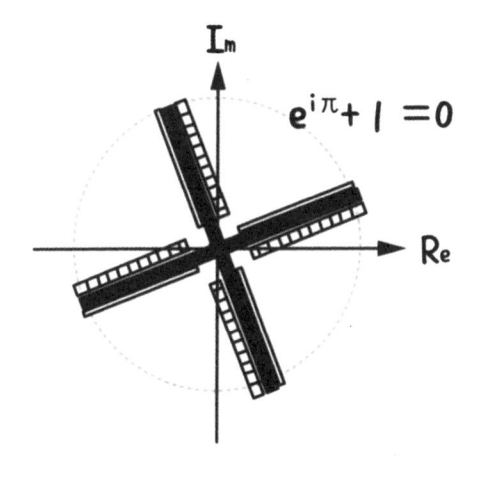

$e^{i\pi}+1=0$

本章要介紹複變函數的微積分定義與實用的計算公式。

$$e^{i\theta} = \cos\theta + i\sin\theta$$

歐拉公式

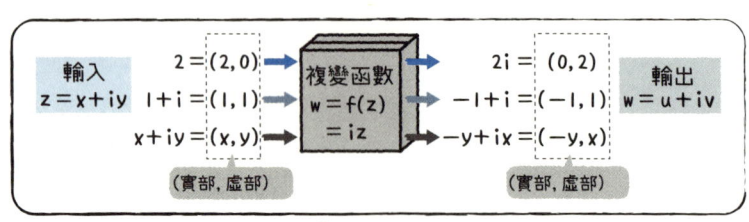

輸入
$z = x+iy$
$2 = (2, 0)$
$1+i = (1, 1)$
$x+iy = (x, y)$
(實部, 虛部)

複變函數
$w = f(z)$
$= iz$

$2i = (0, 2)$
$-1+i = (-1, 1)$
$-y+ix = (-y, x)$
(實部, 虛部)

輸出
$w = u+iv$

複變函數

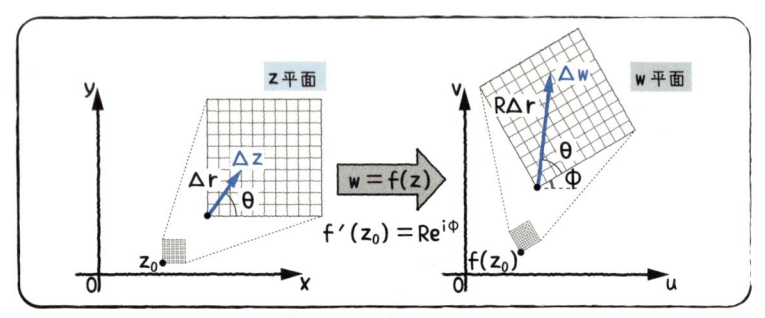

z平面 / w平面
$w = f(z)$
$f'(z_0) = Re^{i\phi}$

複變函數的微分

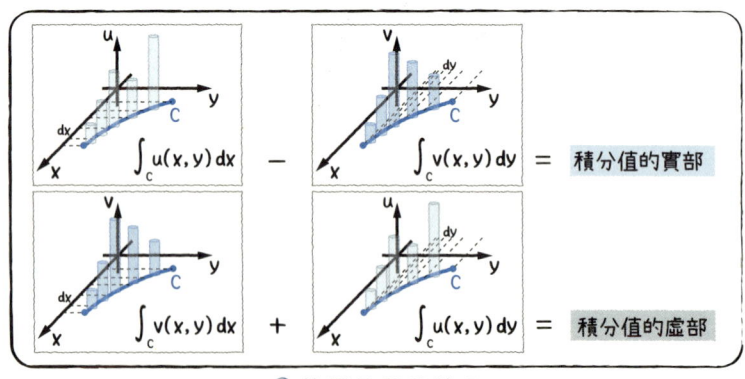

$\int_C u(x,y)\,dx$ − $\int_C v(x,y)\,dy$ = 積分值的實部

$\int_C v(x,y)\,dx$ + $\int_C u(x,y)\,dy$ = 積分值的虛部

複變函數的積分

$$\oint_C f(z)\,dz = 2\pi i \sum_{k=1}^{3} \text{Res}(f(z), z_k)$$

◉ 留數定理

$$f(t) = \frac{1}{2\pi}\int_{-\infty}^{+\infty} F(\omega)e^{i\omega t}\,d\omega \qquad F(\omega) = \int_{-\infty}^{+\infty} f(t)e^{-i\omega t}\,dt$$

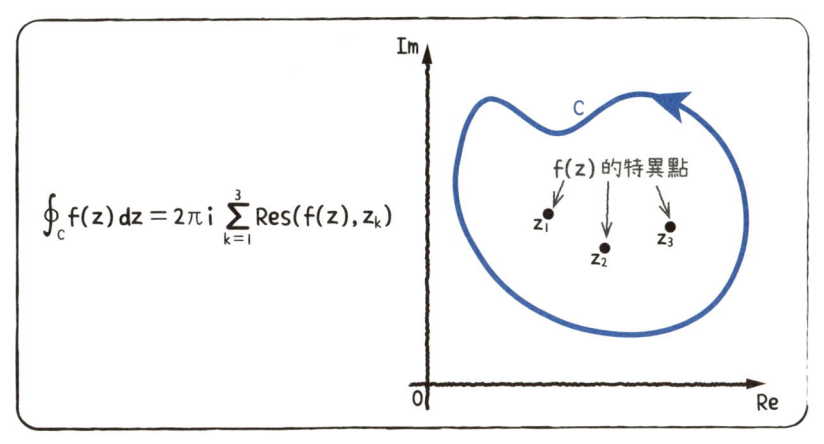

傅立葉轉換
傅立葉逆轉換

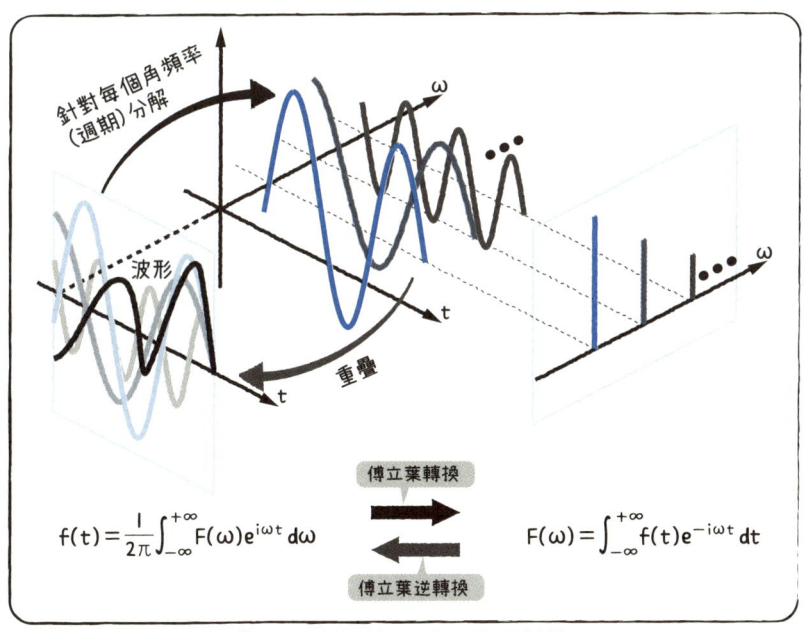

◉ 傅立葉轉換、傅立葉逆轉換

6-1 不只是 $i^2 = -1$ ～複數的基礎～

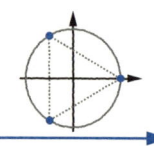

接下來要介紹複數的基本知識。複數,尤其說到虛數,許多人都會想到二次方程式的虛數解或是「$i^2 = -1$」這個式子。不過,複數的世界其實比想像中更加廣闊。比方說,可以在複數平面這種座標平面以幾何學的方式處理複數。請大家把複數當成像是平面向量那種將兩個實數當成一個數處理的數吧。

🔍 虛數單位與複數

首先要介紹複數的基本知識。下列的 a 與 b 為實數。

● 虛數單位

滿足 $i^2 = -1$ 的 i 稱為**虛數單位**。$i = \sqrt{-1}$

> 在實數的範圍裡,平方值一定大於 0,不可能是負數。
> 順帶一提,在廣泛應用複數的電力領域中,符號 i 常用來代表電流,所以虛數單位會改以 j 標記。

● 實數、虛數、複數

以 $a+ib$ 的形態表現的數都稱為**複數**。
- 若 $b = 0$ 則是實數。
- 若 $b \neq 0$ 則稱為虛數,當 $a = 0$ 且 $b \neq 0$,稱為純虛數(例如 $2i$、$-\frac{2}{3}i$)。

● 實部、虛部

假設 $z = a + ib$
- a 稱為**實部**,寫成 Re[z]。
- b 稱為**虛部**,寫成 Im[z]。

> 要注意的是,$z = a + ib$ 的虛部不是 ib 而是 b。

● 共軛複數

複數 z 的虛部符號替換之後的複數稱為 z 的**共軛複數**,寫成 $\bar{z}$。
以 $z = a + ib$ 為例,$\bar{z} = a - ib$。

● 絕對值

假設 $z = a + ib$,$\sqrt{a^2 + b^2}$ 稱為 z 的**絕對值**,寫成 $|z|$。
若使用共軛複數可寫成 $|z|^2 = z\bar{z} (= (a + ib)(a - ib))$

🔍 複數平面與極式

一如實數可用數線說明，要說明複數可使用**複數平面**（又稱為高斯平面）。
- 複數平面以實部為橫軸（實軸），以虛部為直軸（虛軸）。
- 在複數平面上，代表複數 z 的點稱為「點 z」。
- 點 $\bar{z}$ 是沿著實軸與點 z 對稱的點。
- z 的絕對值 $|z|$ 是點 z 與原點之間的距離。

此外，$r = |z|$、原點與點 z 連成的線，與實軸形成的夾角若為 θ，則 z 可由 r 與 θ 表現，而這種式子稱為**極式**，θ 稱為**輻角**，有時也會寫成 $\arg z$。

【複數（點 z, $\bar{z}$）於複數平面的標記方式】

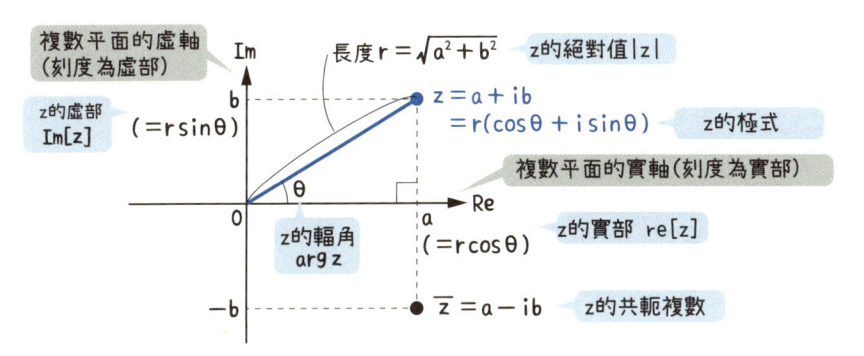

- 複數平面的虛軸（刻度為虛部）
- z 的虛部 $\mathrm{Im}[z]$ ($=r\sin\theta$)
- 長度 $r = \sqrt{a^2 + b^2}$
- z 的絕對值 $|z|$
- $z = a + ib = r(\cos\theta + i\sin\theta)$ — z 的極式
- 複數平面的實軸（刻度為實部）
- z 的輻角 $\arg z$
- ($=r\cos\theta$)
- z 的實部 $\mathrm{re}[z]$
- $\bar{z} = a - ib$ — z 的共軛複數

🔍 極式的積與商、複數平面上的旋轉

以極式說明複數，就會知道積與商的重要性。

假設有兩個複數，分別是 $z_1 = r_1(\cos\theta_1 + i\sin\theta_1)$、$z_2 = r_2(\cos\theta_2 + i\sin\theta_2)$，接著使用 1-4 節介紹的三角函數加法定理與 $\cos^2\theta + \sin^2\theta = 1$ 這個公式。

複數的積：$|z_1 \cdot z_2| = |z_1| \cdot |z_2|$ $\arg(z_1 \cdot z_2) = \arg z_1 + \arg z_2$

積的絕對值就是絕對值的積　　積的輻角就是輻角的和

$$z_1 \cdot z_2 = r_1(\cos\theta_1 + i\sin\theta_1) \cdot r_2(\cos\theta_2 + i\sin\theta_2)$$
$$= r_1 \cdot r_2\{(\cos\theta_1\cos\theta_2 - \sin\theta_1\sin\theta_2) + i(\sin\theta_1\cos\theta_2 + \cos\theta_1\sin\theta_2)\}$$
$$= \underline{r_1 \cdot r_2}\{\cos(\underline{\theta_1 + \theta_2}) + i\sin(\underline{\theta_1 + \theta_2})\}$$

積的絕值就是絕對值的積　　積的輻角就是輻角的和

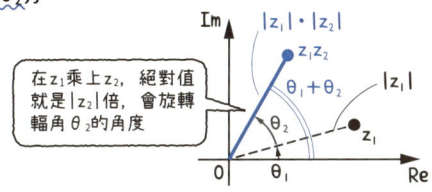

在 z_1 乘上 z_2，絕對值就是 $|z_2|$ 倍，會旋轉輻角 θ_2 的角度

6 複變函數

複數的商：$\left|\dfrac{z_1}{z_2}\right| = \dfrac{|z_1|}{|z_2|}$　　　$\arg\left(\dfrac{z_1}{z_2}\right) = \arg z_1 - \arg z_2$

商的絕對值為絕對值的商　　　商的輻角為輻角的差

$$\dfrac{z_1}{z_2} = \dfrac{r_1(\cos\theta_1 + i\sin\theta_1)}{r_2(\cos\theta_2 + i\sin\theta_2)} = \dfrac{r_1(\cos\theta_1 + i\sin\theta_1)\cdot(\cos\theta_2 - i\sin\theta_2)}{r_2(\cos\theta_2 + i\sin\theta_2)\cdot(\cos\theta_2 - i\sin\theta_2)}$$

$$= \dfrac{r_1}{r_2}\cdot\dfrac{(\cos\theta_1\cos\theta_2 + \sin\theta_1\sin\theta_2) + i(\sin\theta_1\cos\theta_2 - \cos\theta_1\sin\theta_2)}{\cos^2\theta_2 + \sin^2\theta_2}$$

$$= \dfrac{r_1}{r_2}\{\cos(\theta_1 - \theta_2) + i\sin(\theta_1 - \theta_2)\}$$

商的絕對值為絕對值的商　　商的輻角為輻角的差

以 z_2 除 z_1，絕對值會是 $1/|z_2|$ 倍、輻角會旋轉 $-\theta_2$ 的角度

比方說，當 $r_2 = 1$、$\theta_2 = \dfrac{\pi}{2}$ ($z_2 = i$)，z_1 與 i 的積 iz_1 就是讓點 z_1 在原點周圍旋轉 $\dfrac{\pi}{2}$（90°）的點。在這個例子中，複數很適合用來說明旋轉。

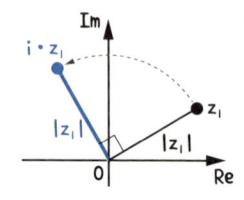

🔍 棣美弗公式

假設有一個絕對值 1、輻角 θ 的複數 $z = \cos\theta + i\sin\theta$

$z^2 = z\cdot z = \cos(\theta + \theta) + i\sin(\theta + \theta) = \cos 2\theta + i\sin 2\theta$

$z^3 = z^2\cdot z = \cos(2\theta + \theta) + i\sin(2\theta + \theta) = \cos 3\theta + i\sin 3\theta$

將之標準化後使下列式子得以成立的就稱做**棣美弗公式**。

棣美弗公式

　　　$z = \cos\theta + i\sin\theta$ 時、$z^n = \cos(n\theta) + i\sin(n\theta)$　（n 為整數）

使用棣美弗公式後，1 的 n 次方根（n 次方之後為 1 的數，也就是滿足 $z^n = 1$ 的 z），可標記在下列複數平面的單位圓上。要注意的是，這些根的輻角乘以 n 倍之後，都會是 2π 的整數倍，而且與代表 1 的點一致。

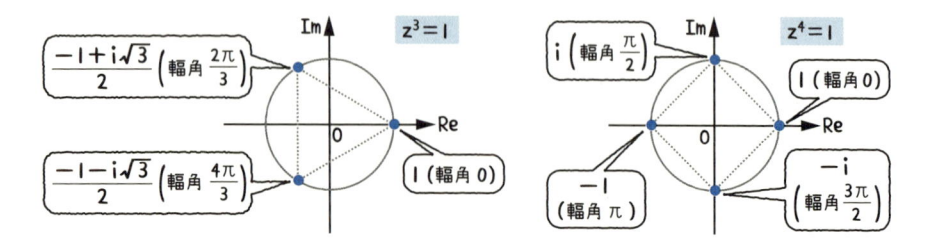

$z^3 = 1$：$\dfrac{-1 + i\sqrt{3}}{2}$（輻角 $\dfrac{2\pi}{3}$）、$\dfrac{-1 - i\sqrt{3}}{2}$（輻角 $\dfrac{4\pi}{3}$）、1（輻角 0）

$z^4 = 1$：i（輻角 $\dfrac{\pi}{2}$）、1（輻角 0）、-1（輻角 π）、$-i$（輻角 $\dfrac{3\pi}{2}$）

6-2 指數函數與三角函數的橋樑 ～歐拉公式～

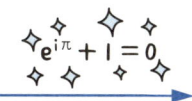

$e^{i\pi}+1=0$

「$e^{i\pi}+1=0$」被譽為全世界最美的公式,而這個公式的原始公式就是歐拉公式。歐拉公式除了是在指數函數與三角函數之間架起橋樑的重要公式,更在下一節說明的複變函數中有許多應用,而且也是非常實用的公式,請大家務必深入了解。

🔍 何謂歐拉公式

在實數的世界看似毫無關係的指數函數與三角函數在複數的世界裡,可透過下列的**歐拉公式**建立關係。

歐拉公式:$$e^{i\theta}=\cos\theta+i\sin\theta$$

※e為自然常數(自然對數的底)

雖然僅止於表面的說明,不過歐拉公式可透過下列的過程驗證。
以馬克勞林級數(參考 2-7 節)為例,可得到下列的結果。

$$e^z = 1 + z + \frac{z^2}{2!} + \frac{z^3}{3!} + \frac{z^4}{4!} + \frac{z^5}{5!} + \cdots$$

$$\cos\theta = 1 - \frac{\theta^2}{2!} + \frac{\theta^4}{4!} - \cdots$$

$$\sin\theta = \theta - \frac{\theta^3}{3!} + \frac{\theta^5}{5!} - \cdots$$

e^z 的展開式在 z 為實數的時候成立,但是 z 為複數時,是否也會成立?代入 $z=i\theta$ (θ 為實數)之後,可得到下列的公式

$$\begin{aligned}e^{i\theta} &= 1 + i\theta + \frac{(i\theta)^2}{2!} + \frac{(i\theta)^3}{3!} + \frac{(i\theta)^4}{4!} + \frac{(i\theta)^5}{5!} + \cdots \\ &= 1 + i\theta - \frac{\theta^2}{2!} - i\frac{\theta^3}{3!} + \frac{\theta^4}{4!} + i\frac{\theta^5}{5!} + \cdots \\ &= \left(1 - \frac{\theta^2}{2!} + \frac{\theta^4}{4!} + \cdots\right) + i\left(\theta - \frac{\theta^3}{3!} + \frac{\theta^5}{5!} + \cdots\right) \\ &= \cos\theta + i\sin\theta\end{aligned}$$

> 其實 e^z 的馬克勞林級數在 z 為複數的時候也成立,但就應用而言,先驗證一次即可。

也就導出歐拉公式了。

🔍 歐拉的公式與指數函數

在實數 x、y 成立的指數法則 $e^{x+y} = e^x e^y$（參考 1-5 節），在複數的情況下也成立。也就是說，下列的式子成立。

$e^{z+w} = e^z e^w$ $(z$、w 為複數$)$

從歐拉公式可以導出下列結果

$e^{a+ib} = e^a e^{ib} = e^a(\cos b + i\sin b)$ $(a$、b 為實數$)$

$e^{z+i\cdot 2\pi} = e^z e^{i\cdot 2\pi} = e^z(\cos 2\pi + i\sin 2\pi) = e^z$

〔一般來說，n 為整數時，$e^{z+i\cdot 2n\pi} = e^z(\cos 2n\pi + i\sin 2n\pi) = e^z$〕

e^z 是週期 $2\pi i$ 的週期函數

複數 z 的指數函數 e^z 若根據上述的邏輯，而 $z = x + iy$（x、y 為實數），可定義為下列式子。

$e^z = e^{x+iy} = e^x(\cos y + i\sin y)$

🔍 歐拉公式與歐拉恆等式

歐拉公式可以導出知名的**歐拉恆等式**。

歐拉恆等式是只以 e、i、π、1、0 這些基本的數組成的等式，所以被譽為全世界最美的等式。

將 $\theta = \pi$ 代入 $e^{i\theta} = \cos\theta + i\sin\theta$ 之後
⇒ $e^{i\pi} = \cos\pi + i\sin\pi = -1$
⇒ ✧ $e^{i\pi} + 1 = 0$ ✧

歐拉恆等式

這恆等式怎麼會這麼美…

在此先介紹指數函數的微分，以便接下來進一步了解歐拉恆等式。

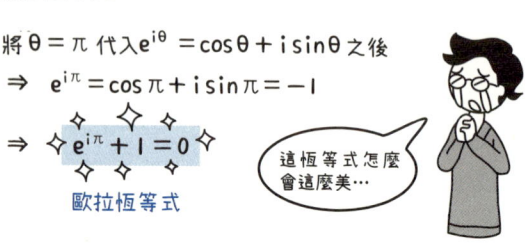

可於實數函數使用的微分公式幾乎都可在複變函數使用（參考 6-4 節）。此時 θ 的函數 $f(\theta) = e^{i\theta}$ 在經過四次微分之後，就會還原為原本的 $f(\theta)$。這樣大家應該能夠稍微接受 $e^{i\theta}$ 能以三角函數呈現這件事了吧。

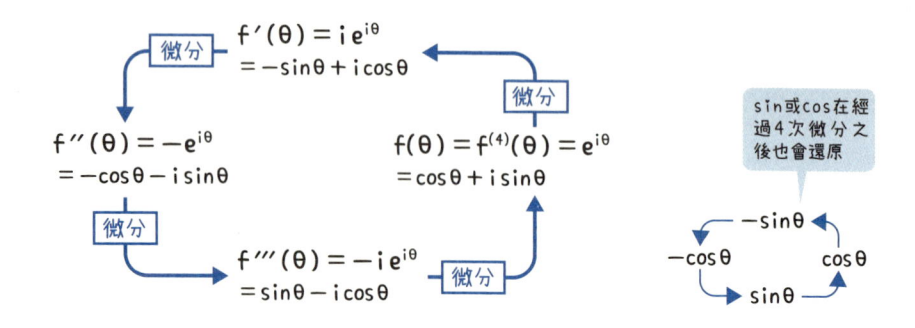

$f'(\theta) = ie^{i\theta}$
$= -\sin\theta + i\cos\theta$

$f''(\theta) = -e^{i\theta}$
$= -\cos\theta - i\sin\theta$

$f(\theta) = f^{(4)}(\theta) = e^{i\theta}$
$= \cos\theta + i\sin\theta$

$f'''(\theta) = -ie^{i\theta}$
$= \sin\theta - i\cos\theta$

sin 或 cos 在經過 4 次微分之後也會還原

$-\sin\theta \to -\cos\theta \to \sin\theta \to \cos\theta \to -\sin\theta$

🔍 歐拉恆等式與複數平面

一如前一節所述,歐拉恆等式是將 $\theta = \pi$ 代入歐拉公式的結果,但讓我們從幾何學的角度進一步了解式子的意思。

請關注等速率圓周運動。在複數平面,複數 $f(\theta) = e^{i\theta} = \cos\theta + i\sin\theta$ 的 θ 若是移動,會在以原點為圓心、半徑為 1 的圓(單位圓)上面移動。

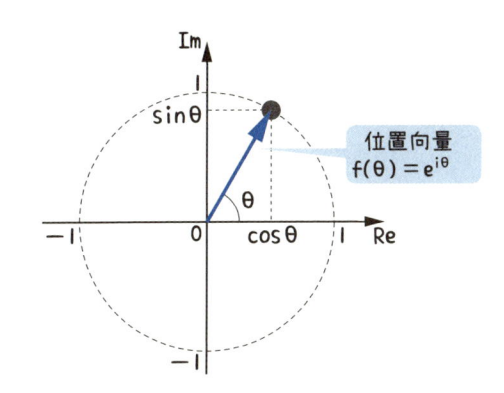

若將各複數 $f(\theta)$ 視為位置向量,那麼以 θ 微分的 $f'(\theta) = ie^{i\theta}$ 可視為將 θ 當成時間的速度向量,其大小(絕對值)為 1,方向為 $f'(\theta) = i \cdot f(\theta)$,換言之,就是在 $f(\theta)$ 乘上 i,讓 $f(\theta)$ 旋轉 $\frac{\pi}{2}$ 的方向。因此,點 $f(\theta)$ 可視為以速度 1 進行等速率圓周運動。假設從時間 $\theta = 0$、點 $f(0) = 1$ 開始旋轉,點 $f(\theta) = -1$ 的時間會是繞了半圈的 $\theta = \pi$。這代表 $f(\pi) = e^{i\pi} = -1$,也證明歐拉恆等式成立。

將 θ 當成時間時,位置向量 f(θ) 與速度向量 f'(θ)

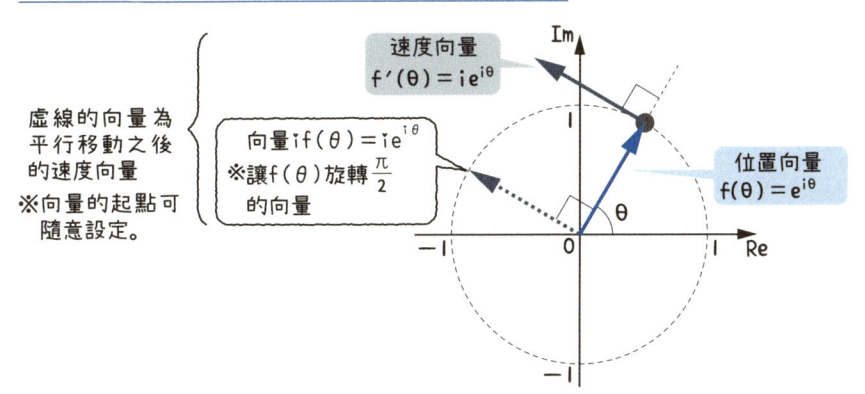

6-3 也有無數個值存在 ～各種複變函數～

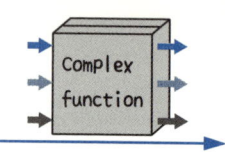

這節要將實數世界使用的函數透過歐拉公式延拓至複數的世界。由於三角函數是週期函數，因此可成為指數函數的反函數，也就是對數函數，而冪函數則可以成為擁有多個值的多值函數，能看到許多實數範圍所看不到的形態。

🔍 將複變函數視為「轉換」

與實數函數（輸入與輸出實數的函數）同樣的是，輸入複數 z、輸出複數 w 的函數為**複變函數** $w = f(z)$。讓我們以簡單的複變函數為例來說明吧。

例1 $f(z) = iz$ 為 $z = 2$，$1 + i$ 的時候，$f(2) = 2i$，$f(1 + i) = -1 + i$。

如果將 $w = f(z)$ 的「輸入 z → 輸出 w 的轉換」視為「數組（實部, 虛部）的轉換」，就可稱為**複數平面上的點轉換**。

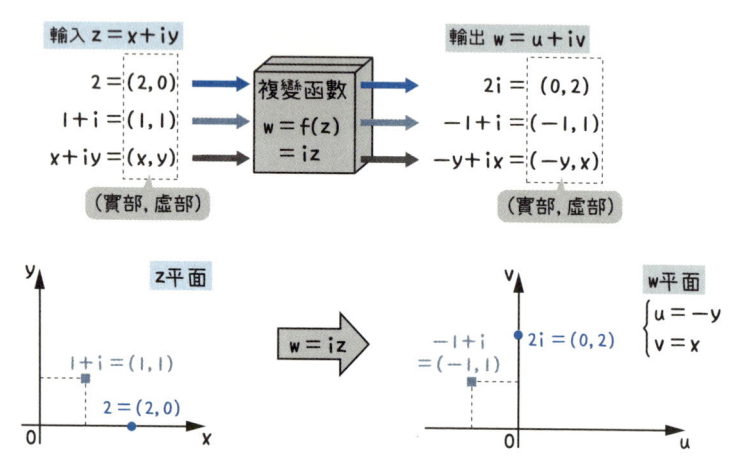

輸入 $z = x + iy$
$2 = (2, 0)$
$1 + i = (1, 1)$
$x + iy = (x, y)$
（實部, 虛部）

複變函數 $w = f(z) = iz$

輸出 $w = u + iv$
$2i = (0, 2)$
$-1 + i = (-1, 1)$
$-y + ix = (-y, x)$
（實部, 虛部）

z平面
$1 + i = (1, 1)$
$2 = (2, 0)$

$w = iz$

w平面
$-1 + i = (-1, 1)$
$2i = (0, 2)$
$\begin{cases} u = -y \\ v = x \end{cases}$

例2 $f(z) = z^2$ 為 $z = 2$，$1 + i$ 的時候，$f(2) = 4$，$f(1 + i) = 2i$。

同樣地，這也可以視為是複數平面上的點的轉換。

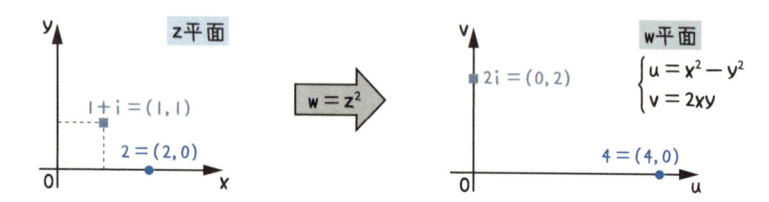

z平面
$1 + i = (1, 1)$
$2 = (2, 0)$

$w = z^2$

w平面
$2i = (0, 2)$
$4 = (4, 0)$
$\begin{cases} u = x^2 - y^2 \\ v = 2xy \end{cases}$

經過整理之後，**複變函數** $w = f(z)$ 可視為 zy 平面 (z 平面) 上的點 (x, y) 轉換成 uv 平面 (w 平面) 上的點 (u, v)。再者，$w = f(z)$ 為轉換 $(x, y) \to (uv)$ 的時候，這個複變函數與兩個實數函數 $u = u(x, y)$、$v = v(x, y)$ 的組等價。

🔍 圖形的轉換與複變函數

「從 xy 平面上的點 (x, y) 轉換成 uv 平面上的點 (u, v)」使用了點集合的圖形轉換。而這種圖形轉換常可從「與原點的距離」與「以原點為中心的旋轉」這兩個觀點來觀察。因此，可利用（絕對值，輻角）的組合，也就是極式代替 (x, y) 或 (u, v) 這種（實部，虛部）的組合來思考複數。可視為 xy 平面（z 平面）上的點 (r, θ)，也就是 $z = re^{i\theta}$ 轉換成 uv 平面（w 平面）上的點 (R, Φ)，也就是 $w = Re^{i\phi}$。

例1 若將 $w = iz$ 用極式來表現

$$w = i \cdot re^{i\theta} = e^{i\frac{\pi}{2}} \cdot re^{i\theta} = re^{i\left(\theta + \frac{\pi}{2}\right)} = Re^{i\phi} \text{ 也就是 } (r, \theta) \to (R, \phi) = \left(r, \theta + \frac{\pi}{2}\right)$$

這就是與原點的距離沒變，讓點在原點周圍旋轉 $\dfrac{\pi}{2}$ 的轉換。

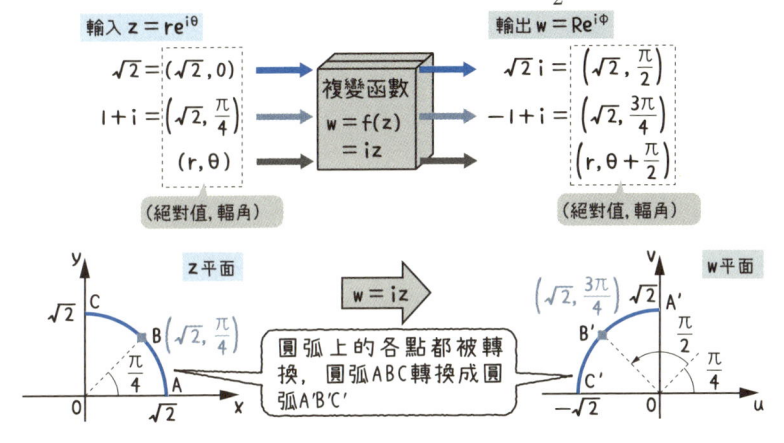

輸入 $z = re^{i\theta}$
- $\sqrt{2} = (\sqrt{2}, 0)$
- $1 + i = \left(\sqrt{2}, \dfrac{\pi}{4}\right)$
- (r, θ)

（絕對值，輻角）

複變函數 $w = f(z) = iz$

輸出 $w = Re^{i\phi}$
- $\sqrt{2}\, i = \left(\sqrt{2}, \dfrac{\pi}{2}\right)$
- $-1 + i = \left(\sqrt{2}, \dfrac{3\pi}{4}\right)$
- $\left(r, \theta + \dfrac{\pi}{2}\right)$

（絕對值，輻角）

z 平面 → $w = iz$ → w 平面

圓弧上的各點都被轉換，圓弧ABC轉換成圓弧A'B'C'

例2 若用極式來表現 $w = z^2$

$$w = (re^{i\theta})^2 = r^2 e^{i(2\theta)} = Re^{i\phi} \text{ 也就是 } (r, \theta) \to (R, \phi) = (r^2, 2\theta)$$

這就是與原點的距離乘以平方，輻角乘以兩倍的轉換

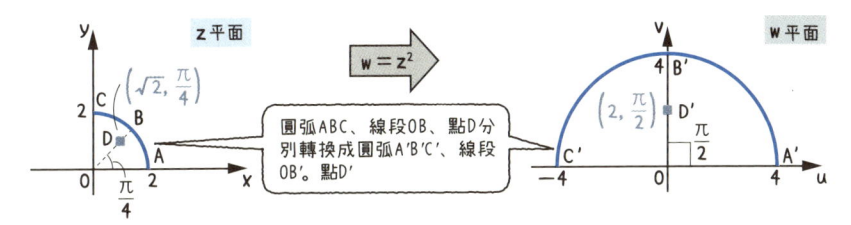

z 平面 → $w = z^2$ → w 平面

圓弧ABC、線段OB、點D分別轉換成圓弧A'B'C'、線段OB'。點D'

🔍 複變函數的三角函數

$\cos\theta$、$\sin\theta$、$\tan\theta$ 可根據歐拉公式轉換成下列形態

$$\begin{cases} e^{i\theta} = \cos\theta + i\sin\theta \\ e^{i(-\theta)} = \cos(-\theta) + i\sin(-\theta) \end{cases} \Leftrightarrow e^{-i\theta} = \cos\theta - i\sin\theta$$

$$\cos\theta = \frac{e^{i\theta}+e^{-i\theta}}{2}, \quad \sin\theta = \frac{e^{i\theta}-e^{-i\theta}}{2i}, \quad \tan\theta = \frac{\sin\theta}{\cos\theta} = \frac{e^{i\theta}-e^{-i\theta}}{i(e^{i\theta}+e^{-i\theta})}$$

θ 原本是稱為輻角的實數，但是在歐拉公式中，將 θ 置換成一般的複數 z，並如下定義三角函數。

複數z的三角函數

$$\cos z = \frac{e^{iz}+e^{-iz}}{2} \quad \sin z = \frac{e^{iz}-e^{-iz}}{2i} \quad \tan z = \frac{e^{iz}-e^{-iz}}{i(e^{iz}+e^{-iz})}$$

將三角函數延拓至複數之後，就呈現了不同於實數變數時的樣貌。

例 $z = i\ln 2$ 的時候，$\cos z = \frac{5}{4}$ ←比1大！

當然，z 為實數時，與 1-4 節介紹的三角函數一致。

延拓至複數之後，三角函數的公式依舊成立。

例

$$\cos^2 z + \sin^2 z = \left(\frac{e^{iz}+e^{-iz}}{2}\right)^2 + \left(\frac{e^{iz}-e^{-iz}}{2i}\right)^2$$
$$= \frac{e^{2iz}+2+e^{-2iz}-e^{2iz}+2-e^{-2iz}}{4} = 1 \qquad \therefore \cos^2 z + \sin^2 z = 1$$

此外，z 為純虛數時，三角函數可利用雙曲函數呈現。

例1 $\cos(iy) = \dfrac{e^{i\cdot iy}+e^{-i\cdot iy}}{2} = \dfrac{e^{-y}+e^{+y}}{2} = \cosh y$

例2 $\sin(iy) = \dfrac{e^{i\cdot iy}-e^{-i\cdot iy}}{2i} = \dfrac{e^{-y}-e^{+y}}{2i} = i\dfrac{e^{+y}-e^{-y}}{2} = i\sinh y$

1-5 節介紹了雙曲函數有一些類似三角函數的公式。將雙曲函數視為複變函數之後，可得到雙曲函數與三角函數的關係為等式，也更能接受兩者的標記方式十分類似。

🔍 複變函數的對數函數

實數函數的對數函數 $y = \ln x$ 被定義為指數函數的反函數。

至於複變函數的對數函數也同樣可定義為指數函數的反函數,也就是 $w = \ln z$。不過,定義域的處理方式與實數函數的情況不同。

定義為指數函數的反函數的對數函數

實數函數: $x = e^y \Leftrightarrow y = \ln x \quad (x > 0)$

複變函數: $z = e^w \Leftrightarrow w = \ln z \quad (z \neq 0)$

> 其實不管 z 是什麼值,e^z 都不會為 0,因此 $z = e^w \neq 0$。

不過,從 $e^{w+i \cdot 2n\pi} = e^w$($n$ 為整數,參考 6-2 節)來看,與 1 個 z 對應的 w 有無數多個(例如,$z = 1$ 的時候,w 等於 0、$\pm i \cdot 2\pi$、$\pm i \cdot 4\pi$、$\pm i \cdot 6\pi$,…),所以**複變函數的對數函數為多值函數**。

> 「多值函數」就是與輸入值 z 對應的輸出值 w 超過兩個以上的函數,雖然與第 1 章介紹的函數性質不同,但還是稱為「函數」。

如下圖所示,對數函數的多值性是由輻角 $\arg z$ 所貢獻。

w 平面 — $z = e^w = e^{u+iv}$ → **z 平面**

- v 會依每個 2π 而有不同
- e^w 為週期 $2\pi i$ 的週期函數
- 就算 v 只在 $2n\pi$(n 為整數)為不同的值,仍可代表相同的 z

w 平面 ← $w = \ln z$ — **z 平面**

- $\arg z$ 會依每個 2π 而有不同
- $\ln z$ 因 $\arg z$ 而成為多值函數
- 就算 $\arg z$ 只在 $2n\pi$ 為不同的值,仍可代表相同的 z

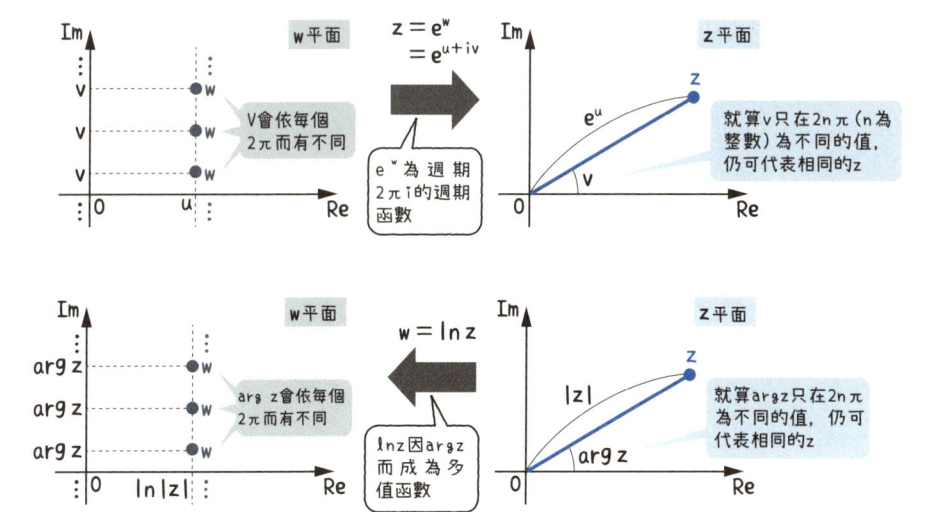

🔍 對數函數的多值性與主值

對數函數也能直接當成多值函數使用，但是要將輻角的幅度限制在一圈之內，例如限制在 $-\pi \sim \pi$ 之間會比較容易操作（有時候也會限制在 $0 \sim 2\pi$ 之間）。這時的對數函數為**主值**，寫成 Ln z。同樣地，範圍限制在 1 圈之內的輻角有時也寫成 Arg z。

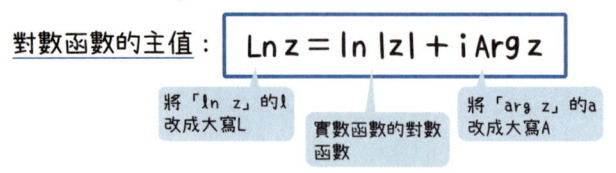

對數函數的主值： $\text{Ln } z = \ln |z| + i \text{Arg } z$

- 將「ln z」的l改成大寫L
- 實數函數的對數函數
- 將「arg z」的a改成大寫A

※主值的輻角Argz的範圍為 $-\pi < \text{Arg} z \leq \pi$ 或是 $0 \leq \text{Arg} z < 2\pi$，也就是一圈的範圍($2\pi$)。如此一來，可讓Lnz成為單值函數。

由於對數函數具有多值性(輻角的不定性)，所以在實數範圍成立的對數函數的公式，在轉換成複變函數之後就不成立。

例 $\ln(z_1 z_2) = \ln z_1 + \ln z_2$ 就不成立。

假設 $z_1 = -1$、$z_2 = -1$，那麼 $z_1 z_2$ 為 1，所以

$\ln(z_1 z_2) = \ln 1 = \ln|1| + i(0 + 2n\pi) = i \cdot 2n\pi$

$\ln z_1 + \ln z_2 = \{\ln|z_1| + i(\pi + 2m_1 \pi)\} + \{\ln|z_2| + i(\pi + 2m_2 \pi)\}$
$= i\{\pi + \pi + 2(m_1 + m_2)\pi\}$
$= i \cdot 2m\pi$

這裡的 n、m_1、m_2、$m(= m_1 + m_2 + 1)$ 為整數。一般來說，$n \neq m$，所以會得到下列結論。

$\ln(z_1, z_2) \neq \ln z_1 + \ln z_2$

同樣地，$\ln\left(\dfrac{z_1}{z_2}\right) \neq \ln z_1 - \ln z_2$。

此外，就算以主值來看，也要注意 $\ln(z_1 z_2) \neq \ln z_1 + \ln z_2$ 這點。

從上述計算的各項來看

$\text{Ln}(z_1 z_2) = 0, \text{Ln } z_1 = \pi, \text{Ln } z_2 = \pi$

所以，$\text{Ln}(z_1 z_2) \neq \text{Ln } z_1 + \text{Ln } z_2$

> 複數對數函數要特別小心使用喔。

🔍 冪函數的擴張

在實數函數世界很簡單的冪函數 $y = x^p$（p 為實數）到了複變函數的世界裡會變成截然不同的樣貌。

「複數 α 的複數 β 次方」的定義： $\boxed{\alpha^\beta = e^{\beta \ln \alpha}}$

- e 為自然常數（自然對數的底）
- $\alpha \neq 0$
- $\ln \alpha$ 為多值函數（有輻角的不定性）

> 出現多值函數了嗎…好像很麻煩啊……

根據上述的定義，複變函數的冪函數整理成下列的形式後，會因為輻角的不定性而成為多值函數。

複變函數的冪函數 $w = z^\beta$（β 為複數）
根據複數的冪乘定義
$$w = z^\beta = e^{\beta \ln z}$$
關注指數之後，可得到下列結果
$$\beta \ln z = \beta \{\ln |z| + i(\arg z + 2n\pi)\} \quad (n 為整數)$$
$$= \beta(\ln |z| + i \arg z) + i \cdot 2\beta n\pi$$
因此可得到下列的結果
$$w = z^\beta = e^{\beta(\ln |z| + i \arg z)} \cdot e^{i\beta \cdot 2n\pi}$$
$$= e^{\beta(\ln |z| + i \arg z)}(\cos 2\beta n\pi + i \sin 2\beta n\pi)$$

> 直接呈現了輻角的不定性

> 「z^α」真是不可貌相，內容還真是有點棘手呢……

例1 當 β 為整數，$\cos 2\beta n\pi = 1$、$\sin 2\beta n\pi = 0$，所以不定性消失，成為單值函數。比方說，$w = z^2$ 就是單值函數。

例2 $w = z^{\frac{1}{2}}$ 是雙值函數。具體來說，$z = -1$ 時，w 為 -1 的平方根，所以 $w = \pm i$，也就是有兩個值〔若 $\beta = \frac{1}{2}$，$\cos 2\beta n\pi = (-1)^n$、$\sin 2\beta n\pi = 0$，$w$ 為 $\cos 2\beta n\pi = \pm 1$，有兩個值〕。

同樣地，$w = z^{\frac{1}{3}}$ 則是三值函數，$w = z^{\frac{1}{m}}$（m 為正整數）則為 m 值函數。

例3 i^i（i 的 i 次方）可如下計算。

$i^i = e^{i \ln i}$，不過，$\ln i = \ln |i| + i(\arg i + 2n\pi) = i\left(\dfrac{\pi}{2} + 2n\pi\right)$（$n$ 為整數）

$\therefore \quad i^i = e^{-\left(\frac{\pi}{2} + 2n\pi\right)} = e^{-\frac{\pi}{2}} e^{-2n\pi}$

尤其對對數函數取主值，可得到下列結果。

$\mathrm{Ln}\, i = i\dfrac{\pi}{2} \qquad \therefore \quad i^i = e^{-\frac{\pi}{2}} = 0.20787957635\cdots$

> 沒想到 i^i 居然會變成實數！

6-4 複數函數的微分概念 ～柯西 - 黎曼方程～

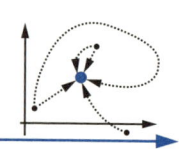

複變函數的微分也有與實數函數的微分相同之處，但在極限與導函數的部分，意義可說是截然不同，讓我們透過圖解來了解差異。此外，正則性的概念與相關的柯西 - 黎曼方程也非常重要。

🔍 複變函數的連續性、微分係數

複變函數的連續性與微分係數的定義如下。

● 複變函數 w＝f(z) 在 z＝z_0 的部分連續時，下列式子會成立。

$$\lim_{\Delta z \to 0} f(z_0 + \Delta z) = f(z_0)$$

● 複變函數 w＝f(z) 在 z＝z_0 的微分係數 f′(z_0) 可透過下列式子定義。

$$f'(z_0) = \lim_{\Delta z \to 0} \frac{f(z_0 + \Delta z) - f(z_0)}{\Delta z}$$

此外，賦予微分係數的 f′(z) 稱為 f(z) 的導函數。

雖然複變函數時的外觀與實數函數時的外觀完全相同，意義卻完全不同。具體來說，在極限的部分完全不同。以**複變函數的極限而言，逼近 $z = z_0$ 的方法 (路徑) 有無限多種**，如果所有路徑不會於同一個值收斂，就不存在極限。

【實數函數】

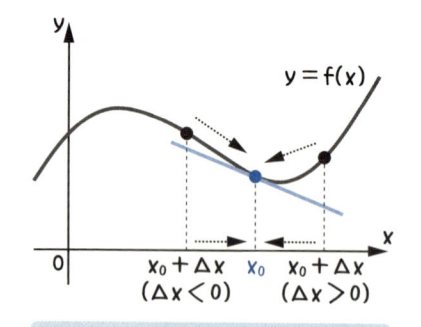

x 軸上逼近 x_0 的方法 (△x→0) 有兩個方向

【複變函數】

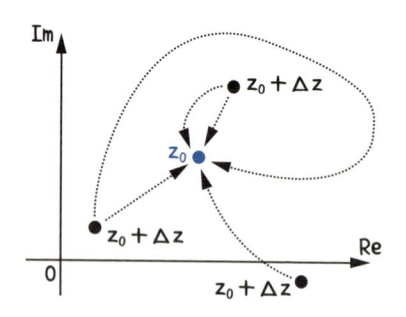

複數平面上逼近 z_0 的方法 (△z→0) 有各種方向、各種路徑

🔍 複變函數的導函數公式

複變函數的導函數公式與實數函數的公式相同。

冪函數＝導函數
 $(z^\alpha)' = \alpha z^{\alpha-1}$（$\alpha$ 為複常數）

指數函數、對數函數的導函數
 $(e^z)' = e^z$　　$(\ln z)' = \dfrac{1}{z}$

三角函數的導函數
 $(\sin z)' = \cos z$　　$(\cos z)' = -\sin z$　　$(\tan z)' = \dfrac{1}{\cos^2 z}$

函數的和、差、積、商的導函數
 $\{\alpha f(z) \pm \beta g(z)\}' = \alpha f'(z) \pm \beta g'(z)$（符號順序相同、$\alpha$ 與 β 為複常數）
 $\{f(z)g(z)\}' = f'(z)g(z) + f(z)g'(z)$
 $\left\{\dfrac{f(z)}{g(z)}\right\}' = \dfrac{f'(z)g(z) - f(z)g'(z)}{\{g(z)\}^2}$

合成函數的導函數
 $\{f(g(z))\}' = f'(g(z)) \cdot g'(z)$

假設 $w = f(\zeta)$，$\zeta = g(z)$，則 $\dfrac{dw}{dz} = \dfrac{dw}{d\zeta} \cdot \dfrac{d\zeta}{dz}$

> ζ 為希臘字母，讀成「zeta」。

反函數的導函數
面對 $w = f(z)$，因為 $z = f^{-1}(w)$，則 $\dfrac{dz}{dw} = \dfrac{1}{\frac{dw}{dz}}$

🔍 解析函數與柯西 - 黎曼方程

當函數 $w = f(z)$ 在複數平面的區域 D 可微分，這個函數稱為在區域 D 的**解析函數**。

一如 6-2 節所述，$w = f(z)$ 可視為從 $z = x + iy$ 到 $w = u + iv$ 的轉換（x、y、u、v 為實數），u、v 分別為 x、y 的函數 $u(x, y)$、$v(x, y)$。$w = f(z)$ 為解析函數等於符合下列的**柯西 - 黎曼方程**。

$$\text{柯西-黎曼方程：}\quad \frac{\partial u}{\partial x} = \frac{\partial v}{\partial y} \quad\quad \frac{\partial u}{\partial y} = -\frac{\partial v}{\partial x}$$

當實軸與虛軸平行靠近，解析函數的這些成分會相等，所以能透過柯西 - 黎曼方程式確認 $z \to z_0 = x_0 + iy_0$ 之際的微分係數。

● 於實軸的平行方向逼近$z=z_0(=x_0+iy_0)$時

$$\lim_{x \to x_0} \frac{\{u(x,y_0)+iv(x,y_0)\}-\{u(x_0,y_0)+iv(x_0,y_0)\}}{(x+iy_0)-(x_0+iy_0)}$$

$$=\lim_{x \to x_0}\left\{\frac{u(x,y_0)-u(x_0,y_0)}{x-x_0}+i\frac{v(x,y_0)-v(x_0,y_0)}{x-x_0}\right\}$$

$$=\lim_{h \to 0}\left\{\frac{u(x_0+h,y_0)-u(x_0,y_0)}{h}+i\frac{v(x_0+h,y_0)-v(x_0,y_0)}{h}\right\}$$

$$=\frac{\partial u}{\partial x}(x_0,y_0)+i\frac{\partial v}{\partial x}(x_0,y_0)$$

假設$x-x_0=h$($x\to x_0$的時候，$h\to 0$)

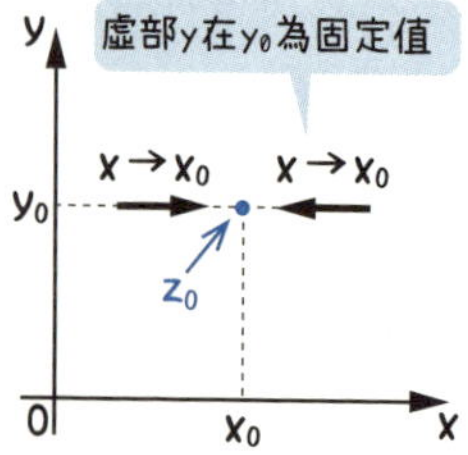

虛部y在y_0為固定值

● 於虛軸的平行方向逼近$z=z_0(=x_0+iy_0)$時

$$\lim_{y \to y_0} \frac{\{u(x_0,y)+iv(x_0,y)\}-\{u(x_0,y_0)+iv(x_0,y_0)\}}{(x_0+iy)-(x_0+iy_0)}$$

$$=\lim_{y \to y_0}\left\{\frac{u(x_0,y)-u(x_0,y_0)}{i(y-y_0)}+\frac{v(x_0,y)-v(x_0,y_0)}{y-y_0}\right\}$$

$$=\lim_{h \to 0}\left\{-i\frac{u(x_0,y_0+h)-u(x_0,y_0)}{h}+\frac{v(x_0,y_0+h)-v(x_0,y_0)}{h}\right\}$$

$$=-i\frac{\partial u}{\partial y}(x_0,y_0)+\frac{\partial v}{\partial y}(x_0,y_0)$$

假設$y-y_0=h$($y\to y_0$的時候，$h\to 0$)

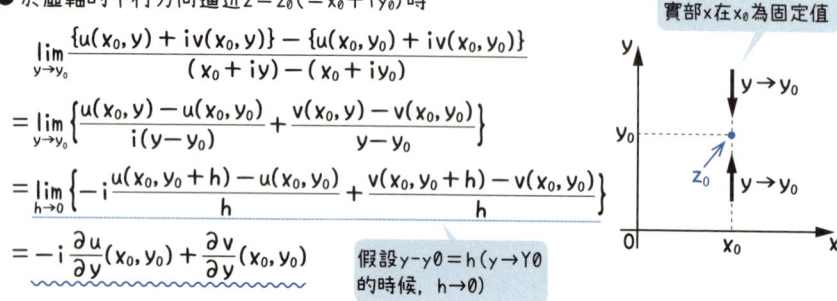

實部x在x_0為固定值

● 比較 ～～～ 的式子的實部與虛部，即可確認柯西-黎曼方程。

$$\frac{\partial u}{\partial x}(x_0,y_0)=\frac{\partial v}{\partial y}(x_0,y_0) \quad \frac{\partial u}{\partial y}(x_0,y_0)=-\frac{\partial v}{\partial x}(x_0,y_0)$$

🔍 實數函數中微分係數的意義

實數函數中微分係數的意義為圖形的斜率。思考複變函數的微分係數意義之前，讓我們先簡單複習一下實數函數的微分係數。

若以函數$y=f(x)$為例，$\Delta y \fallingdotseq f'(x_0)\Delta x$，也就是讓$x$的微幅變化$\Delta x$與$y$的微幅變化$\Delta y$對應時，等於將絕對值乘以$|f'(x_0)|$倍（決定圖形的斜率的大小）。

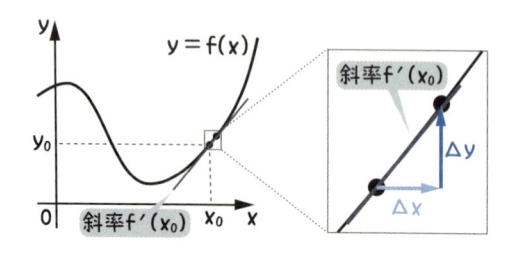

由於可將$y=f(x)$在點(x_0, y_0)附近的圖形視為直線，所以x、y的微幅變化Δx、Δy的關係如下。

$\Delta y \fallingdotseq f'(x_0)\Delta x$

→讓x只產生幅度Δx的變化時，對應的y的變化量Δy的絕對值
$|\Delta y|$為$|\Delta x|$的$|f'(x_0)|$倍

🔍 微分係數於複變函數的意義

複變函數的微分係數的重點在於從複數平面到複數平面的轉換。

複數函數 $w = f(z)$ 可視為從 z 平面 ($z = x + iy$) 到 w 平面 ($w = u + iv$) 的轉換。在 z 平面的 z_0 附近（微幅區域）裡，z 從 z_0 微幅變化為 $z_0 + \Delta z$〔不過，$\Delta z = (\Delta r)e^{i\theta}$〕。這個 Δz 代表以 z_0 為中心，往角度 θ 的方向產生絕對值 Δr 的變化。

因此，在 $w = f(z)$ 的 z_0 的微分係數可寫成下列的樣子。

$$f'(z_0) = Re^{i\Phi}$$

假設當 z 從 z_0 微幅增加至 $z_0 + \Delta z$，w 從 $f(z_0)$ 微幅增加至 $f(z_0) + \Delta w$，Δw 可寫成下列的式子。

$$\Delta w \fallingdotseq f'(z_0) \Delta z = Re^{i\Phi} \cdot (\Delta r)e^{i\theta} = (R\Delta r)e^{i(\theta + \Phi)}$$

換言之，在 z 平面上的 Δz，也就是 $(\Delta r)e^{i\theta}$ 的微幅變化會轉換成在 w 平面上的 $\Delta w = (R\Delta r)e^{i(\theta + \Phi)}$ 這個微幅變化，Δw 代表的是以 $f(z_0)$ 為中心，角度從 θ 繼續旋轉 Φ，只變化了絕對值 $R\Delta r$ 這件事。讓 Δz 與 Δw 對應時，絕對值不僅放大 R 倍，輻角還旋轉了 Φ，這就是微分係數 $f'(z_0) = Re^{i\Phi}$ 的意義。

由此可知，複變函數的微分係數除了會讓絕對值產生變化，也會讓幅角產生變化。

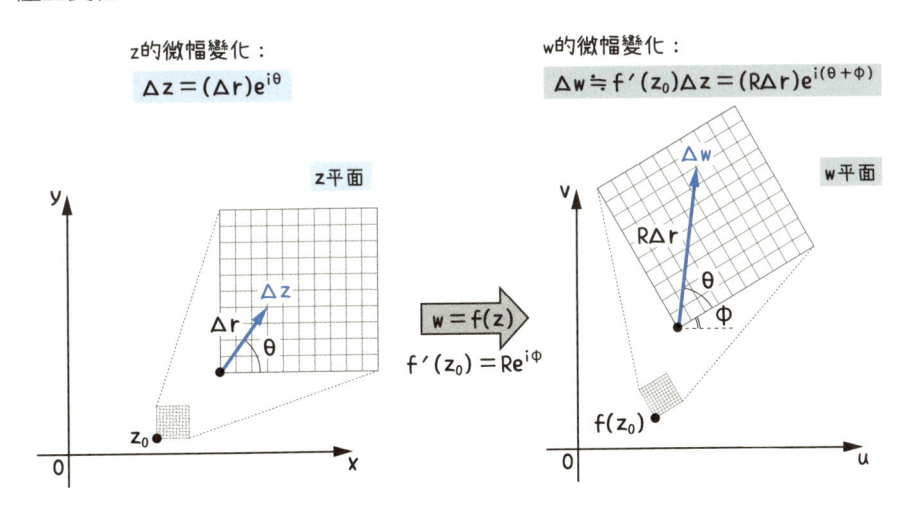

z的微幅變化：
$$\Delta z = (\Delta r)e^{i\theta}$$

w的微幅變化：
$$\Delta w \fallingdotseq f'(z_0) \Delta z = (R\Delta r)e^{i(\theta + \Phi)}$$

$w = f(z)$

$f'(z_0) = Re^{i\Phi}$

讓z產生△z的變化時，對應的w的變化△w如下。
- 絕對值 $|\Delta w|$ 為 $|\Delta z|$ 的 $|f'(z_0)|$ 倍（$|\Delta w| = |f'(z_0)| \cdot |\Delta z|$）
- 幅角 $\arg \Delta w$ 只會從 $\arg \Delta z$ 旋轉為（$\arg \Delta w = \arg \Delta z + \arg f'(z_0)$）

例 由於在 $w = f(z) = z^2$ 的 $z = 1 + i$ 處的微分係數 $f'(z) = 2z$，所以可得到下列的式子。

$$f'(1+i) = 2 + 2i = 2\sqrt{2}e^{i\frac{\pi}{4}}$$

也就是 $f'(1 + i)$ 讓 $z = 1 + i$ 附近的變化與絕對值放大 $2\sqrt{2}$ 倍、輻角 $\frac{\pi}{4}$ 旋轉的變化對應。

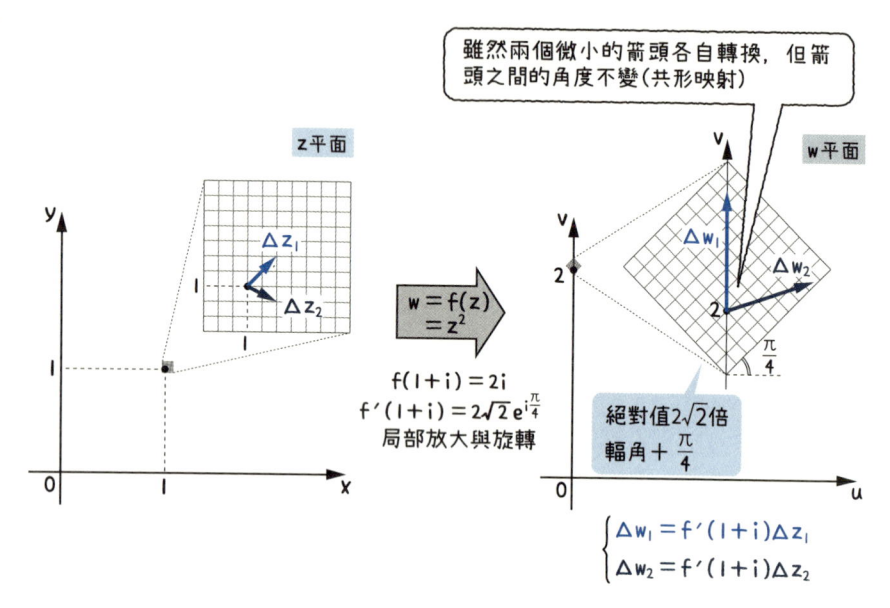

雖然兩個微小的箭頭各自轉換，但箭頭之間的角度不變（共形映射）

z 平面

w 平面

$w = f(z) = z^2$

$f(1+i) = 2i$
$f'(1+i) = 2\sqrt{2}e^{i\frac{\pi}{4}}$
局部放大與旋轉

絕對值 $2\sqrt{2}$ 倍
輻角 $+\frac{\pi}{4}$

$$\begin{cases} \Delta w_1 = f'(1+i)\Delta z_1 \\ \Delta w_2 = f'(1+i)\Delta z_2 \end{cases}$$

點 $1 + i$ 附近的微小箭頭會像這樣轉換成下列的結果。

$$f'(z) = 2z \; (f'(1+i) = 2\sqrt{2}e^{i\frac{\pi}{4}})$$

雖然絕對值與輻角會因此變化，但是箭頭之間的角度不會變化。

由此可知，解析函數具有不會因轉換而使角度變化的性質，所以 z 平面（xy 平面）透過解析函數轉換成 w 平面（uv 平面）的映射稱為共形映射。

6-5 複變函數的積分邏輯 ～柯西積分定理～

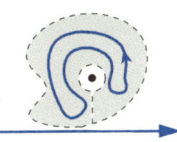

複變函數的積分與線積分類似，是沿著複數平面的路徑（曲線）積分。被積分函數若是沿著積分路徑的解析函數，積分值就具有不從屬於路徑的性質，而這個性質在應用層面是非常重要的性質。以下本書將以單值函數的複數積分為例進行介紹。

🔍 複變函數的積分

複變函數 $f(z)$ 的積分定義如下。

在複數平面上，有一條從點 α 到點 β 的路徑C，將這條路徑C分割成 $(n+1)$ 個點 z_k ($k = 0、1、\cdots、n$) ($z_0 = \alpha$、$z_n = \beta$)。

假設 $\Delta z_k = z_{k+1} - z_k$ ($k = 0、1、\cdots、n-1$)，而這個區間的任意一點為 ζ_k，則位於C的函數 $f(z)$ 的積分如下。

$$\int_C f(z)\,dz = \lim_{n \to \infty} \sum_{k=0}^{n-1} f(\zeta_k)\,\Delta z_k$$

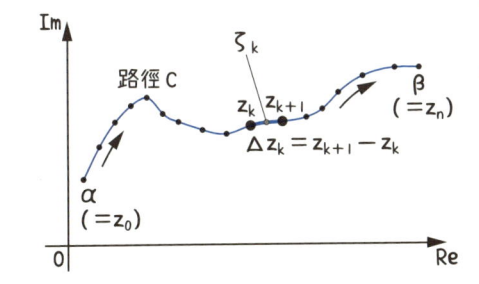

- 在路徑C取得各區間的 $f(z)$ 與 Δz 的積 $f(z)\Delta z$ 的總和 ($\Sigma f(z)\Delta z$)，而C的分割數趨近於無限大的時候，這個總和若是收斂，就將這個過程定義為積分
- 假設路徑反轉（從點 β 往點 α，在此標記為 $-C$），符號也會相反 ($\int_{-C} f(z)\,dz = -\int_C f(z)\,dz$)

複變函數積分定義式的形態雖然與實數函數的一樣（參考3-2節），但已經沒有面積的意義，而且從 α 到 β 的路徑有無限多條，與一般沿著路徑積分的積分值不同。

此外，若從積分路徑來看，複數積分與線積分類似。實際進行複數積分的計算時，會與多變數函數與向量值函數的線積分一樣，沿著路徑定義適當的參數再進行計算。

> 與向量值函數的線積分不同的複變函數計算會在後面介紹。

🔍 複數計算的計算邏輯

假設 $z = x + iy$，$f(z) = u(x, y) + iv(x, y)$，複數積分可如下計算。

$$\int_C f(z)\,dz = \int_C \{u(x,y) + iv(x,y)\}(dx + i\,dy)$$
$$= \int_C \{u(x,y)\,dx - v(x,y)\,dy\} + i\int_C \{v(x,y)\,dx + u(x,y)\,dy\}$$

> 複變函數的積分會是被積分函數 f(z)的實部與虛部的兩個實數函數 u(x, y)、v(x, y)的線積分(4-6節)

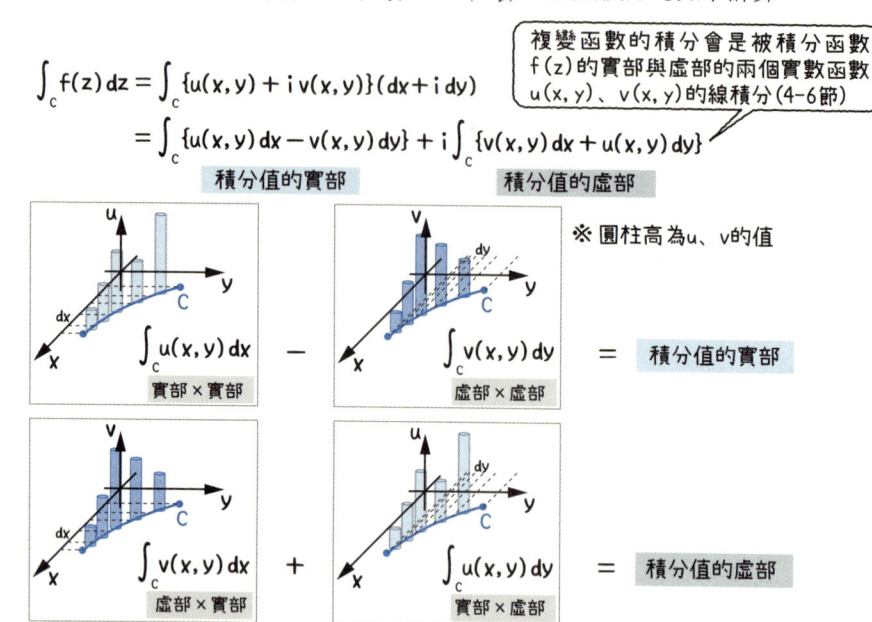

積分值的實部　　　　　　積分值的虛部

※圓柱高為u、v的值

$\int_C u(x,y)\,dx$ （實部×實部） $-$ $\int_C v(x,y)\,dy$ （虛部×虛部） $=$ 積分值的實部

$\int_C v(x,y)\,dx$ （虛部×實部） $+$ $\int_C u(x,y)\,dy$ （實部×虛部） $=$ 積分值的虛部

🔍 柯西積分定理

柯西積分定理是複數積分的重要定理。

柯西積分定理

假設f(z)在區域D的所有點都有解析性，且所有的簡單封閉曲線C都位於區域D之內，則下列公式成立。

$$\oint_C f(z)\,dz = 0$$

※所謂的簡單封閉曲線就是不交錯的封閉曲線。以逆時針方向為正值。
※與向量值函數的線積分(5-6節)相同的是，複數函數的積分也會以 $\oint$ 這個符號代表沿著封閉路徑進行的積分。

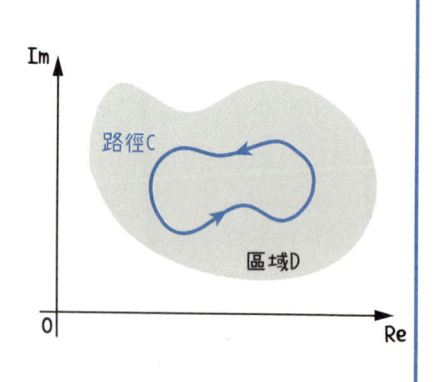

（圖：Im-Re平面上的區域D與路徑C）

🔍 柯西積分定理告訴我們的事情

柯西積分定理告訴我們，在**解析性區域裡的積分與積分路徑無關**。

假設區域 D 之內的路徑 C 以 z_0 為起點，z_1 為終點，而且分成 C_1 與 C_2 這兩條路徑，那麼區域 D 之內的解析函數 $f(z)$ 的積分 $\oint_C f(z)\,dz$ 可透過 $\int_{C_1} f(z)\,dz$ 與 $\int_{-C_2} f(z)\,dz$（$-C_2$ 與 C_2 的方向相反，也就是 $z_1 \to z_0$ 的方向）的總和代表。基於柯西積分定理所示，$\oint_C f(z)\,dz = 0$，所以 $\int_{C_1} f(z)\,dz$ 與 $\int_{C_2} f(z)\,dz$ 相等，也可得知與從 z_0 至 z_1 的路徑無關。

將路徑C分割成路徑C₁與路徑-C₂之後

$$\oint_C f(z)\,dz = \oint_{C_1+(-C_2)} f(z)\,dz$$
$$= \int_{C_1} f(z)\,dz + \int_{-C_2} f(z)\,dz$$ 依照路徑分割線積分
$$= 0$$ 柯西積分定理
$$\therefore \int_{C_1} f(z)\,dz = -\int_{-C_2} f(z)\,dz = \int_{C_2} f(z)\,dz$$
反向路徑的線積分

※在所有複數平面的解析函數，如 e^z、$\sin z$、z^2 等，積分值都與路徑無關，只以路徑的端點決定。

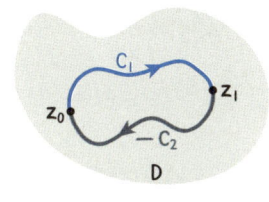

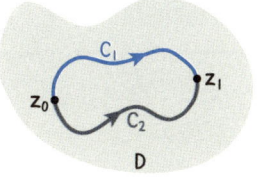

此外，區域 D 必須是**單連通**的，也就是「**沒有任何開口**」的意思。柯西積分定理完全可在下圖的 D_1 成立，但在 D_2 那種有開口的區域中，就有可能因為開口處不一定具有解析性，所以柯西積分定理不會成立。尤其當開口中出現了不具有解析性的奇異點，在應用時特別重要。不過，D_3 這種具有切入處的區域就變成單連通區域，所以柯西積分定理會成立。

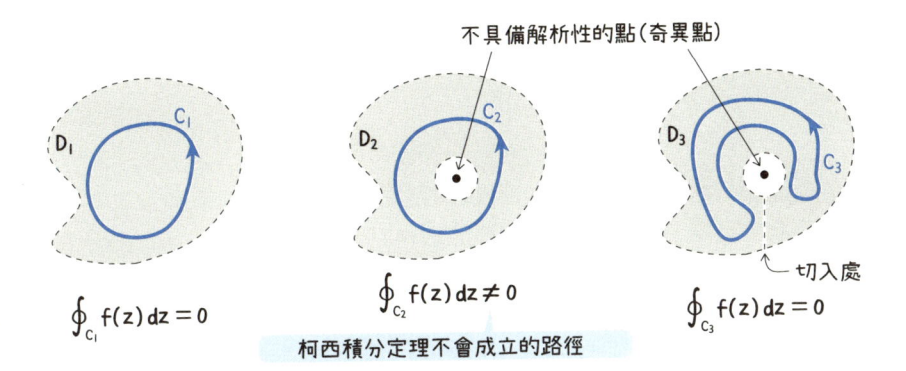

不具備解析性的點（奇異點）

$\oint_{C_1} f(z)\,dz = 0$

$\oint_{C_2} f(z)\,dz \neq 0$
柯西積分定理不會成立的路徑

$\oint_{C_3} f(z)\,dz = 0$
切入處

6 複變函數

🔍 說明柯西積分定理成立的理由

接著要說明柯西積分定理為何成立。

事前準備之一就是採用二維格林定理。二維格林定理是從斯托克斯定理衍生而來，能讓雙變數函數的線積分與面積分結合。

二維格林定理

假設x、y的函數為P(x, y)與Q(x, y)，而xy平面上的簡單封閉曲線為C，被C圍成的區域為S，則以下的式子成立。

$$\oint_C (Pdx + Qdy) = \iint_S \left(\frac{\partial Q}{\partial x} - \frac{\partial P}{\partial y}\right) dxdy$$

※對三維空間的向量值函數〔P(x, y)、Q(x, y)、0〕使用斯托克斯定理即可得到柯西積分定理。

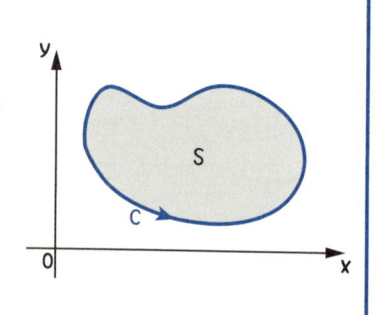

使用二維格林定理可如下導出柯西積分定理。

假設 $z = x + iy$、$f(z) = u(x, y) + iv(x, y)$，則可得到下列的結果。

$$\oint_C f(z)dz = \oint_C \{u(x,y)dx - v(x,y)dy\} + i\oint_C \{v(x,y)dx + u(x,y)dy\}$$

$$= \iint_S \left\{-\frac{\partial}{\partial x}v(x,y) - \frac{\partial}{\partial y}u(x,y)\right\} dxdy$$

$$+ i\iint_S \left\{\frac{\partial}{\partial x}u(x,y) - \frac{\partial}{\partial y}v(x,y)\right\} dxdy$$

> 對實部與虛部使用二維格林定理

此外，柯西黎曼方程式在解析函數的時候成立，所以可得到下列的結果。

$$\frac{\partial}{\partial x}v(x,y) = -\frac{\partial}{\partial y}u(x,y), \quad \frac{\partial}{\partial x}u(x,y) = \frac{\partial}{\partial y}v(x,y)$$

因此積分中的所有項都消失，變成下列的式子。

$$\oint_C f(z)dz = 0$$

重點在於，**在區域 S（由積分路徑的封閉曲線 C 圍成的區域）之內，$f(z)$ 為解析函數**。使用格林定理時，線積分會轉換成面積分，所以$f(z)$除了在曲線 C 上面，在區域 S 之內也必須具有解析性。

🔍 $(z-z_0)^m$ 的積分

於包含點 z_0 的簡單封閉曲線積分 $f(z) = (z - z_0)^m$（m 為整數）的結果，是重要的複數積分。

這個 $f(z)$ 在 $m \leq -1$ 時，點 z_0 為奇異點〔在 $z = z_0$ 處，$f(z)$ 不具備正則性〕。所以沿著包含點 z_0 的簡單封閉曲線積分時，柯西積分定理不會成立，積分值也不一定為 0。其實 $m = -1$ 時的積分值會是 $2\pi i$（不過，$m \neq 1$ 的時候，積分值為 0）。

假設包含點 z_0 的簡單封閉曲線為C

$$\oint_C (z-z_0)^m dz = \begin{cases} 2\pi i & (m = -1) \\ 0 & (m \neq -1) \end{cases}$$

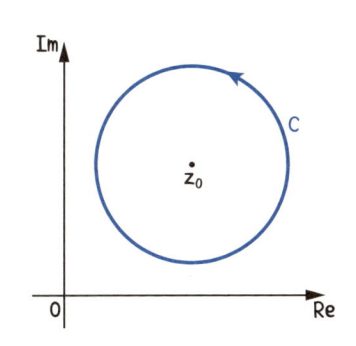

在此列出計算過程。

假設將簡單封閉曲線 C 定義為以點 z_0 為圓心，半徑為 r 的圓周，C 上的點 z 可如下表示。

$$z(\theta) = z_0 + re^{i\theta}, \quad \frac{dz}{d\theta} = ire^{i\theta} \quad (\theta \text{ 為媒介變數，} 0 \leq \theta \leq 2\pi)$$

> 與極式的格式相同(6-1節)

因此

$$\oint_C (z-z_0)^m dz = \int_0^{2\pi} (re^{i\theta})^m \, ire^{i\theta} d\theta = ir^{m+1} \int_0^{2\pi} e^{i(m+1)\theta} d\theta$$

在 $m \neq -1$ 的時候，積分值在經過下列的計算之後為 0。

$$ir^{m+1} \int_0^{2\pi} e^{i(m+1)\theta} d\theta = \frac{r^{m+1}}{m+1} \left[e^{i(m+1)\theta} \right]_0^{2\pi} = \frac{r^{m+1}}{m+1}(1-1) = 0$$

另一方，$m = -1(m + 1 = 0)$ 的時候，積分值在經過下列的計算之後為 $2\pi i$。

$$ir^0 \int_0^{2\pi} e^0 d\theta = i \int_0^{2\pi} d\theta = 2\pi i$$

> 這個結果非常重要，是 6-6 節介紹的留數定理的原理，而留數定理可用來計算複雜的實數函數的定積分。

何謂柯西積分公式

前一節告訴我們,在點 z_0 的附近對 $(z-z_0)^{-1} = \dfrac{1}{z-z_0}$ 繞一圈積分,積分值為 $2\pi i$。這個結論可導出**柯西積分公式**。

柯西積分公式

假設在單連通區域D之內,有一個圍住點$z = z_0$的簡單封閉曲線C,且區域D之內,有一個解析函數$g(z)$,則下列的公式成立

$$\oint_C \frac{g(z)}{z-z_0} dz = 2\pi i\, g(z_0)$$

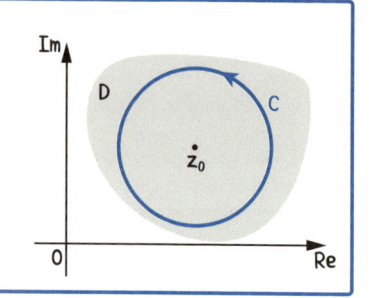

說明柯西積分公式的成立過程

首先試著在有切口的路徑積分 $f(z) = \dfrac{g(z)}{z-z_0}$。

- 在不包含z_0的路徑$C + (P \to Q) + (-\Gamma) + (Q \to P)$對$f(z) = \dfrac{g(z)}{z-z_0}$積分
- C:外圓(以逆時針為正數)、$P \to Q$、$Q \to P$:切口、Γ:內圓(以逆時針為正數)
- 因為柯西積分定理,所以 $\int_{C+(P \to Q)+(-\Gamma)+(Q \to P)} f(z)\,dz = 0$ 成立

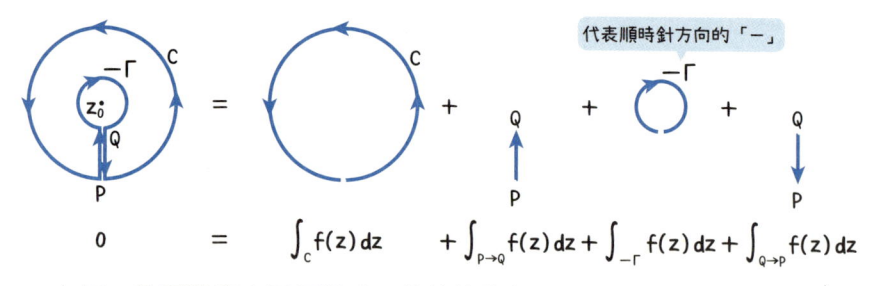

$$0 = \int_C f(z)\,dz + \int_{P \to Q} f(z)\,dz + \int_{-\Gamma} f(z)\,dz + \int_{Q \to P} f(z)\,dz$$

代表順時針方向的「−」

在切口的間隙縮小至極限時,往外拉的部分 (PQ 之間) 的路徑為反向,而且重疊,所以往外拉的部分的積分值為 0。

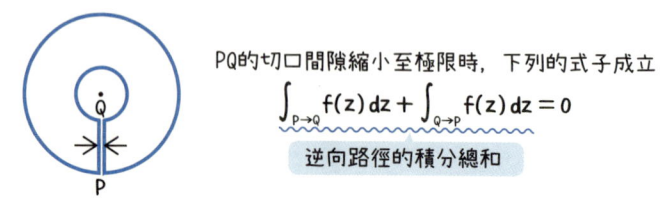

PQ的切口間隙縮小至極限時,下列的式子成立

$$\int_{P \to Q} f(z)\,dz + \int_{Q \to P} f(z)\,dz = 0$$

逆向路徑的積分總和

在 C 與 Γ 的部分，當切口的縫隙縮至極限，就會變成封閉的圓，此時若是讓內圓的方向逆轉，在 C 與 Γ 的積分值就會相同。換言之，只要**以奇異點為中心，沿著路徑以相同方向繞一圈，積分值都會相等，完全不受路徑影響**。

$$0 = \int_C f(z)\,dz + \underbrace{\int_{P \to Q} f(z)\,dz + \int_{-\Gamma} f(z)\,dz + \int_{Q \to P} f(z)\,dz}_{\text{總和為} 0}$$

$$\therefore \oint_C f(z)\,dz = -\oint_{-\Gamma} f(z)\,dz = \oint_{\Gamma} f(z)\,dz$$

接著要計算以奇異點為中心，逆時針繞一圈的積分值。

將路徑 Γ 定義為以奇異點 z_0 為圓心的圓周，再仿照 $(z - z_0)^m$ 的積分計算方式，將 z 轉換成極式。

$$z(\theta) = z_0 + re^{i\theta}, \quad \frac{dz}{d\theta} = ire^{i\theta} \quad (\theta \text{ 為媒介變數}, 0 \leq \theta \leq 2\pi)$$

因此可得到下列結果

$$\oint_{\Gamma} f(z)dz = \oint_{\Gamma} \frac{g(z)}{z - z_0} dz$$
$$= \int_0^{2\pi} \frac{g(z_0 + re^{i\theta})}{re^{i\theta}} ire^{i\theta} d\theta$$
$$= i \int_0^{2\pi} g(z_0 + re^{i\theta}) d\theta$$

在圓的半徑 r 縮小至極限時，g (z) 在點 z_0 的附近為解析函數，所以 $g(z_0 + re^{i\theta})$ 會逼近 $g(z_0)$。

$$\lim_{r \to 0} \oint_{\Gamma} f(z)dz = \lim_{r \to 0} i \int_0^{2\pi} g(z_0 + re^{i\theta}) d\theta = i \int_0^{2\pi} g(z_0) d\theta = 2\pi i g(z_0)$$

如此一來，路徑會只剩下一開始的 C，並導出柯西積分公式。

$$\oint_C f(z)dz = \oint_C \frac{g(z)}{z - z_0} dz = 2\pi i g(z_0)$$

6-6 複變函數在實數函數的積分很實用～留數定理～

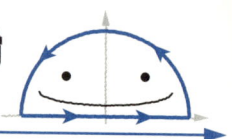

接下來介紹的留數定理可說是在複數積分的應用上最重要的定理。就算是以複雜的實數函數的定積分計算也難算出結果的題目，在應用留數定理之後，就能透過複變函數的積分算出結果。

🔍 洛朗級數

6-2 節介紹了指數函數 e^z 的泰勒級數（以及特殊情況的馬克勞林級數）。複變函數也與一般的實數函數一樣，有泰勒級數的概念，而且形態與實數函數完全一樣。

解析函數 f(z) 在 z = α 附近的泰勒級數

$$f(z) = f(\alpha) + f'(\alpha)(z-\alpha) + \frac{f''(\alpha)}{2!}(z-\alpha)^2 + \frac{f'''(\alpha)}{3!}(z-\alpha)^3 + \cdots$$

※點 α 是 f(z) 為正則區域的點

另一方面，複變函數中也有**洛朗級數**的概念。

在 f(z) 的奇異點 z = β 附近的洛朗級數

$$f(z) = \cdots + \frac{a_{-2}}{(z-\beta)^2} + \frac{a_{-1}}{z-\beta} + a_0 + a_1(z-\beta) + a_2(z-\beta)^2 + \cdots$$

※洛朗級數就是在奇異點 β 附近，以 (z − β) 的乘冪展開的式子
※a_k (k = …、−2、−1、0、1、2、…) 為常數

例 $f(z) = \dfrac{e^z}{z-i}$ 的洛朗級數

奇異點為 $z = i$。在 $z = i$ 的附近對 e^z 進行泰勒展開之後，可得到下列級數。

$$e^z = e^i + e^i(z-i) + \frac{e^i}{2!}(z-i)^2 + \frac{e^i}{3!}(z-i)^3 + \cdots$$

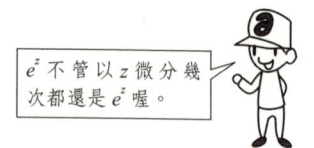

> e^z 不管以 z 微分幾次都還是 e^z 喔。

以 $z - i$ 除以這個級數即可得到洛朗級數。

$$\begin{aligned}f(z) = \frac{e^z}{z-i} &= \frac{e^i}{z-i}\left\{1 + (z-i) + \frac{1}{2!}(z-i)^2 + \frac{1}{3!}(z-i)^3 + \cdots\right\} \\ &= e^i\left\{\frac{1}{z-i} + 1 + \frac{1}{2!}(z-i) + \frac{1}{3!}(z-i)^2 + \cdots\right\}\end{aligned}$$

在 f(z) 的奇異點 z = i 附近的洛朗級數

🔍 洛朗級數的函數積分

洛朗級數與 6-5 節介紹的例子,也就是在奇異點 $z = z_0$ 的附近對 $(z - z_0)^m$ (m 為負整數)繞一圈積分的結果息息相關。

$(z - z_0)^m$ 的積分在 $m \neq 1$ 的時候為 0。因此,奇異點為 $z = z_0$ 的函數 $f(z)$ 在 $z = z_0$ 附近繞一圈積分時,對 $f(z)$ 進行洛朗展開之後,除了 $(z - z_0)^{-1}$ 之外的項都是 0,而這個概念與留數及留數定理有關。

🔍 留數

在 $f(z)$ 的奇異點 $z = a$ 的附近對 $f(z)$ 進行洛朗展開時,$(z-a)^{-1}$ 的係數稱為 $f(z)$ 在 $z = a$ 的**留數**。

f(z)在奇異點z=a的留數:

$$\boxed{\text{Res}(f(z), a)}$$

目標函數   目標奇異點

「留數」就是積分之後還留下來的數,符號 Res 源自代表留數的英語 residue。

※可以寫成Res(a, f(z))或Resf(a),寫法有很多種

留數的計算方式如下。

假設在奇異點 $z = a$ 附近對 $f(z)$ 進行洛朗展開時,$(z - a)$ 的最低次數為 -1(此時會將奇異點 $z = a$ 稱為**一階極點**)。假設洛朗級數的 $(z - a)^n$ 的係數為 a_n,可得到下列式子。

$$f(z) = \frac{a_{-1}}{z-a} + a_0 + a_1(z-a) + a_2(z-a)^2 + a_3(z-a)^3 + \cdots$$

在等號兩邊乘上 $(z - a)$ 之後,可得到下列式子。

$$(z-a)f(z) = a_{-1} + a_0(z-a) + a_1(z-a)^2 + a_2(z-a)^3 + a_3(z-a)^4 + \cdots$$

假設讓兩邊 $z \to a$,右邊只會留下留數 a_{-1}。

z=a為一階極數時   留數 $\text{Res}(f(z), a) = \lim_{z \to a}(z-a)f(z)$

一般來說,奇異點為 n 階極數〔$(z - a)$ 的最低階數為 $-n$〕時,須要進行微分,但如果只寫下結果,可得到下列式子。

z=a為n階極數時

留數 $\text{Res}(f(z), a) = \dfrac{1}{(n-1)!} \lim_{z \to a} \dfrac{d^{n-1}}{dz^{n-1}}\{(z-a)^n f(z)\}$

🔍 何謂留數定理

假設在單連通區域 D 的點 $z = a$ 為奇異點，而點 $z = a$ 之外的區域都為解析函數 $f(z)$，於包含 $z = a$ 的簡單封閉曲線 C 進行積分，可得到下列式子。

$$\oint_C f(z)\,dz = 2\pi i \operatorname{Res}(f(z), a)$$

留數定理就是延拓這個式子後得到的定理。

留數定理

假設在單連通區域D之內的簡單封閉曲線C的內部，函數f(z)有n個奇異點z_1、z_2、…、z_n時，f(z)沿著C繞一圈的積分等於各奇異點的留數總和與$2\pi i$的積。

$$\oint_C f(z)\,dz = 2\pi i \sum_{k=1}^{n} \operatorname{Res}(f(z), z_k)$$

※以右圖為例，沿著沒有奇異點的路徑C_0積分的積分值為0，所以沿著路徑C的積分與分別圍著奇異點z_1、z_2、z_3的路徑C_1、C_2、C_3的積分總和相等。

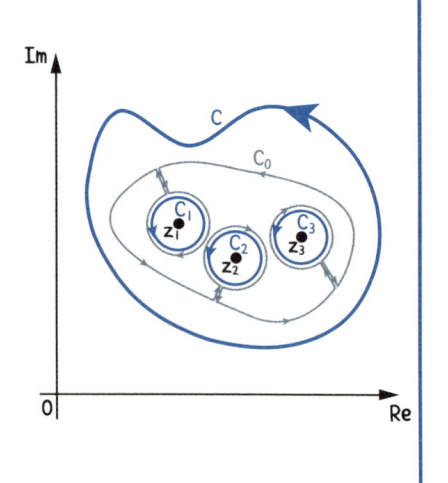

🔍 留數定理的應用～實數函數的定積分計算～

留數定理最重要的應用就是實數函數的定積分。

讓我們試著計算 $I = \int_{-\infty}^{\infty} \dfrac{dx}{x^4+1}$。

> 不管是從不定積分還是代換積分來看，I 都很難算出結果，但如果改以留數定理計算，就會變得很簡單。

❶ 將被積函數想成是複變函數

首先將被積函數當成複變函數 $\dfrac{1}{z^4+1}$。為了找出極（奇異點），要利用 -1 這個四次方根對分母的 z^4+1 進行下列的因數分解。

$$\frac{1}{z^4+1} = \frac{1}{\left(z-e^{i\frac{\pi}{4}}\right)\left(z-e^{i\frac{3\pi}{4}}\right)\left(z-e^{i\frac{5\pi}{4}}\right)\left(z-e^{i\frac{7\pi}{4}}\right)}$$

> 在因數分解並出現$(z-\alpha)^n$之後，點α為n階極數(在此為n=1)

❷ 確定複變函數的積分路徑（簡單封閉曲線）

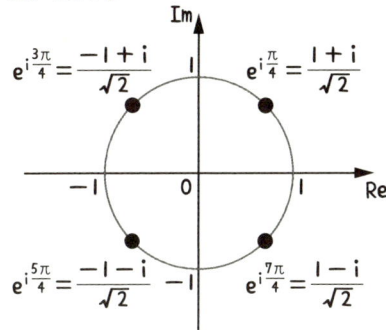

雖然我們最終想要的結果是實數函數的積分，但可將這個積分視為在實軸路徑的積分。在此要找出一條包含這條路徑，以及包含極的複變函數的積分路徑。

假設 $R > 0$，在從 $z = -R$ 到 $z = R$ 的實軸線段，以及以該線段為直徑的半圓組成的路徑 C 對 $\dfrac{1}{z^4 + 1}$ 積分。

【極的圖示】

$e^{i\frac{3\pi}{4}} = \dfrac{-1+i}{\sqrt{2}}$ $e^{i\frac{\pi}{4}} = \dfrac{1+i}{\sqrt{2}}$

$e^{i\frac{5\pi}{4}} = \dfrac{-1-i}{\sqrt{2}}$ $e^{i\frac{7\pi}{4}} = \dfrac{1-i}{\sqrt{2}}$

> $R \to \infty$ 的時候，剛好是與 I 的上限與下限對應的積分路徑。不過，此時須要將方向設定為逆時針，所以才根據在實軸上的積分方向，設定為上半部的半圓。

【決定積分路徑】

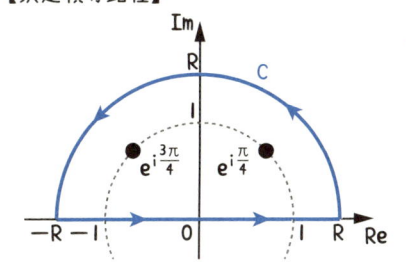

❸ 使用留數定理

路徑 C 的內部有 $\dfrac{1}{z^4 + 1}$ 的兩個一階極數

$$z = e^{i\frac{\pi}{4}} = \frac{1+i}{\sqrt{2}}, \quad z = e^{i\frac{3\pi}{4}} = \frac{-1+i}{\sqrt{2}}$$

根據上述結果，可利用留數定理算出下列結果。

$$\oint_C \frac{dz}{z^4+1} = 2\pi i \left\{ \mathrm{Res}\left(\frac{1}{z^4+1}, e^{i\frac{\pi}{4}}\right) + \mathrm{Res}\left(\frac{1}{z^4+1}, e^{i\frac{3\pi}{4}}\right) \right\}$$

$$= 2\pi i \left\{ \frac{1}{\left(e^{i\frac{\pi}{4}} - e^{i\frac{3\pi}{4}}\right)\left(e^{i\frac{\pi}{4}} - e^{i\frac{5\pi}{4}}\right)\left(e^{i\frac{\pi}{4}} - e^{i\frac{7\pi}{4}}\right)} + \frac{1}{\left(e^{i\frac{3\pi}{4}} - e^{i\frac{\pi}{4}}\right)\left(e^{i\frac{3\pi}{4}} - e^{i\frac{5\pi}{4}}\right)\left(e^{i\frac{3\pi}{4}} - e^{i\frac{7\pi}{4}}\right)} \right\}$$

$$= 2\pi i \left\{ -\frac{\sqrt{2}}{8}(1+i) + \frac{\sqrt{2}}{8}(1-i) \right\} = \frac{\sqrt{2}}{2}\pi$$

❹ 分割路徑，評估積分

在此將積分路徑 C 分成線段與半圓

$$\oint_C \frac{dz}{z^4+1} = \int_{\text{線段}} \frac{dz}{z^4+1} + \int_{\text{半圓}} \frac{dz}{z^4+1}$$

在沿著半圓積分的部分，假設 $z = Re^{i\theta} (0 \leq \theta \leq \pi)$

$$\int_{\text{半圓}} \frac{dz}{z^4+1} = \int_0^\pi \frac{Re^{i\theta} \cdot id\theta}{(Re^{i\theta})^4+1} = i\int_0^\pi \frac{Re^{i\theta}}{R^4 e^{i\cdot 4\theta}+1} d\theta$$

$|R^4 e^{i\cdot 4\theta}| \geqq R^4 - 1$（三角不等式），根據 $|Re^{i\theta}| = R$ 估計上方的積分，可得到下列結果

$$\left| i\int_0^\pi \frac{Re^{i\theta}}{R^4 e^{i\cdot 4\theta}+1} d\theta \right| \leq \int_0^\pi \left| \frac{Re^{i\theta}}{R^4 e^{i\cdot 4\theta}+1} \right| d\theta \leq \int_0^\pi \frac{R}{R^4-1} d\theta = \frac{\pi R}{R^4-1}$$

所以當 R 放大至無限大的極限，沿著半圓的積分會收斂於 0。

$$\left| \int_{\text{半圓}} \frac{dz}{z^4+1} \right| \leq \frac{1}{R^4-1} \times \pi R \to 0 \quad (R \to \infty)$$

> 此外，在 $R \to \infty$ 的時候，$\left|\dfrac{1}{z^4+1}\right|$ 會在 R^4 的速率之下變小，反觀半徑的路徑長 πR 會以 R^1 的速率增加，所以簡單來說，積分會於 0 收斂。

另一方面，$\int_{\text{線段}} \dfrac{dz}{z^4+1} = \int_{-R}^{R} \dfrac{dx}{x^4+1}$，所以在 $R \to \infty$ 的時候與 I 一致。

❺ 計算最初想要的定積分結果

積分的估計結果

已知 $\oint_C \dfrac{dz}{z^4+1} = \int_{-R}^{R} \dfrac{dx}{x^4+1} + \int_{\text{半圓}} \dfrac{dz}{z^4+1} \to I + 0 = I \quad (R \to \infty)$

另一方面，從留數定理得知

$$\oint_C \frac{dz}{z^4+1} = \frac{\sqrt{2}}{2}\pi$$

就算 $R \to \infty$，上述的式子也不會改變。

綜上所述，可得到下列結果

$$I = \int_{-\infty}^{\infty} \frac{dx}{x^4+1} = \frac{\sqrt{2}}{2}\pi$$

明明是為了計算實數函數的積分，卻用到了複變函數，讓人感到有些意外，但是懂得從複數平面思考複變函數的積分，就可以輕鬆算出積分值。

理工學的法寶、實用度 No.1
～傅立葉轉換～

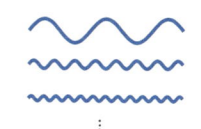

傅立葉級數與傅立葉轉換會應用在物理學、工程學以及各種領域中，而且這些式子的形態看起來雖然不一樣，但本質卻完全相同，都能透過相同的概念理解。

🔍 傅立葉級數

傅立葉級數的重點是「**所有的波都能以疊合的正弦波 (用 sin 或 cos 表示的波) 呈現**」。

【傅立葉級數的概念】

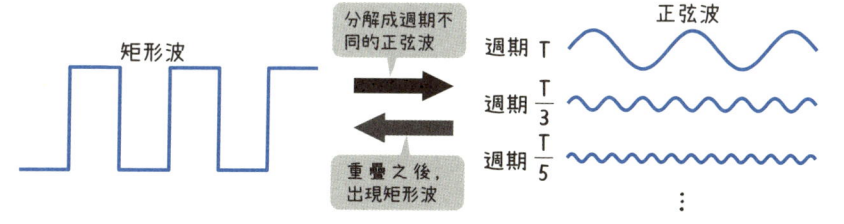

矩形波　→ 分解成週期不同的正弦波　→ 正弦波
　　　　　　　　　　　　　　　週期 T
　　　　　← 重疊之後，　　　　週期 $\frac{T}{3}$
　　　　　　出現矩形波　　　　週期 $\frac{T}{5}$
　　　　　　　　　　　　　　　　⋮

矩形波雖然看起來與正弦波的波形不同，卻可以分成好幾個正弦波
（反之，可將幾個正弦波重疊成矩形波）。

具體來說，「所有的波都能透過正弦波的重疊呈現」這點可利用下列的式子描述。

假設 $f(x)$ 是週期 T 的週期函數，$f(x)$ 的傅立葉級數如下。

$$f(x) = \frac{a_0}{2} + \sum_{n=1}^{\infty} \left(a_n \cos \frac{2\pi nx}{T} + b_n \sin \frac{2\pi nx}{T} \right)$$

不過，n 為整數。此外，傅立葉係數 a_n、b_n 分別如下。

$$a_n = \frac{2}{T} \int_{-T/2}^{T/2} f(x) \cos \frac{2\pi nx}{T} dx \quad (n \geq 0)$$
$$b_n = \frac{2}{T} \int_{-T/2}^{T/2} f(x) \sin \frac{2\pi nx}{T} dx \quad (n \geq 1)$$

> 嚴格來說，須要討論級數的收斂，但這裡以實務應用的觀點以及級數會收斂的前提討論。

🎈 慢慢地重疊正弦波

傅立葉級數能以奇函數（sin，沿著原點對稱）、偶函數（cos，沿著 y 軸對稱）的成分描述波。具體來說，當 $f(x)$ 為奇函數，就會是 sin 的總（$a_n = 0$），如果 $f(x)$ 為偶函數，就會是 cos 的總和（$b_n = 0$）。假設 $f(x)$ 既非奇函數，也非偶函數，隨意設定 cos 的係數 a_n 或是 sin 的係數 b_n，就能呈現原始的函數 $f(x)$。

傅立葉級數通常是無限個項的總和，但在實務上不能做，必須以適當（可得到一定精準度）的 n 停止加總。比方說，要以傅立葉級數描述在 xy 平面裡，沿著原點對稱、週期 2π、振幅 1 的矩形波，可得到下列的圖。從圖中可以發現，n 越大，波形就越接近原本的矩形波。

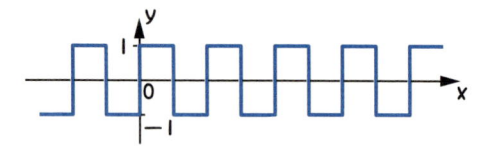

如上圖所示，振幅1的矩形波的傅立葉級數：

$$\frac{4}{\pi}\left\{\sin x + \frac{\sin 3x}{3} + \frac{\sin 5x}{5} + \cdots + \frac{\sin(2n-1)x}{2n-1} + \cdots\right\}$$

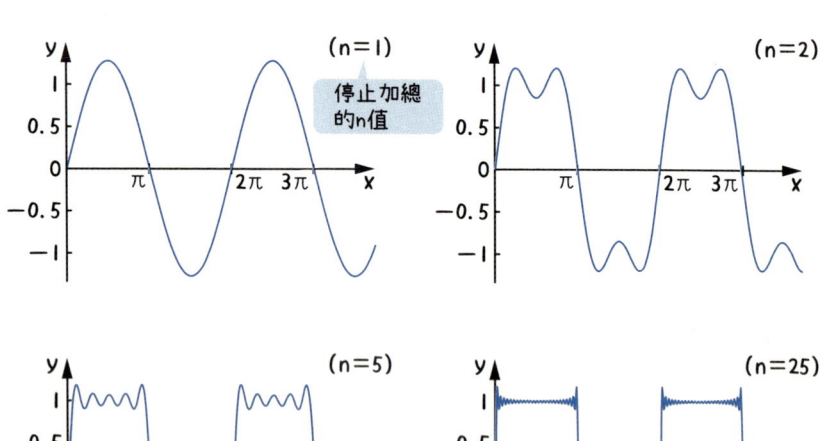

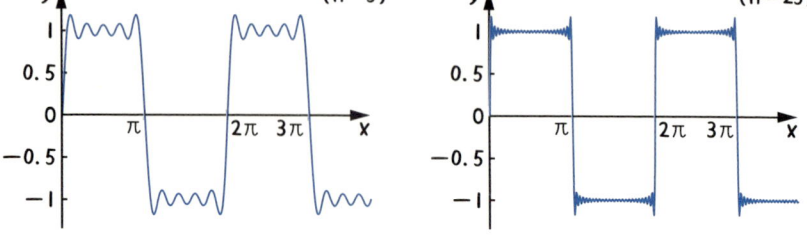

停止加總的n值

🔍 以頻率代替週期

以實務而言，波很常以頻率描述，而不是以週期描述。代表「1 秒振動幾次」的頻率是週期的倒數。以傅立葉級數描述波，就能分析組成波的頻率成分。

> 我們身邊有很多波，例如聲音、光線，或是地震波、電磁波，這些波的頻率不同，穿透與衰減的特性也不同，所以利用傅立葉級數描述要分析的波，就能知道這個波具有哪些頻率成分（a_n 或 b_n 有幾種）。這種分析可以了解波的性質，甚至可以用來了解各種現象。

🔍 複數傅立葉級數

雖然傅立葉級數是以 sin、cos 組成，但如果套用歐拉公式就能改以指數函數表達，此時也稱為複數傅立葉級數。

如果依照下列方法，利用歐拉公式改以指數函數表現 cos 與 sin，再代入以 cos 與 sin 組成的傅立葉級數，就能得到**複數傅立葉級數**。

從 $e^{i\theta} = \cos\theta + i\sin\theta$ 得到 $\begin{cases} \cos\theta = \dfrac{e^{i\theta} + e^{-i\theta}}{2} \\ \sin\theta = \dfrac{e^{i\theta} - e^{-i\theta}}{2i} \end{cases}$

歐拉公式

假設 $\theta = \dfrac{2\pi n x}{T} = k_n x$，$k_n = \dfrac{2\pi n}{T}$，可得到下列公式。

$$f(x) = \frac{a_0}{2} + \sum_{n=1}^{\infty}\left(a_n \frac{e^{i\theta}+e^{-i\theta}}{2} + b_n \frac{e^{i\theta}-e^{-i\theta}}{2i}\right) = \frac{a_0}{2} + \sum_{n=1}^{\infty}\left(\frac{a_n - ib_n}{2}e^{i\theta} + \frac{a_n + ib_n}{2}e^{-i\theta}\right)$$

在 a_n、b_n 的定義下，形式上將 n 設定為小於等於 0 的整數，可得到 $a_{-n} = a_n$、$b_{-n} = -b_n$、$b_0 = 0$。如此一來，複數傅立葉級數就能寫成如下。

f(x)若為週期T的週期函數，則f(x)的複數傅立葉函數如下。

$$f(x) = \sum_{n=-\infty}^{\infty} c_n e^{ik_n x} \quad \left(k_n = \frac{2\pi n}{T}\right)$$

此外，複數傅立葉係數C_n如下。

$$c_n = \frac{a_n - ib_n}{2} = \frac{1}{T}\int_{-T/2}^{T/2} f(x) e^{-ik_n x} dx \quad \left(k_n = \frac{2\pi n}{T}\right)$$

就意義而言，複數傅立葉級數與傅立葉級數完全相同，只有 cos 或 sin 變成指數函數而已。傅立葉係數全部集中於複數 C_n，也讓整個式子變得更簡潔。這個形態也更能幫助我們了解傅立葉轉換。

🔍 傅立葉轉換

傅立葉級數雖然好用，卻也有弱點，那就是只能夠展開波，也就是週期函數。其實傅立葉級數的式子含有原始函數 $f(x)$ 的週期 T。

不過，就算是沒有週期的函數，只要視為是各種週期（頻率）的函數所組成的函數，一樣可以分析每個週期（頻率）。要讓這類函數像傅立葉級數一樣展開該怎麼做呢？

答案就是將「週期視為無限大」。就算是**沒有週期的函數，也可以將週期視為無限大再進行傅立葉展開**，而這種概念就稱為傅立葉轉換。

$f(x)$ 的傅立葉轉換：
$$F(k) = \int_{-\infty}^{+\infty} f(x) e^{-ikx} dx$$

$F(k)$ 的傅立葉逆轉換：
$$f(x) = \frac{1}{2\pi} \int_{-\infty}^{+\infty} F(k) e^{ikx} dk$$

- 週期 T 的週期函數 $f(x)$ 的複數傅立葉級數 $f(x) = \sum_{n=-\infty}^{\infty} c_n e^{ik_n x}$ $\left(k_n = \frac{2\pi n}{T}\right)$ 與複數傅立葉係數 $c_n = \frac{1}{T}\int_{-T/2}^{T/2} f(x)e^{-ik_n x}dx$ 的時候，$T \to \infty$ 的式子
- 在 $T \to \infty$ 的極限下，傅立葉級數會是積分，離散量 k_n 會是連續量 k
- <u>傅立葉轉換 $F(k)$ 與複數傅立葉係數 C_n 對應</u>

※傅立葉轉換與傅立葉逆轉換的係數會隨著定義的方式而不同。

（例）$F(k) = \frac{1}{\sqrt{2\pi}} \int_{-\infty}^{+\infty} f(x) e^{-ikx} dx$ $\quad f(x) = \frac{1}{\sqrt{2\pi}} \int_{-\infty}^{+\infty} F(k) e^{ikx} dk$

係數的積若是 $\frac{1}{2\pi}$ 即可。

傅立葉逆轉換就是從 $f(x)$ 的傅立葉轉換 $F(k)$ 還原為原本的 $f(x)$。看了傅立葉逆轉換的式子後會發現，與 k 對應的波 e^{ikx} 的係數就是傅立葉轉換 $F(k)$，原始的函數 $f(x)$ 則可用對應各種 k 的 $F(k)e^{ikx}$ 的總和（積分）表示。這剛好與 $f(x)$ 替 cos 與 sin 加上權重，以及利用 a_n、b_n 算出總和對應。同理可證，**傅立葉轉換 $F(k)$ 是與複數傅立葉係數**（e^{iknx} 的係數）C_n **對應**。

利用傅立葉轉換分析時間變化與頻率特性

傅立葉轉換可將時間 t 的函數 $f(t)$ 轉換成角頻率的函數 $F(w)$。

> 角頻率 w 可利用 $2\pi \times$（頻率），也就是 $\dfrac{2\pi}{週期}$ 定義。

以各種角頻率 w 的函數 e^{iwt}，也就是三角函數 $f(t)$ 展開之後，可透過係數（傅立葉轉換）$F(w)$ 分析每個角頻率（每種頻率）的特性。

【「波形」的傅立葉轉換與傅立葉逆轉換】

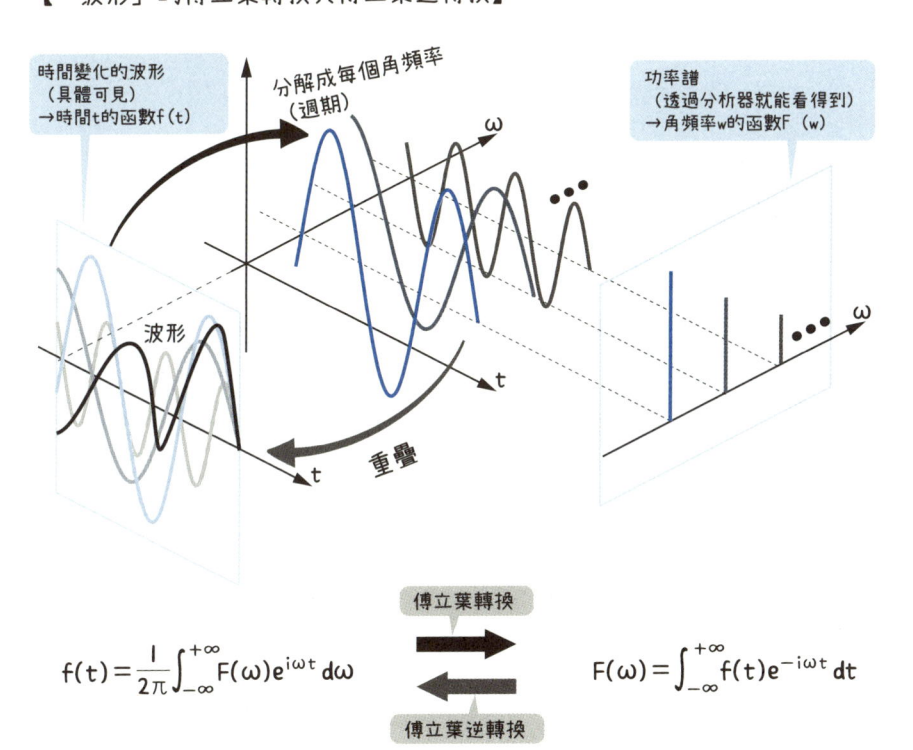

時間變化的波形（具體可見）
→時間t的函數f(t)

分解成每個角頻率（週期）

波形

重疊

功率譜（透過分析器就能看得到）
→角頻率w的函數 F(w)

傅立葉轉換

傅立葉逆轉換

$$f(t) = \frac{1}{2\pi}\int_{-\infty}^{+\infty} F(\omega)e^{i\omega t}\, d\omega \qquad F(\omega) = \int_{-\infty}^{+\infty} f(t)e^{-i\omega t}\, dt$$

複變函數

Column

◈ 複數的便利性與四元數 ◈

在高中數學接觸到的複數通常是從二次方程式的虛數解開始，不過，就算能夠在複數的範圍解出實數係數的二次方程式，說不定也不知道這個解有什麼意義。

不過，就實務而言，複數促進了科學的發展，而且還擁有近似向量的性質。

複變函數是輸入複數之後，輸出複數的函數，此時若將複變函數視為輸入複數的「實部與虛部」、輸出複數的「實部與虛部」的函數，那麼這個成對的「實部與虛部」就能視為二維向量的成分，也可將複變函數視為二維向量的向量值函數。

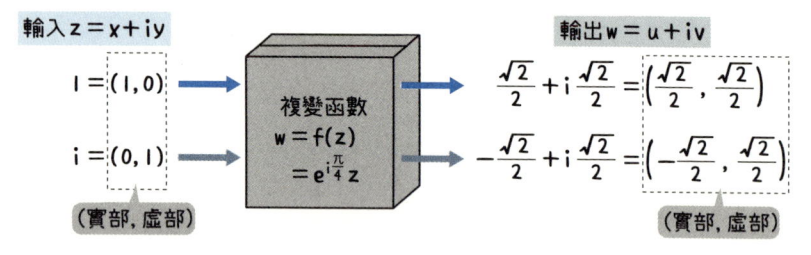

```
輸入 z = x + iy                                  輸出 w = u + iv

1 = (1, 0)    →  ┌──────────┐  →   √2/2 + i√2/2 = (√2/2, √2/2)
                 │  複變函數  │
                 │  w = f(z) │
i = (0, 1)    →  │  = e^(iπ/4) z │ →  −√2/2 + i√2/2 = (−√2/2, √2/2)
                 └──────────┘
 (實部, 虛部)                                    (實部, 虛部)
```

讀到這裡，大家應該會有「原來如此」的感覺，但如果只是要思考成對的兩個數的對應（函數），其實從向量值函數著手即可。那麼，為什麼要特地使用輸入值與輸出值是複數的複變函數呢？有什麼好處嗎？答案是「能簡潔描述在原點附近的旋轉」，這也是在應用層面裡非常重要的優點。

當二維向量在 xy 平面旋轉，會如下圖使用以三角函數為元素的二維正方矩陣（2×2 矩陣）。光是旋轉一次，式子就會變得很複雜，一邊將角度調整為 α、β、γ，一邊旋轉向量，式子就會越變越複雜。

此時若使用複變函數，就能簡潔描述這種在原點附近的旋轉。比方說，$\frac{\pi}{2}$（= 90°）的旋轉只須以「乘上 $i\left(=e^{i\frac{\pi}{2}}\right)$」這種代數運算就能完整描述。這就是在 6-1 節介紹過的複數平面的旋轉，也就是 $z_2 = e^{i\frac{\pi}{2}}$。

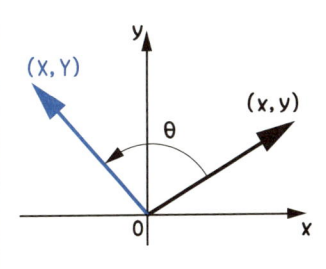

假設讓向量值(x, y)在原點附近旋轉角度θ的向量為(x, y)，則可得到下列公式

$$\begin{pmatrix} X \\ Y \end{pmatrix} = \begin{pmatrix} \cos\theta & -\sin\theta \\ \sin\theta & \cos\theta \end{pmatrix} \begin{pmatrix} x \\ y \end{pmatrix} = \begin{pmatrix} x\cos\theta - y\sin\theta \\ x\sin\theta + y\cos\theta \end{pmatrix}$$

二維旋轉矩陣

假設 $\theta = \frac{\pi}{4}$，剛剛的複變函數 $w = e^{i\frac{\pi}{4}}z$ 的輸入值z就會是 (x, y) = (1, 0)、(0, 1)。

　　雖然向量可以擴張至三維、四維甚至是更高的維度，但複數也能比照辦理不斷擴張嗎？如果可以，是不是就能以「三維複數」簡潔描述三維向量的旋轉呢？答案是可以的。

　　其實的確有能夠處理這類多維向量的複數，比方說這次介紹的四元數（quaternion）就有三個虛數單位，虛部的三個實數與實部的一個實數加起來總共有四個實數。不過，四元數無法套用積的交換律，相較於複數，比較不方便使用。

　　不過，四元數還是保留了能簡潔描述旋轉的這項特徵，在電腦圖學或是以機器人控制為主的領域裡，四元數仍是相當方便的工具。比方說，可使用四元數的三個虛部描述三維旋轉。

四元數(quaternion)的總結

- 一般來說，四元數q可透過下列的形態呈現

$$q = a + ib + jc + kd$$

實部：a　　虛部：$ib + jc + kd$　　※實部為純量部分，虛部為向量部分。

不過，a、b、c、d為實數，j、i、k為(以四元數而言)是不同的虛數單位
$i^2 = j^2 = k^2 = ijk = -1$
$ij = -ji = k$,　$jk = -kj = i$,　$ki = -ik = j$　◀ 積的交換律不成立！

- q的共軛四元數可寫成 $\overline{q}$，定義為 $\overline{q} = a - ib - jc - kd$
- q的絕對值寫成 |q|，定義為 $|q| = \sqrt{a^2 + b^2 + c^2 + d^2}$
  此時，$|q|^2 = q\overline{q}$
- 當 $q \neq 0$，q的倒數寫為 q^{-1}，做為滿足 $qq^{-1} = 1$ 的式子來定義
  此時，$q^{-1} = \frac{1}{q} = \frac{\overline{q}}{q\overline{q}} = \frac{\overline{q}}{|q|^2}$

How we know
" HOW "
!?!?!?

第7章 微分方程式

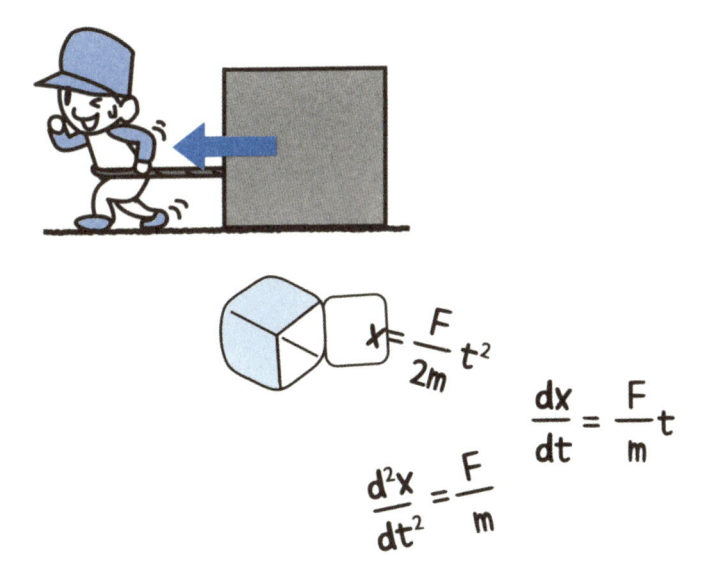

$$x = \frac{F}{2m}t^2$$

$$\frac{dx}{dt} = \frac{F}{m}t$$

$$\frac{d^2x}{dt^2} = \frac{F}{m}$$

本章將介紹微階方程式的基本邏輯。

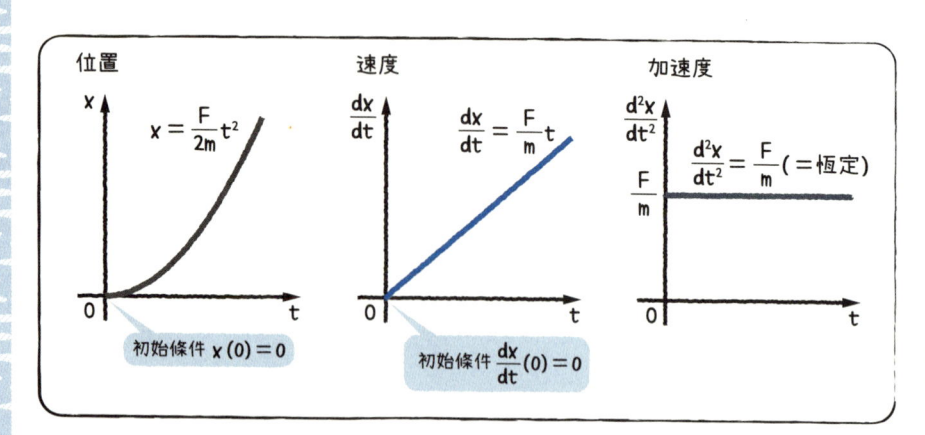

位置	速度	加速度
$x = \dfrac{F}{2m}t^2$	$\dfrac{dx}{dt} = \dfrac{F}{m}t$	$\dfrac{d^2x}{dt^2} = \dfrac{F}{m}$ (= 恆定)
初始條件 $x(0) = 0$	初始條件 $\dfrac{dx}{dt}(0) = 0$	

● 運動定律

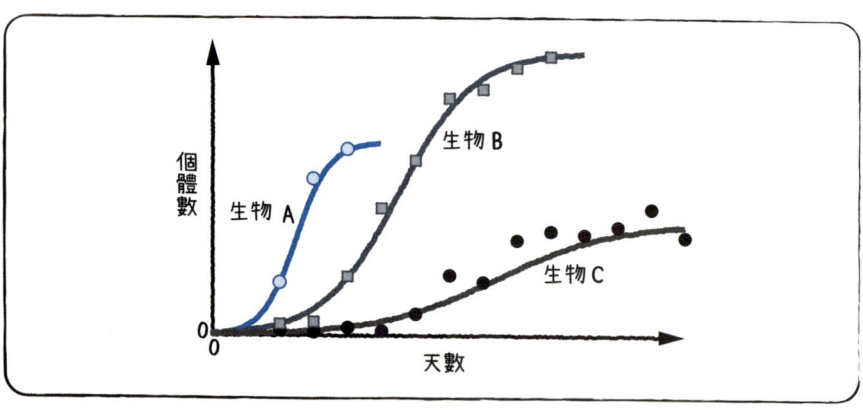

個體數　生物 A　生物 B　生物 C

天數

● 邏輯函數

$$\frac{dy}{dx} = f(x)g(y) \longrightarrow \frac{1}{g(y)}\frac{dy}{dx} = f(x) \longrightarrow \int \frac{1}{g(y)}dy = \int f(x)dx$$

y的式子　　　x的式子

分離變數

● 變數分離法

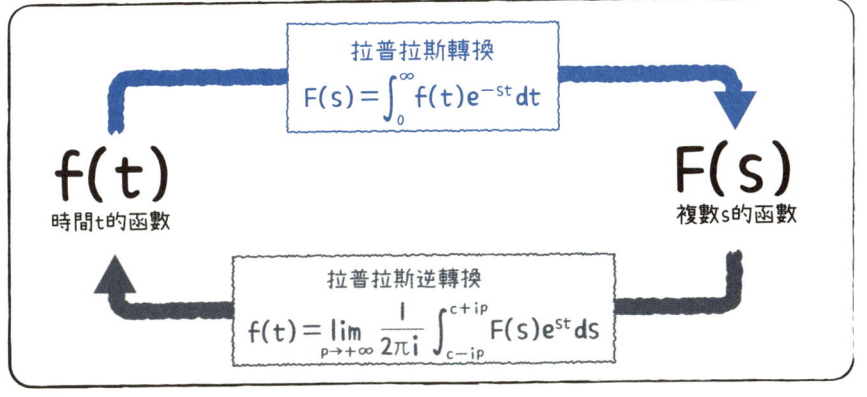

拉普拉斯轉換
$$F(s) = \int_0^\infty f(t)e^{-st}dt$$

$f(t)$
時間t的函數

$F(s)$
複數s的函數

拉普拉斯逆轉換
$$f(t) = \lim_{p \to +\infty} \frac{1}{2\pi i} \int_{c-ip}^{c+ip} F(s)e^{st}ds$$

● 拉普拉斯轉換・拉普拉斯逆轉換

$$A\frac{\partial^2 u}{\partial x^2} + B\frac{\partial^2 u}{\partial x \partial y} + C\frac{\partial^2 u}{\partial y^2} + E\frac{\partial u}{\partial x} + F\frac{\partial u}{\partial y} + Gu = f(x,y)$$

u的二階偏導函數的項（A、B、C為常數）　　其他項（E、F、G為常數）

● 二階線性偏微分方程式

197

7-1 奠定科學基礎的工具 ～微分方程式的基本～

自然科學、社會科學、人文科學的各種領域都有許多「○○定律或是○○方程式」，例如牛頓的運動定律與馬克士威方程組就是其中一種，而在數學的世界裡，這些方程式通常都是微分方程式，具有預測未來的特性，也奠定了科學的基礎。在此要從自然科學切入，介紹微分方程式的本質。

🔍 何謂微分方程式？

在國中學到的一次方程式或二次方程式是求未知數解的方程式，而 $\tan x = 2$ 或是 $e^{2x} = 5$ 這類方程式也是求出未知數 x 的解的方程式，至於**微分方程式則是求出函數的方程式，不是求出「數」的方程式**。因為是求得包含函數的「微分」（導函數）的函數的「方程式」，所以稱為「微分方程式」。此外，求出微分方程式的解稱為「解開微分方程式」。

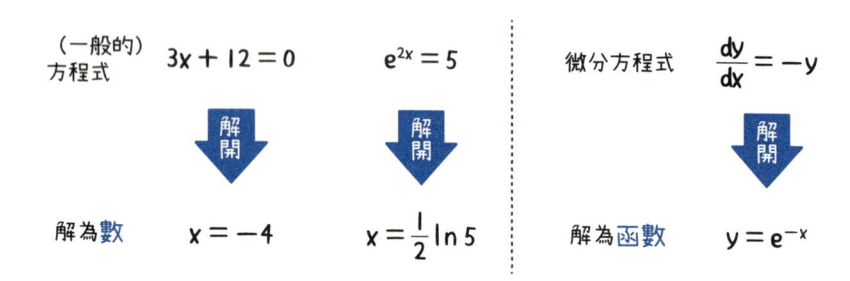

（一般的）方程式	$3x + 12 = 0$	$e^{2x} = 5$	微分方程式	$\dfrac{dy}{dx} = -y$
⬇ 解開			⬇ 解開	
解為<u>數</u>	$x = -4$	$x = \dfrac{1}{2}\ln 5$	解為<u>函數</u>	$y = e^{-x}$

【何謂「解開微分方程式」】

假設微分方程式為
$$\dfrac{dy}{dx} = -y$$
這是 x 的函數 y 的導函數 $\dfrac{dy}{dx}$ 等於 $-y$ 的意思。

➡ y 是 x 的什麼函數呢？（可利用 x 代表什麼呢？）

➡ 利用適當的方法解開微分方程式，求得 x 的函數 y〔以 x 的顯函數（有時候會是隱函數）描述 y〕。

🔍 初始條件、通解、特解

前一節提到，$y = e^{-x}$ 是微分方程式 $\dfrac{dy}{dx} = -y$ 的解，但其實解不只有 $y = e^{-x}$ 而已，例如 $y = 2e^{-x}$ 或是 $y = -e^{-x}$ 也是解。

一般來說，設 C 為**任意常數**，微分方程式 $\dfrac{dy}{dx} = -y$ 的解會寫成 $y = Ce^{-x}$。$y = Ce^{-x}$ 這種包含任意常數的解（例如 $C = 1$，解為 e^{-x}；$C = 2$，解為 $2e^{-x}$；$C = -1$，解為 $-e^{-x}$）稱為**通解**。

$\dfrac{dy}{dx} = -y$ 的解 $\begin{cases} y = e^{-x} \\ y = 2e^{-x} \\ y = -e^{-x} \\ y = \dfrac{1}{5}e^{-x} \\ y = 0 \\ \vdots \end{cases}$ ➡ 通解　$y = Ce^{-x}$（C為任意常數）

任意常數會在利用積分解微分方程式的時候出現，所以可視為與積分常數一樣的常數。

假設條件為「$x = 0$ 的時候 $y = 1$」，解就只有 $y = e^{-x}$ 一個，而這種條件稱為**初始條件**，代入初始條件後，無法以任意常數表現的解稱為**特解**。

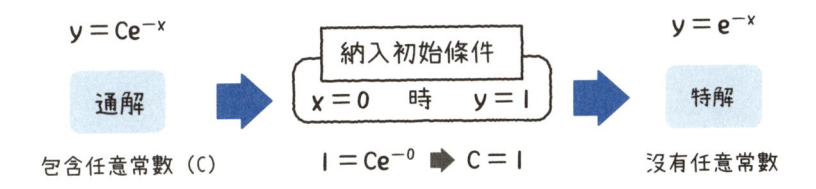

$y = Ce^{-x}$　通解　包含任意常數（C）　➡　納入初始條件　$x = 0$ 時　$y = 1$　$1 = Ce^{-0}$ ➡ $C = 1$　➡　$y = e^{-x}$　特解　沒有任意常數

> 以物理學的立場來看，就算取得牛頓的運動定律（微分方程式），只要不知道目前的狀態（初始條件）就無法算出未來的狀態（解包含任意常數）。反過來說，單有牛頓的運動定律是無法確定未來的，只有在得知初始條件之後，才能確定未來。

7　微分方程式

簡單的微分方程式的範例（其 1：運動定律）

在物理學中，最基本的牛頓運動定律如下：

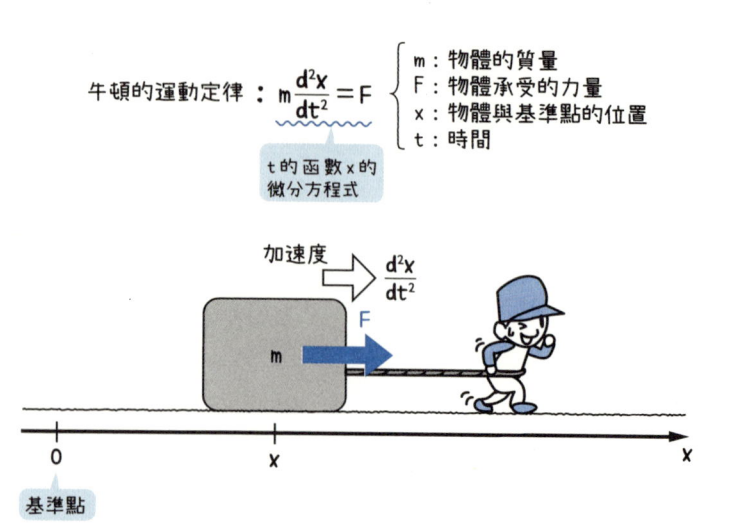

牛頓的運動定律：$m\dfrac{d^2x}{dt^2} = F$

- m：物體的質量
- F：物體承受的力量
- x：物體與基準點的位置
- t：時間

（t 的函數 x 的微分方程式）

運動定律是時間 t 的函數，也就是物體位置的 $x = x(t)$ 的微分方程式。換言之，要求的函數是物體的位置 x。

在 F 為常數（力為恆定狀態）時解運動定律，可得到下列通解。

$$x(t) = \frac{F}{2m}t^2 + C_1 t + C_2$$

看了「解」的形態之後，會發現任意常數為 C_1、C_2，這是因為運動定律為二階微分方程式（含有 x 的二階導函數）。

因此，要得到**特解須要得知 2 個初始條件**。比方說，初始條件若為：

$t = 0$ 的位置 $x(0) = 0$、速度 $\dfrac{dx}{dt}(0) = 0$

此時 $C_1 = C_2 = 0$，特解為：

$$x(t) = \frac{F}{2m}t^2$$

這就是在初始條件 $x(0) = 0$、$\dfrac{dx}{dt}(0) = 0$ 的情況下，來描述物體的運動（物體在任意時間 t 的位置）。

【F為正值且固定時】

$m\dfrac{d^2x}{dt^2} = F$ 的解在 $x(0)=0, \dfrac{dx}{dt}(0)=0$ 的條件下，$x(t) = \dfrac{F}{2m}t^2$

初始條件　　　　　滿足初始條件的特解

位置
$$x = \dfrac{F}{2m}t^2$$
初始條件 $x(0)=0$

速度
$$\dfrac{dx}{dt} = \dfrac{F}{m}t$$
初始條件 $\dfrac{dx}{dt}(0)=0$

加速度
$$\dfrac{d^2x}{dt^2} = \dfrac{F}{m}\ (=恆定)$$

【位置、速度、加速度的圖示】

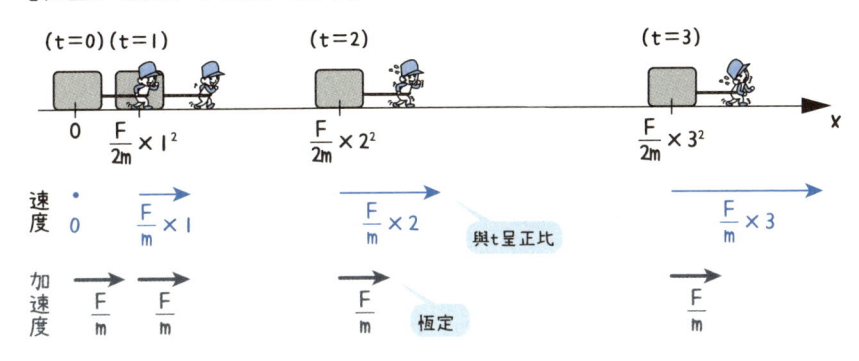

(t=0)(t=1)　　(t=2)　　(t=3)

$0\quad \dfrac{F}{2m}\times 1^2 \quad \dfrac{F}{2m}\times 2^2 \quad \dfrac{F}{2m}\times 3^2$

速度　$0\quad \dfrac{F}{m}\times 1 \quad \dfrac{F}{m}\times 2 \quad \dfrac{F}{m}\times 3$

與t呈正比

加速度　$\dfrac{F}{m}\quad \dfrac{F}{m}\quad \dfrac{F}{m}\quad \dfrac{F}{m}$

恆定

　　由於上例中的 F 為正值而且恆定，所以物體的運動為加速度恆定的等加速度運動。一般來說，在 F 會隨著時間變化，或是會隨著物體的位置變化時解開運動定律，也就是微分方程式，就能夠分析運動。

🔍 簡單的微分方程式的範例（其 2：放射性元素的衰變）

討論放射線或放射能的時候，常常會提到「半衰期」這個詞彙。

鈾這種元素中的鈾 238 會在釋放放射線之一的 α 射線（α 粒子）之後，變成釷 234。這種現象稱為放射性衰變，而發生衰變的鈾 238 則稱為放射性同位素。

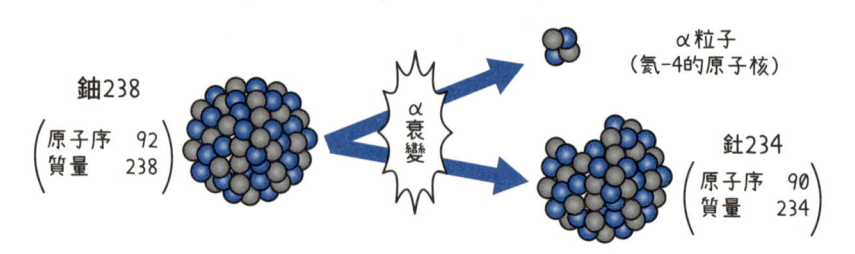

鈾238
$\begin{pmatrix} 原子序 & 92 \\ 質量 & 238 \end{pmatrix}$

α 衰變

α 粒子
（氦-4的原子核）

釷234
$\begin{pmatrix} 原子序 & 90 \\ 質量 & 234 \end{pmatrix}$

目前已知，衰變只與機率有關，並且符合下列的簡單微分方程式，而這就稱為**衰變法則**。

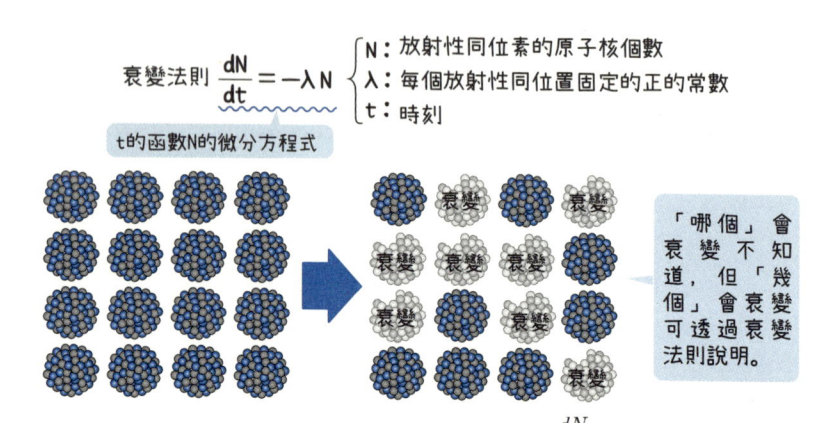

衰變法則 $\dfrac{dN}{dt} = -\lambda N$ $\begin{cases} N：放射性同位素的原子核個數 \\ \lambda：每個放射性同位置固定的正的常數 \\ t：時刻 \end{cases}$

t的函數N的微分方程式

「哪個」會衰變不知道，但「幾個」會衰變可透過衰變法則說明。

N 為時間的函數 $N(t)$，會隨著衰變而減少。$\dfrac{dN}{dt}(<0)$ 是 N 的減少速度，所以絕對值 $\left|\dfrac{dN}{dt}\right|$ 為減少的速度（衰變的速度），$\dfrac{1}{N}\left|\dfrac{dN}{dt}\right|$ 則代表在某個時間點的衰變機率。這個固定的機率會取決於每個放射性同位素，所以假設該值為 λ，就能求得衰變法則的微分方程式。

解開衰變法則的微分方程式就能求得 $N(t) = Ce^{-\lambda t}$（C 為任意常數），而初始條件為時間 $t = 0$，以及 $N(0) = N_0$（換言之，最初的原子核數設定為 N_0）的時候，就可以得到 $N(t) = N_0 e^{-\lambda t}$。

◆ 半衰期

$N(t)$ 減少一半的時間稱為**半衰期**。假設半衰期為 T，可從前一節的公式導出下列結果

$$T = \frac{\ln 2}{\lambda} \qquad N(t) = N_0 \left(\frac{1}{2}\right)^{\frac{t}{T}}$$

衰退的圖形如下。可從圖中發現，在經過時間 T 之後，放射性同位素變成一半。

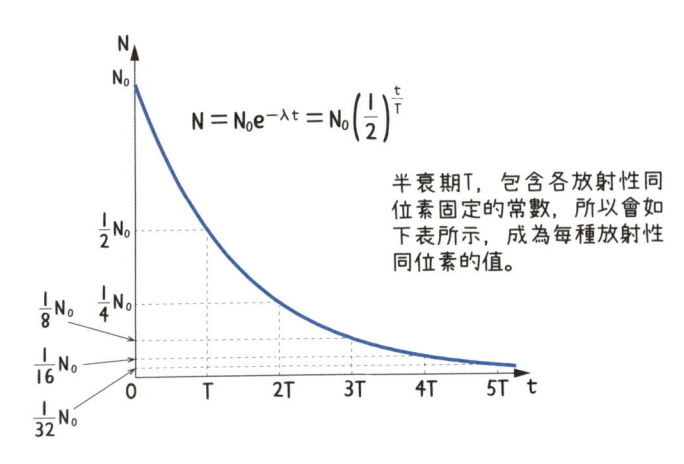

$N = N_0 e^{-\lambda t} = N_0 \left(\frac{1}{2}\right)^{\frac{t}{T}}$

半衰期T，包含各放射性同位素固定的常數，所以會如下表所示，成為每種放射性同位素的值。

放射性物質	半衰期
釷232	141億年
鈾238	45億年
鉀40	13億年
鈽239	2.4萬年
碳14	5,700年
鐳226	1,600年
銫137	30年

放射性物質	半衰期
鍶90	28.8年
氚（第三氫）	12.3年
鈷60	5.3年
鈀131	2.1年
碘131	8天
氡222	3.8天
鈉24	15小時

衰變是非常精準的現象，所以常用於測量物體於幾年前存在的定年法。比方說，碳14 的衰變就用來推測含有碳的有機物，例如動物或植物的化石在幾年前存在。

🔍 簡單的微分方程式範例（其3：預測生物的個體數）

微分方程式常出現在與時間變化有關的事件或現象中，除了剛剛那兩個物理學的範例，也**常應用於生物學、醫學與其他的自然科學，或是經濟學、心理學這類社會科學或人文科學**。

在此要介紹預測生物個體數增加的範例。

有時候我們會為了預測生物個體數而建立微分方程式。讓我們先假設「所有個體的繁殖力相同，個體的增加速度與個體數呈正比」，此時就能得到下列結論。

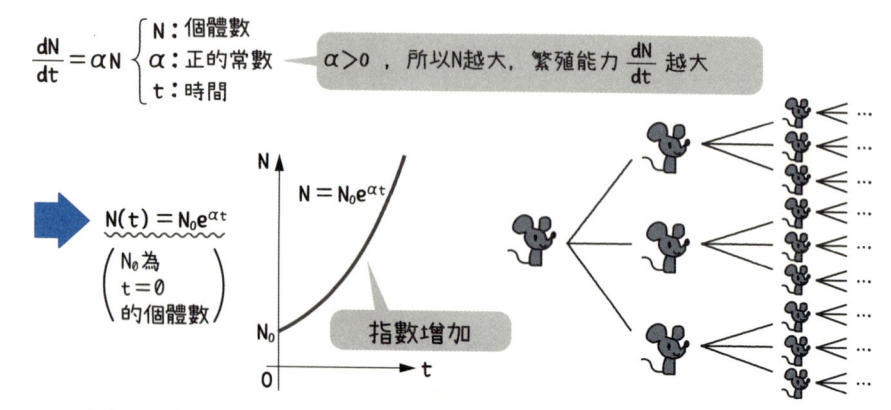

$$\frac{dN}{dt} = \alpha N \begin{cases} N：個體數 \\ \alpha：正的常數 \\ t：時間 \end{cases}$$

$\alpha > 0$，所以N越大，繁殖能力 $\frac{dN}{dt}$ 越大

➡ $N(t) = N_0 e^{\alpha t}$

$\begin{pmatrix} N_0 \text{為} \\ t = 0 \\ \text{的個體數} \end{pmatrix}$

$N = N_0 e^{\alpha t}$ 指數增加

→ 實際不可能發生這種事情，因為個體的增加速度會因為某些因素（例如自然死亡、糧食不足而餓死）變慢，或是從增加變成減少。

根據上述的考察，「個體增加速度與個體數呈正比」的假設是錯誤的（或是說應該引用其他的假設）。

因此，試著在個體數呈正比增加速度的項，追加與個體數呈正比的減少速度，就能得到下列式子。

$$\frac{dN}{dt} = \alpha N - \mu N = (\alpha - \mu)N \begin{cases} N：個體數 \\ \alpha：正的常數（與個體數的增加有關）\\ \mu：正的常數（與個體數的減少有關）\\ t：時間 \end{cases}$$

➡ $N(t) = N_0 e^{(\alpha - \mu)t}$ （N_0 為 $t = 0$ 之際的個體數）

→假設 $\alpha > \mu$，就會呈指數增加（雖然增加速度因為 μ 的貢獻度而減慢，但還是以非常快的速度增加）

→若假設 $\alpha = \mu$，則個體數維持不變；如果 $\alpha < \mu$，就會呈指數減少

由於這個模型無法正確描述現象,所以讓我們假設 N 增加時,增加速度的係數 α 不是常數,而是會持續減少的數,作為個體數不會呈指數增加(增加速率變慢)的原因吧,而不是將增加速度會與 N 呈正比變慢當成原因。假設將 α 設定為 $\alpha(1-cN)$ (c 為正的常數)

$$\frac{dN}{dt} = \alpha(1-cN)N = \alpha N - \beta N^2$$ (假設 $\alpha c = \beta$)

換言之,增加速度的淨值會是與個體數呈正比的增加速度,與個體數的平方呈正比的減少速度的總和。

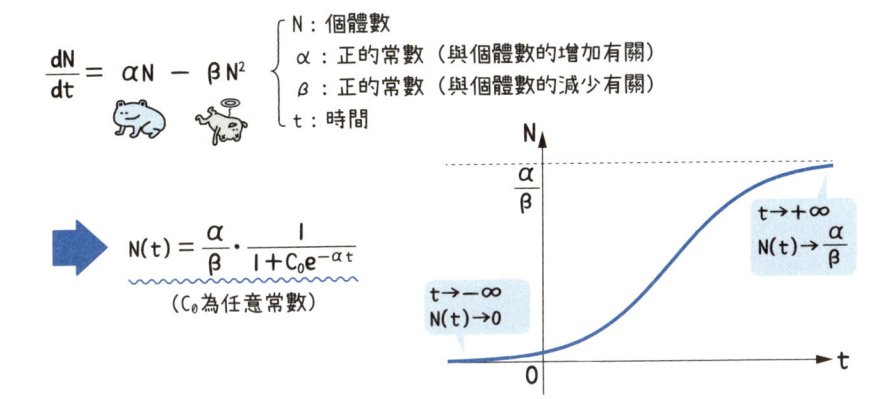

$$\frac{dN}{dt} = \alpha N - \beta N^2 \begin{cases} N: 個體數 \\ \alpha: 正的常數(與個體數的增加有關)\\ \beta: 正的常數(與個體數的減少有關)\\ t: 時間 \end{cases}$$

$$N(t) = \frac{\alpha}{\beta} \cdot \frac{1}{1+C_0 e^{-\alpha t}}$$
(C_0 為任意常數)

$t \to -\infty$
$N(t) \to 0$

$t \to +\infty$
$N(t) \to \frac{\alpha}{\beta}$

其實比較各種生物的個體數與時間之間的相關資料,以及先設定上述 N 的式子的 α 與 β,再比較兩者的圖形,會得到與右圖幾乎一致的圖形。由此可知,剛剛設定的假設算是合理。

$$\frac{dN}{dt} = \alpha N - \beta N^2$$

上述這種微分方程式稱為**邏輯方程式**,這個方程式的解稱為邏輯函數,常當成分析個體變化與外部因素的模型使用。

大家是否已經明白,微分方程式是奠定科學基礎的重要工具了呢?

7 微分方程式

7-2 先徹底了解型態～基本的常微分方程式的解法～

接下來要介紹以單變數函數為解的常微分方程式最具代表性的解法。雖然就實務而言，能以分析方式解開的微分方程式很少，但學會能這樣解開的微分方程式的解法，能夠大大幫助我們分析無法解開的微分方程式，所以讓我們一起來了解解法的型態吧。

🔍 變數分離法

假設常微分方程式 $\dfrac{dy}{dx}=F(x,y)$ 的 $F(x,y)$ 可寫成 x 的式子與 y 的式子的積，也就是 $F(x,y)=f(x)g(y)$ 時，可如下解開方程式。

$$\frac{dy}{dx}=f(x)g(y) \longrightarrow \frac{1}{g(y)}\frac{dy}{dx}=f(x) \longrightarrow \int \frac{1}{g(y)}dy=\int f(x)dx$$

（解開了！）

y的式子　　x的式子

讓變數分離

雖然 $\dfrac{1}{g(y)}$ 或是 $f(x)$ 的原始函數無法寫得更簡單一點，但只要得到原始函數，就能以「**分析的方式**」解開這個微分方程式。像這樣將變數 x 與 y 分成兩邊的型態稱為**變數分離形**，而變數分離形的解法又稱為**變數分離法**。

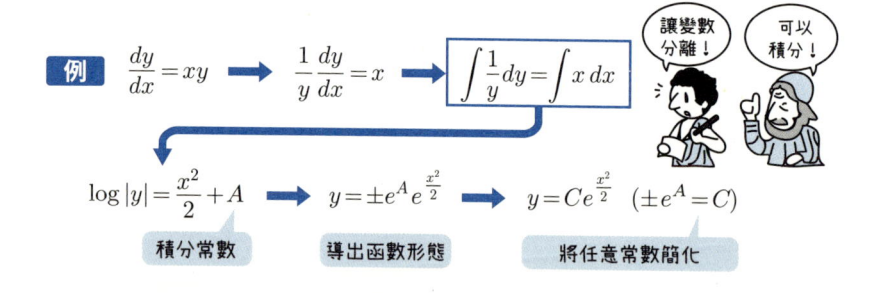

例　$\dfrac{dy}{dx}=xy \longrightarrow \dfrac{1}{y}\dfrac{dy}{dx}=x \longrightarrow \boxed{\int \dfrac{1}{y}dy = \int x\,dx}$

（讓變數分離！）（可以積分！）

$$\log|y|=\frac{x^2}{2}+A \longrightarrow y=\pm e^{A}e^{\frac{x^2}{2}} \longrightarrow y=Ce^{\frac{x^2}{2}} \quad (\pm e^{A}=C)$$

積分常數　　　導出函數形態　　　將任意常數簡化

變數分離法是常微分方程式各種解法的基礎。乍看之下，變數好像無法分離，但在經過適當的變數轉換之後，就能將式子整理成變數分離形，也就能套用變數分離法了。

🔍 一階線性常微分方程式的解法－常數轉換法－

假設常微分方程式 $\frac{dy}{dx} = F(x, y)$ 的 $F(x, y)$ 為 y 的一次式（x 幾次方都可以），也就是能寫成 $F(x, y) = a(x)y + b(x)$ 的時候，這種常微分方程式就稱為**一階線性常微分方程式**。

請注意「線性」這個部分。**具有線性的意思是，這個微分方程式若有多個解，各解（的常數倍）的和與差也會是解。**

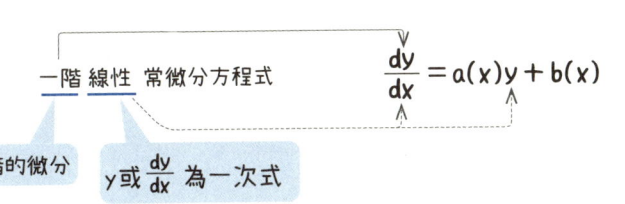

一階　線性　常微分方程式　　$\frac{dy}{dx} = a(x)y + b(x)$

最高階的微分　　　y 或 $\frac{dy}{dx}$ 為一次式

※線性微分方程式的解若是 $y = y_1$ 與 $y = y_2$，則 $y = y_1 + y_2$、$y = 2y_1 - 3y_2$ 這類 $y = ay_1 + by_2$（a、b為常數）的式子也會是解（解的疊加）

一階線性常微分方程式可透過下列步驟求解。

先思考 $b(x) = 0$ 的情況。此時可利用變數轉換法解開微分方程式，解會是 $y = Ce^{A(x)}$ 的形式〔C 為任意常數，$A(x) = \int a(x)dx$〕。

接著讓我們思考 $b(x) \neq 0$ 的情況。其實目前已知，此時的解為 $y = C(x)e^{A(x)}$ 的形態。換言之，$b(x) = 0$ 之際的任意常數 C 變成 x 的函數 $C(x)$ 這種形態。利用這點解開微分方程式的方法稱為**常數轉換法**〔C 這個任意「常數」「轉換」成 $C(x)$ 這個函數的意思〕。

$\frac{dy}{dx} = a(x)y + b(x)$ 的通解

【$b(x) = 0$ 的時候⋯同次（齊次）方程式】

　　$y = Ce^{A(x)}$ 〔$A(x)$ 為 $a(x)$ 的原始函數、C 為任意常數〕

【$b(x) \neq 0$ 的時候⋯非同次（非齊次）方程式】

　　$y = \underline{C(x)}e^{A(x)}$ 〔$A(x)$ 是 $a(x)$ 的原始函數〕

　　　※將上方的解代入原本的微分方程式就能得到$C(x)$
　　　　可以解開$C(x)$的微分方程式。

7　微分方程式

常數係數的二階線性常微分方程式（其1：同次）

包含二階導函數的微分方程式常應用於物理學與工程學，是非常重要的微分方程式。接下來要介紹的是，在未知函數 y 以及 y 的導函數的係數為常數時，這種微分方程式的解法。在解開這種微分方程式的時候，**特徵方程式**這種二次方程式扮演了重要的角色。

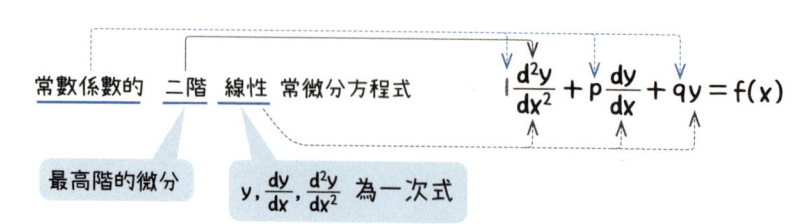

常數係數的　二階　線性　常微分方程式　　$\dfrac{d^2y}{dx^2} + p\dfrac{dy}{dx} + qy = f(x)$

- 最高階的微分
- $y, \dfrac{dy}{dx}, \dfrac{d^2y}{dx^2}$ 為一次式

※這個微分方程式的特徵方程式：$\lambda^2 + p\lambda + q = 0$

（將n階導函數置換為「λ的n次方」）

首先讓我們思考**同次**〔也就是 $f(x) = 0$〕的情況。

微分方程式的通解是由著特徵方程式（λ 的二次方程式）的判別式 p^2-4q 的符號所決定，下列是相關的通解。這些通解都是兩個項的總和（基本解的疊和）。由於微分方程式是線性，所以能套用疊和的原理。

$\dfrac{d^2y}{dx^2} + p\dfrac{dy}{dx} + qy = 0$ 的通解

【$p^2-4q>0$ 的時候】特徵方程式擁有兩個不同的實數解，分別為 λ_1 與 λ_2。

$$y = C_1 e^{\lambda_1 x} + C_2 e^{\lambda_2 x} \quad (C_1、C_2 為任意常數)$$

- 基本解　疊和　基本解

【$p^2-4q<0$ 的時候】特徵方程式擁有兩個虛數解 $\alpha \pm i\beta$（α、β 為實數）。

$$y = C_1 e^{\alpha x}\cos\beta x + C_2 e^{\alpha x}\sin\beta x \quad (C_1、C_2 為任意常數)$$

- 基本解　疊和　基本解

【$p^2-4q=0$ 的時候】特徵方程式擁有1個實數解（重解）。

$$y = C_1 e^{\lambda_0 x} + C_2 x e^{\lambda_0 x} \quad (C_1、C_2 為任意常數)$$

- 基本解　疊和　基本解

> 因為是二階微分方程式，所以任意常數有2個。

🔍 常數係數的二階線性常微分方程式（其2：非同次）

接著讓我們思考**非同次**〔也就是 $f(x) \neq 0$〕的時候。

此時沒有「這樣計算就能得到解」的方法。不過，只要能**利用某些方法找到滿足這個微分方程式的函數（特解），就能找出通解**。

> 雖然沒有找到特解的方法，但通常可以從 $f(x)$ 的式子得到提示。

例 解開微分方程式 $\dfrac{d^2y}{dx^2} - 5\dfrac{dy}{dx} + 6y = 2e^x$。

❶ 找出特解

這個微分方程式以 $y = e^x$ 為解。試著將 $y = e^x$ 代入等號左側，就會得到下列結果。

（左邊）$= e^x - 5e^x + 6e^x = 2e^x$

與等號右邊的式子完全一致，由此可知，這的確是這個微分方程式的解。

❷ 思考同次微分方程式的通解

接著讓我們思考讓這個微分方程式的右邊為 0 的同次微分方程式。同次微分方程式的通解可利用特徵方程式求出。

$\dfrac{d^2y}{dx^2} - 5\dfrac{dy}{dx} + 6y = 0$ （特徵方程式 $\lambda^2 - 5\lambda + 6 = 0 \to \lambda = 2, 3$）

$\to \quad y = C_1 e^{2x} + C_2 e^{3x}$（$C_1$、$C_2$ 為任意常數）

❸ 思考解的疊加

接著讓我們根據前述的結果，試著看看如下的情況。

$y_1 = e^x$ $\qquad$ $\left(\dfrac{d^2y_1}{dx^2} - 5\dfrac{dy_1}{dx} + 6y_1 = 2e^x \quad \cdots ①\right)$

$y_2 = C_1 e^{2x} + C_2 e^{3x}$ $\qquad$ $\left(\dfrac{d^2y_2}{dx^2} - 5\dfrac{dy_2}{dx} + 6y_2 = 0 \quad \cdots ②\right)$

兩個式子的總和為 $y_1 + y_2 = e^x + C_1 e^{2x} + C_2 e^{3x}$。

由於①+②為 $\dfrac{d^2(y_1+y_2)}{dx^2} - 5\dfrac{d(y_1+y_2)}{dx} + 6(y_1+y_2)$，如果 $y = y_1 + y_2$，原本的非同次微分方程式就會是 $\dfrac{d^2y}{dx^2} - 5\dfrac{dy}{dx} + 6y = 2e^x$。換言之，$y = (y_1 + y_2 =)$ $e^x + C_1 e^{2x} + C_2 e^{3x}$ 就是原本非同次微分方程式的通解。

$\dfrac{d^2y}{dx^2} - 5\dfrac{dy}{dx} + 6y = 2e^x \quad \to \quad \underline{y = e^x + C_1 e^{2x} + C_2 e^{3x}}$

> 由於是二階常微分方程式，所以任意常數有2個

7-3 輕鬆解開微分方程式 ～拉普拉斯轉換～

使用拉普拉斯轉換有時可輕鬆解開微分方程式。這個方法很常應用在電機工程學或控制工程學，請務必學起來喔。

🔍 拉普拉斯轉換

下列 t 的函數 $f(t)$ 的式子稱為 $f(t)$ 的**拉普拉斯轉換**。

f(t)的拉普拉斯轉換：$$F(s) = \int_0^\infty f(t)e^{-st}dt$$

- 一般來說，s為實部是正數的複數
- 經過拉普拉斯轉換後，實數t的函數f(t)會轉換成複數s的函數F(s)

反之，若是讓變數 s 的函數 $F(s)$ 轉換為變數 t 的函數 $f(t)$，也就是逆向轉換，就稱為拉普拉斯逆轉換，可寫成下列式子。

$$f(t) = \lim_{p \to \infty} \frac{1}{2\pi i} \int_{c-ip}^{c+ip} F(s)e^{st}ds$$ （i 是虛數單位、c 是實數）

之所以要思考這麼麻煩的問題，在於**拉普拉斯能將微分或積分轉換成簡單的形態，讓微分方程式變得更簡潔、更容易求解**。不過，拉普拉斯轉換或逆轉換的式子看起來很難計算，本書也不打算直接計算拉普拉斯轉換的積分，所以請大家放心，繼續讀下去。

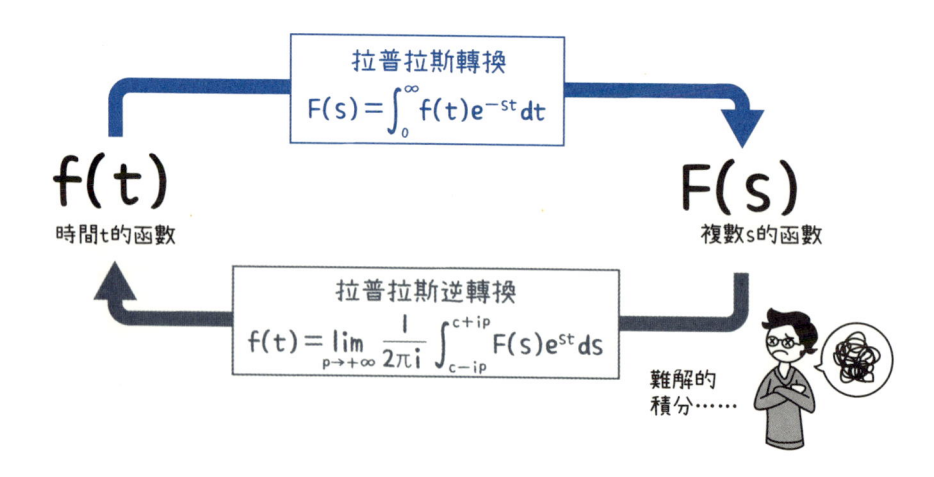

拉普拉斯轉換
$$F(s) = \int_0^\infty f(t)e^{-st}dt$$

f(t) 時間t的函數

F(s) 複數s的函數

拉普拉斯逆轉換
$$f(t) = \lim_{p \to +\infty} \frac{1}{2\pi i} \int_{c-ip}^{c+ip} F(s)e^{st}ds$$

難解的積分……

🔍 各種函數的拉普拉斯轉換

具體來說,對 t 的函數 $f(t)$ 的微分或積分進行拉普拉斯轉換,可得到下列結果。**拉普拉斯轉換可將微分或積分轉換成 s 的積(乘法)或商(除法),變形成代數的式子,找出 $F(s)$ 之後,就能透過拉普拉斯逆轉換求得 $f(t)$。**

微分的拉普拉斯轉換: $\dfrac{df(t)}{dt}$ → 拉普拉斯轉換 → $sF(s) - f(0)$(乘上 s)

積分的拉普拉斯轉換: $\displaystyle\int_0^t f(u)\,du$ → 拉普拉斯轉換 → $\dfrac{1}{s}F(s)$(以 s 除之)

剛剛提到「本書不會直接計算拉普拉斯轉換與逆轉換的積分」,那麼該怎麼辦呢?答案是使用**下方的拉普拉斯轉換表**。實際計算之後,可讓左側欄位的函數經過拉普拉斯轉換,轉換成右側欄位的函數(反之,可透過拉普拉斯逆轉換從右欄的函數得到左欄的函數)。但其實不用每次都使用表格計算,簡單來說,就是請大家把拉普拉斯轉換表當成公式。

下列表格將 t 的函數 $f(t)$、$g(t)$ 以拉普拉斯函數的方式轉換成 s 的函數,而這個 s 函數則是 $F(s)$ 與 $G(s)$。此外,a、b、ω 為常數。

拉普拉斯轉換 →

轉換前	轉換後
1	$\dfrac{1}{s}$
t	$\dfrac{1}{s^2}$
e^{-at}	$\dfrac{1}{s+a}$
$\sin\omega t$	$\dfrac{\omega}{s^2+\omega^2}$
$\cos\omega t$	$\dfrac{s}{s^2+\omega^2}$

← 拉普拉斯逆轉換

拉普拉斯轉換 →

轉換前	轉換後
$af(t)+bg(t)$	$aF(s)+bG(s)$
$f(t-a)$	$e^{-as}F(s)$
$e^{at}f(t)$	$F(s-a)$
$\dfrac{df(t)}{dt}$	$sF(s)-f(0)$
$\displaystyle\int_0^t f(u)\,du$	$\dfrac{1}{s}F(s)$

← 拉普拉斯逆轉換

有表就安心了!

在這張表格中,$af(t)+bg(t)$ 的拉普拉斯轉換是 $aF(s)+bG(s)$,這點是**拉普拉斯轉換的線性**,也是非常重要的性質。

🔍 拉普拉斯轉換的應用範例（解開 RL 電路的微分方程式）

接著要介紹利用拉普拉斯轉換解開微分方程式的例子。

如圖所示，R（電阻）、L（線圈）與 E（直流電源）透過 S（開關）接成串聯電路時，求出流經這個電路的電流 $i(t)$。假設 R、L、E 是固定的數值。S 在時間 $t = 0$ 的時候設定為 ON，在時間 t 的電流 $i(t)$ 滿足下列微分方程式。

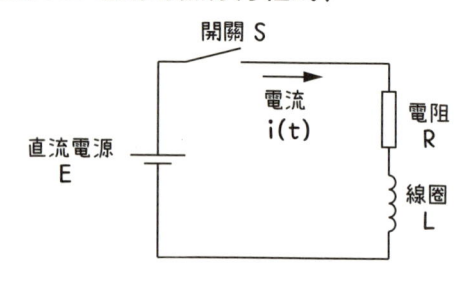

$$E = Ri(t) + L\frac{di(t)}{dt} \quad \text{一階線性（非同次）微分方程式（7-2 節）}$$

讓我們試著用拉普拉斯轉換解開這個微分方程式。以下將 $i(t)$ 的拉普拉斯轉換設定為 $I(s)$。

❶ 拉普拉斯轉換（使用表格）

以拉普拉斯轉換處理這個微分方程式的各項之後，可得到下列結果。

$$E \rightarrow \frac{E}{s} \qquad Ri(t) \rightarrow RI(s) \qquad L\frac{di(t)}{dt} \rightarrow L\{sI(s) - i(0)\} = LsI(s)$$

當時間 t=0，沒有電流流經這個電路，所以 i(0)=0，Li(0) 的項會消失

所以如果利用線性對微分方程式進行拉普拉斯轉換，應該會得到下列的結果。

$$E = Ri(t) + L\frac{di(t)}{dt} \xrightarrow{\text{拉普拉斯轉換}} \frac{E}{s} = RI(s) + LsI(s)$$

❷ 計算 $I(s)$

為了求得 $I(s)$，將拉普拉斯轉換之後的方程式整理成下列式子。之所以如此整理式子，是為分出部分分數，以便進行拉普拉斯轉換。

$$I(s) = \frac{E}{s(Ls+R)} = \frac{E}{L} \cdot \frac{1}{\frac{R}{L} - 0} \left(\frac{1}{s+0} - \frac{1}{s+\frac{R}{L}} \right) = \frac{E}{R} \left(\frac{1}{s} - \frac{1}{s+\frac{R}{L}} \right)$$

部分分數展開

❸ 拉普拉斯逆轉換（使用表格）

依據拉普拉斯表格，如下對步驟 ❷ 求得的 $I(s)$ 進行逆轉換。

$$\frac{1}{s} \longrightarrow 1 \qquad \frac{1}{s+\frac{R}{L}} \longrightarrow e^{-\frac{R}{L}t}$$

如此一來，解 $I(s)$ 就被轉換成 $i(t)$，而 $i(t)$ 可透過下列步驟求解。

$$I(s) = \frac{E}{R}\left(\frac{1}{s} - \frac{1}{s+\frac{R}{L}}\right) \xrightarrow{\text{拉普拉斯逆轉換}} i(t) = \frac{E}{R}\left(1 - e^{-\frac{R}{L}t}\right)$$

> 看著表格，一步步求解。

🔍 拉普拉斯轉換與對數轉換

利用拉普拉斯解開微分方程式很像是思考多位數積的對數。

在計算位數很多的乘法或除法時，先轉換成對數就能轉換成相對簡單的加法與減法，之後再還原計算結果，就能得到原本的計算結果（的近似值）（參考 1-6 節）。

拉普拉斯轉換的概念與上述的計算過程相似。利用拉普拉斯轉換將微階方程式處理成可以利用代數進行計算的形式，之後再利用拉普拉斯逆轉換還原計算結果，就能夠得到想要的解。

如果是初學者，或許會覺得為什麼要利用拉普拉斯轉換這麼困難的方法解開微分方程式，但光是**能以代數的方式計算微分方程式這點，就證明了拉普拉斯轉換的價值**。

253434 × 643434

複雜的乘法

⬇ 轉換成對數

5.40386 + 5.80850 = 11.212
log₁₀253434 log₁₀643434

⬇ 還原為反對數

163000000000（近似值）

> 只要有常用對數表，就能快速解開複雜的乘法。

$E = Ri(t) + L\frac{di(t)}{dt}$

困難的微分方程式

⬇ 拉普拉斯轉換

$\frac{E}{s} = RI(s) + LsI(s) \rightarrow I(s) = \frac{E}{s(Ls+R)}$

⬇ 拉普拉斯逆轉換

$i(t) = \frac{E}{R}\left(1 - e^{-\frac{R}{L}t}\right)$

> 只要有拉普拉斯轉換表，困難的微分方程式也能快速求出解。

7 微分方程式

7-4 多變數函數的微分方程式 ～偏微分方程式～

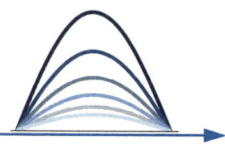

接下來要介紹包含多變數函數的偏導函數的偏微分方程式。這是非常深奧的領域，也是稍微進階的數學，所以這次只介紹入門的知識。話雖如此，就算不是專門處理微分方程式的人，最好也該具備這種程度的素養。

🔍 何謂偏微分程式

若微分方程式含有 2 個變數以上的未知函數的偏導函數，就是**偏微分方程式**。

<u>偏微分方程式</u>：含有偏微分符號 ∂（含有偏導函數）的微分方程式

▼各種偏微分方程式與實例〔t為時間、x、y、z為位置（座標）〕

$\dfrac{\partial u}{\partial x} + \dfrac{\partial u}{\partial y} = x + y$ 　　「u是以x、y為變數的函數」

$\dfrac{\partial^2 \Phi}{\partial x^2} + \dfrac{\partial^2 \Phi}{\partial y^2} + \dfrac{\partial^2 \Phi}{\partial z^2} = 0$ 　　「Φ是以x、y、z為變數的函數」
→（三維）拉普拉斯方程式
（例）Φ為空間中的靜電場

$\dfrac{\partial^2 u}{\partial t^2} = c^2 \left(\dfrac{\partial^2 u}{\partial x^2} + \dfrac{\partial^2 u}{\partial y^2} + \dfrac{\partial^2 u}{\partial z^2} \right)$ 　　「u是以t、x、y、z為變數的函數」
→（三維）波動方程式
（例）u是於空間之中傳遞的波的變位

$c \dfrac{\partial T}{\partial t} = \lambda \left(\dfrac{\partial^2 T}{\partial x^2} + \dfrac{\partial^2 T}{\partial y^2} \right)$ 　　「T是以t、x、y為變數的函數」
→（二維）擴散方程式
（例）T為金屬板的溫度分布

$\dfrac{\partial v}{\partial t} + v \dfrac{\partial v}{\partial x} = -\dfrac{1}{\rho} \dfrac{\partial p}{\partial x} + \nu \dfrac{\partial^2 v}{\partial x^2} + g$ 　　「v、p是以x為變數的函數」
→（一維）斯托克斯方程式
（例）v、p為流體的速度場、壓力場

$i\hbar \dfrac{\partial \Psi}{\partial t} = -\dfrac{\hbar^2}{2m} \dfrac{\partial^2 \Psi}{\partial x^2} + E\Psi$ 　　「Ψ是以t、x為變數的函數」
→（一維）薛丁格方程式
（例）Ψ是於x軸運動的粒子的波動函數

🔍 二階線性偏微階方程式的分類

接下來介紹的二階線性偏微分方程式很常出現在物理與工程學中。

對於u（x, y）而言　$A\dfrac{\partial^2 u}{\partial x^2} + B\dfrac{\partial^2 u}{\partial x \partial y} + C\dfrac{\partial^2 u}{\partial y^2} + E\dfrac{\partial u}{\partial x} + F\dfrac{\partial u}{\partial y} + Gu = f(x, y)$

u的二階偏導函數的項（A、B、C為常數）　　其他項（E、F、G為常數）

如下表所示，這個方程式分成橢圓型、雙曲型、拋物型三種。這些類型的名稱是由 $Ax^2 + Bxy + Cy^2 = D$（D為常數）的圖形為橢圓形、雙曲線、拋物線所決定，解的特徵也都不一樣。

$B^2 - 4AC < 0$ 的時候 橢圓型	$B^2 - 4AC > 0$ 的時候 雙曲型	$B^2 - 4AC = 0$ 的時候 拋物型
封入	雙向	單向
拉普拉斯方程式 $\dfrac{\partial^2 u}{\partial x^2} + \dfrac{\partial^2 u}{\partial y^2} = 0$ $(A=1, B=0, C=1)$	波動方程式 $\dfrac{\partial^2 u}{\partial t^2} - c^2 \dfrac{\partial^2 u}{\partial x^2} = 0$ （相當於 $A=1$、$B=0$、$C=-c^2$）	擴散方程式 $\dfrac{\partial u}{\partial t} = \alpha \dfrac{\partial^2 u}{\partial x^2}$ （相當於 $A=1$、$B=0$、$C=0$）
導體圓內的電壓（電位）分布	雙向的行進波	隨著時間進行的單向擴散（經過的時間）

一如橢圓形於空間之內往內縮的感覺，**橢圓型**在空間之內的解也就是具有**穩態**性質的解。

一如雙曲線向兩個方向擴散的感覺，**雙曲型**的解就是具有朝兩個方向前進的**行進波**的性質的解。

一如拋線線朝單一方向擴張，**拋物型**的解具有單向（不可逆）的**傳導**、**傳播**性質的解。

大家可以把橢圓型、雙曲型、拋物型想像從穩態（封閉）、雙向、單方向的圖形。

APPROXIMATELY,
well ...

第8章 近似、數值計算

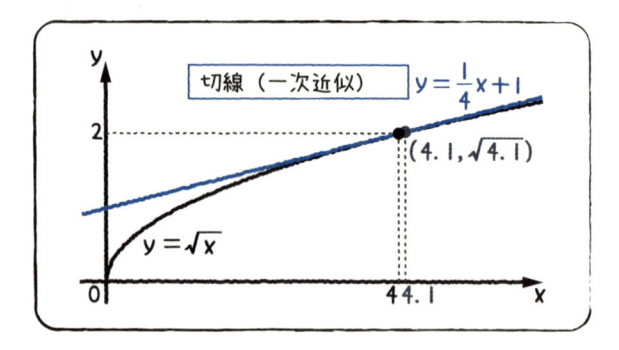

本章要介紹方程式、微積分處理數值的基礎知識

切線（一次近似）$y = \frac{1}{4}x + 1$

$y = \sqrt{x}$

$(4.1, \sqrt{4.1})$

❶ 一次近似

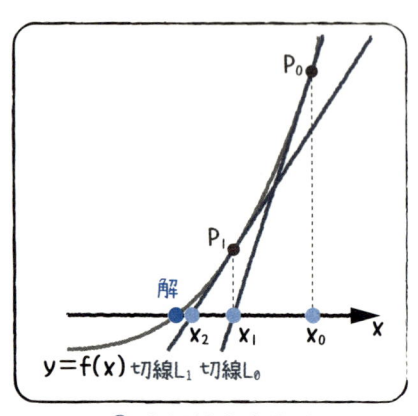

$y = f(x)$ 切線L_1 切線L_0

❷ 牛頓拉弗森方法

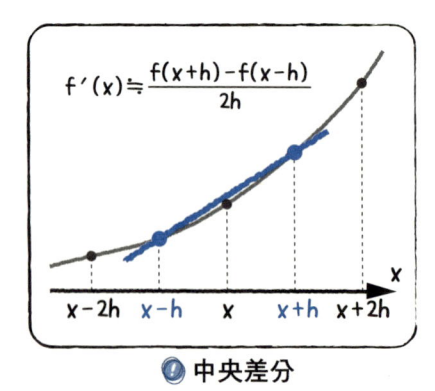

$f'(x) \fallingdotseq \dfrac{f(x+h) - f(x-h)}{2h}$

❸ 中央差分

❷ 插值法

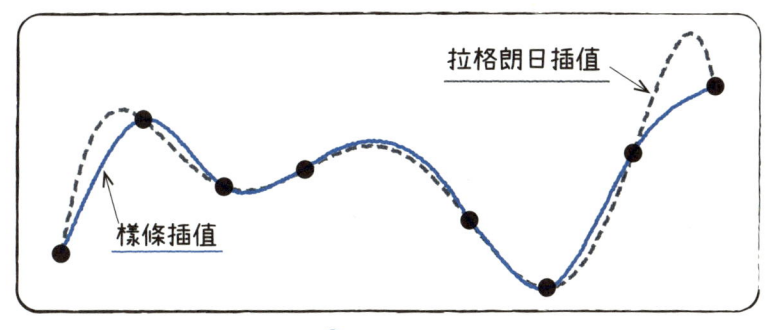

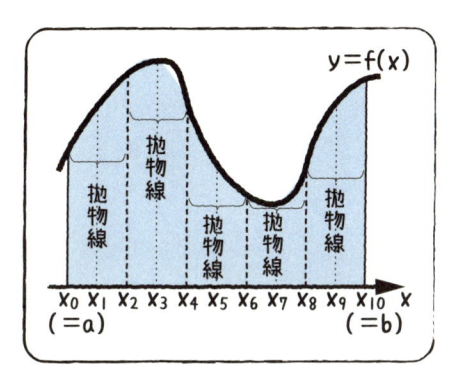

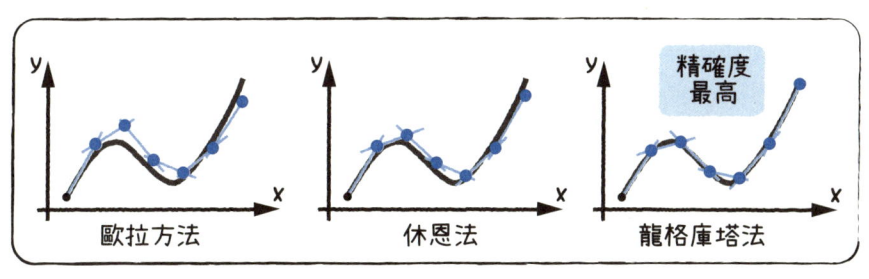

- 拉格朗日插值
- 樣條插值

❷ 辛普森積分法

$y=f(x)$，拋物線，$x_0\ (=a),\ x_1,\ x_2,\ x_3,\ x_4,\ x_5,\ x_6,\ x_7,\ x_8,\ x_9,\ x_{10}\ (=b)$

❷ 常微分方程式的數值解法

歐拉方法　　休恩法　　龍格庫塔法（精確度最高）

219

8-1 要決定割捨什麼的步驟最難 ～一次逼近～

簡單來說，數值分析就是「建立逼近式再計算」的步驟。比方說，如果很難透過分析的方式算出定積分或微分方程式的解，此時就會以逼近式子的手法，從數值的角度去掌握函數，而此時必須衡量答案的精確度與計算的複雜度，決定何者比較重要。接下來為大家介紹最初級的多項式函數逼近。

🔍 一次逼近（切線逼近）

假設有個 $y = \sqrt{x}$ 的函數。讓我們在 x 接近 4 的時候，不透過計算，直接逼近 y 的值吧。具體來說，就是在 $x = 4.1$ 的時候，該如何求出 $\sqrt{4.1} = 2.02484$ 的值。

最簡單的方法就是從 x 接近 4 的部分割捨掉與 4 的「誤差」，換言之，就是直接得出 $\sqrt{4.1} \fallingdotseq 2$ 的結論。這也是逼近的手法，也可以稱為 **0 次逼近**。

接著要試著利用在 $x = 4$ 之處的切線逼近曲線 $y = \sqrt{x}$ 在 $x = 4$ 之際的近似值。由於是利用直線，也就是 x 的一次式逼近，所以又稱為**一次逼近**。在 $x = 4$ 之處的切線方程式為 $(\sqrt{x})' = \dfrac{1}{2\sqrt{x}}$，而這個方程式可整理成 $y = \dfrac{1}{4}x + 1$，所以一次逼近如下。

$$\sqrt{4.1} \fallingdotseq \frac{1}{4} \cdot 4.1 + 1 = 2.025$$

一次逼近是能夠正確逼近 $x = 4$ 的好方法。

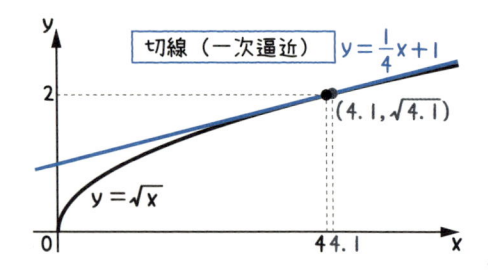

- **0次逼近**
  → 忽略 與 $x = 4$ 的誤差
  $\sqrt{4.1} \fallingdotseq 2$　（相對誤差 -1.23%）

- **一次逼近**
  → 以 $x = 4$ 之處的 切線 逼近
  $\sqrt{4.1} \fallingdotseq 2.025$　（相對誤差 0.008%）

此外，與「$x = 4$ 相近」的「相近」指的是函數的變化，是一種相對的概念，所以會隨著需要的精確度與函數的種類而有不同的定義。比方說，如果

只需要「與 $x \fallingdotseq 0$ 近似」即可,就不能直接設定 $x = 0$,而要使用 $x = 0$ 附近的值逼近。

🔍 使用級數展開的方式逼近

2-7 節介紹的**泰勒級數(馬克勞林級數)**是讓函數於某個點附近以冪級數展開的方法。使用**這個展開式可進行多項式逼近**。此外,一次逼近(切線逼近)與泰勒級數的一次項之前的項一致。

比方說,在 $x = 0$ 的附近展開 e^x,可以得到 $e^x = 1 + \frac{1}{1!}x + \frac{1}{2!}x^2 + \frac{1}{3!}x^3 + \cdots$,所以,在 $x \fallingdotseq 0$ 附近的 e^x 的一次、二次、三次的逼近方式如下。

f(x)的馬克勞林級數: $f(x) = f(0) + \frac{f'(0)}{1!}x + \frac{f''(0)}{2!}x^2 + \frac{f'''(0)}{3!}x^3 + \cdots$

的時候,若 $f(x) = e^x$,則可根據 $f(0) = f'(0) = f''(0) = f'''(0) = \cdots = 1$,得到下的結果。

- 一次逼近 : $e^x \fallingdotseq 1 + x$
- 二次逼近 : $e^x \fallingdotseq 1 + x + \frac{x^2}{2!}$
- 三次逼近 : $e^x \fallingdotseq 1 + x + \frac{x^2}{2!} + \frac{x^3}{3!}$

$f(x) = \cdots + \frac{f^{(n)}(0)}{n!}x^n \quad + \frac{f^{(n+1)}(0)}{(n+1)!}x^{n+1} + \cdots$

割捨(n+1)次之後的部分。

「n次逼近」就是以展開式n次項之前的多項式逼近的意思〔換言之,(n+1)次之後的部分全部割捨〕

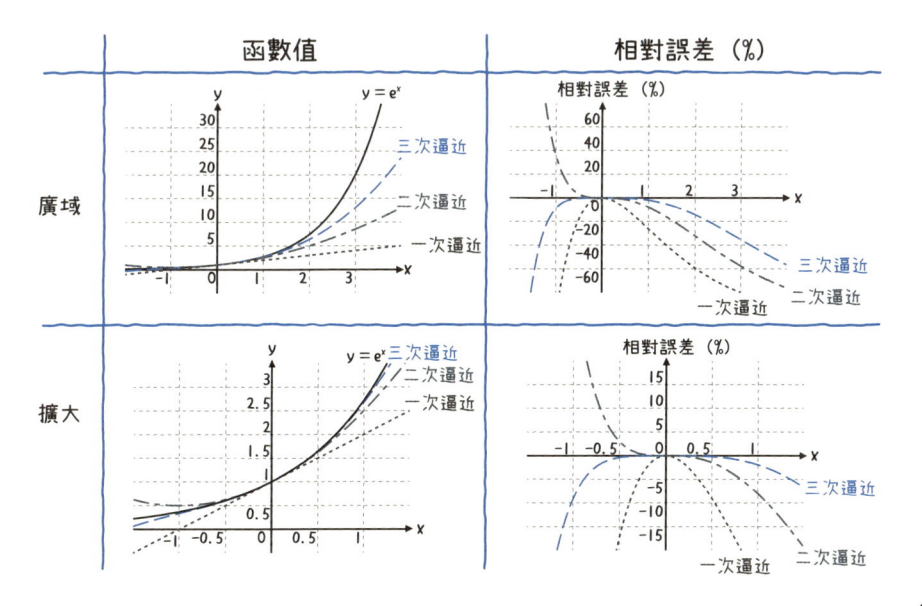

221

8-2 實用度 No.1 的方程式數值解法～牛頓拉弗森方法～

接著要介紹以逼近的方式解開方程式的方法。可透過曲線的切線具體理解的牛頓拉弗森法收斂的速度很快，應用的範圍很廣，所以請大家務必學起來喔。

🔍 二分法（區間縮小法的一種）

二分法在逼近方程式解的手法之中，算是最原始的。

方程式 $f(x) = 0$，而且 $x_0 < x < x_1$，以及 1 個解的時候，讓 $f(x)$ 於 x_0 與 x_1 單調地增加或減少，一定會跨過 0，所以 $f(x_0)(x_1) < 0$〔$f(x_0)$ 或是 $f(x_1)$ 若有一方是正的，另一方就一定是負的〕。使用這個性質就能限縮解的存在區間，也就能逼近解。

<u>二分法</u>

① 確定 $f(x_0)f(x_1) < 0$（解落在 $x_0 < x < x_1$ 這個區間）。

② 假設 x_0 與 x_1 的中點 x_2 為解，而且這個解不夠精準，就調查 $f(x_0)(x_2)$ 與 $f(x_2)f(x_1)$ 的符號。
→ 假設 $f(x_0)f(x_2) < 0$，$f(x_2)f(x_1) > 0$，代表解落在 $x_0 < x < x_2$，此時關注這個區間。

③ 假設 x_0 與 x_2 的中點 x_3 為解，而且這個解不夠精準，那就調查 $f(x_0)(x_3)$ 與 $f(x_3)f(x_2)$ 的符號。
→ 假設 $f(x_0)f(x_3) > 0$，$f(x_3)f(x_2) < 0$，代表解落在 $x_3 < x < x_2$，此時關注這個區間。

……以此類推，一步步縮減解的存在區間。

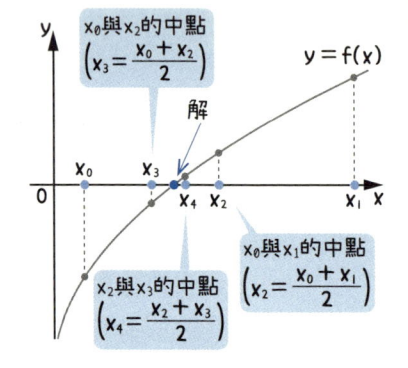

由於二分法是最原始的方法，所以非常符合直覺，也簡單易懂，但每次只能讓區間縮小一半，所以有**收斂速度太慢**〔要得到程式設計所需的精確解，須要耗費不少時間（計算量）〕的問題。

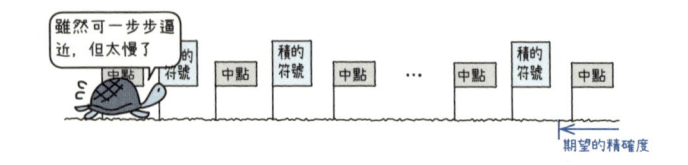

🔍 牛頓拉弗森法

牛頓拉弗森法是對想要解開的方程式 $f(x) = 0$ 使用曲線 $y = f(x)$ 的切線，藉此求解的方法。牛頓拉弗森法的步驟如下。

<u>牛頓拉弗森法</u>
① 先隨意設定一個適當的x的初始值x_0，並將$x = x_0$與曲線$y = f(x)$的交點的切線設定為L_0。
② 假設L_0與x軸的交點的x座標x_1是不夠精準的解，則思考$x = x_1$之處的切線L_1。
③ 假設L_1與x軸的交點的x座標x_2是不夠精準的解，則思考$x = x_2$之處的切線L_2。
以此類推……。

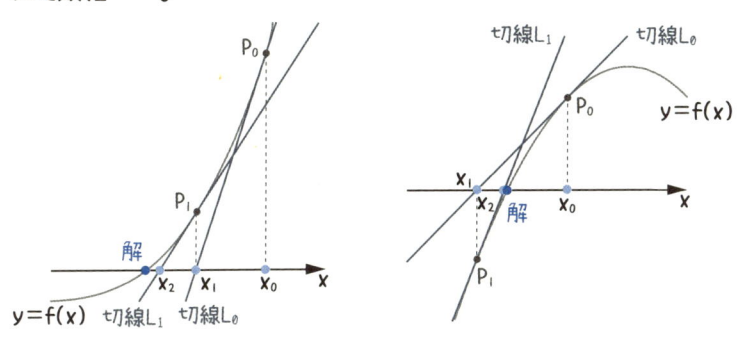

一般來說，透過牛頓拉弗森法得到的數列 x_0、x_1、x_2、…能夠快速於解收斂，也能應用於向量或複數，但**須要找到導函數**。如果無法快速算出導函數，有時候會改用預設兩個初始值，藉此計算斜率的**割線法**。此外，初始值也必須與解有一定程度的接近，有時候還會搭配區間縮小法。

要注意的是，**有些函數不一定能夠收斂**。

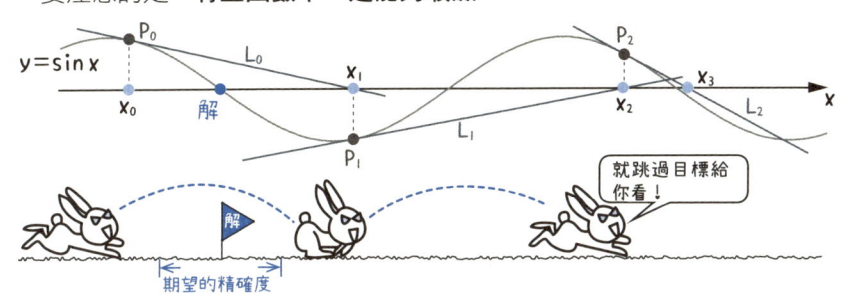

8-3 若變成差分，微分也變得簡單 ～數值微分～

> 以逼近的（數值的）方式處理函數的微分時，可根據微分係數（導函數）的定義以差分表現函數的微分，公式也會變得相對簡單。不過，在套用實際的資料時，有一些須要注意的事項。

🔍 差分法

以數值計算的方式處理微分時，能以差分的手法逼近。也就是當 $f(x)$ 的微分係數（導函數）的定義式為 $f'(x) = \lim_{h \to 0} \dfrac{f(x+h) - f(x)}{h}$，而極限為 $h \to 0$（h 為無限小），將式子中的 h 換成適當的極小數。

如下圖所示，有很多方法可以在 h 為有限的數值差分，但是精確度較高，計算量較少的中心差分法算是很常用的差分法。

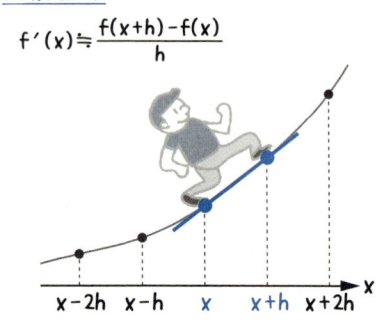

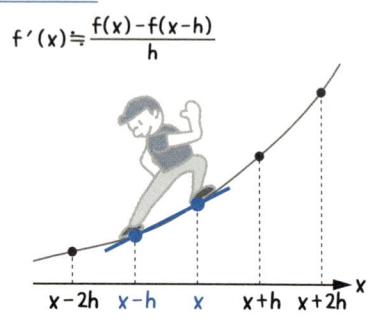

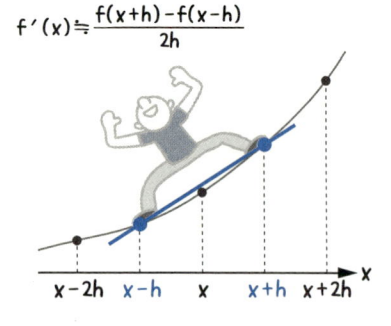

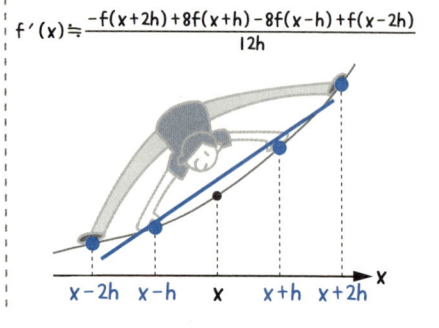

向前差分
$$f'(x) \fallingdotseq \frac{f(x+h) - f(x)}{h}$$

向後差分
$$f'(x) \fallingdotseq \frac{f(x) - f(x-h)}{h}$$

（二維的）中心差分
$$f'(x) \fallingdotseq \frac{f(x+h) - f(x-h)}{2h}$$

四維的中心差分
$$f'(x) \fallingdotseq \frac{-f(x+2h) + 8f(x+h) - 8f(x-h) + f(x-2h)}{12h}$$

🔍 差分法的精確度與誤差

前一節介紹的每個差分法都會在 $h \to 0$ 的極限下變成 $f'(x)$，所以算是微分係數的近似式，也會發現當 h 越小，精確度越高。

儘管理論如此，**實際計算數值時，電腦的精確度是有限的，免不了會產生誤差**，所以當 h 太小，反而會產生誤差。

以下列的方式在 x = 1 的時候，對四次函數 $f(x) = x^4 + 2x^3$ 進行數值微分時
- 有效數字 10 位數
- 中心差分

會在 $f'(1) = 10$ 的時候產生相對誤差

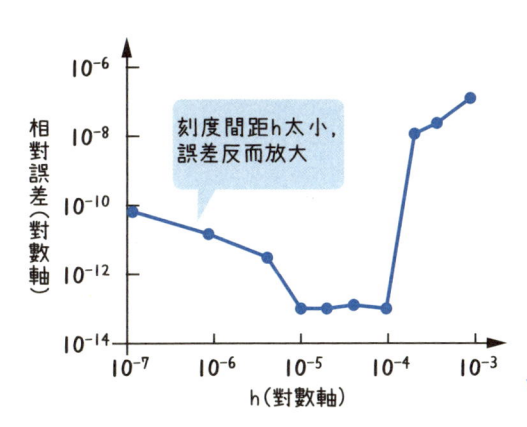

> 刻度間距 h 太小，誤差反而放大

舉例來說，假設有兩個有效數字為 8 位數的數字，分別是 $a = 1.5894564$ 以及 $b = 1.5894588$。此時 $a-b$ 的有效數字 1 位數為 0.0000006，精確度比 a 或 b 低了許多，這種情況就稱為「有效位數消去」(cancellation of significant digits)。

數值微分計算的是相近數值的差，所以很容易發生有效位數消去的問題，這也是讓 h 變得太小，誤差反而放大的理由。

此外，使用測量資料進行的數值微分也要考慮資料的測量誤差，設定最理想的 h。

🔍 插值法

插值法就是將測量結果這類有限的資料視為函數值的一部分，然後透過逼近的手法求出函數（以圖形比喻，就是找到由資料組成的曲線）。如果想進行微分計算，可先利用插值法求出函數。

最具代表性的插值法就屬**拉格朗日插值**與**樣條插值**。

> 該如何在點之**間補**進（連接上）適當的值呢？

【在點為(N+1)個時的插值法】
拉格朗日插值：以N次函數(N次多項式)在(N+1)個點之間插入值
※將各點座標代入N次函數的通式 $y = a_0 + a_1 x + a_2 x^2 + \cdots + a_N x^N$

樣條插值：以小於等於N次(通常是三次)的函數在相鄰的點插入值
※三次函數(公式) $S_j(x) = a_j(x-x_j)^3 + b_j(x-x_j)^2 + c_j(x-x_j) + d_j$
→ $y_j = S_j(x_j)$, $S_{j-1}(x_j) = S_j(x_j)$, $S_{j-1}'(x_j) = S_j'(x_j)$, $S_{j-1}''(x_j) = S_j''(x_j)$

條件是點(x_k, y_k)的左右曲線$y = s_{k-1}(x)$、$y = S_k(x)$為平滑曲線

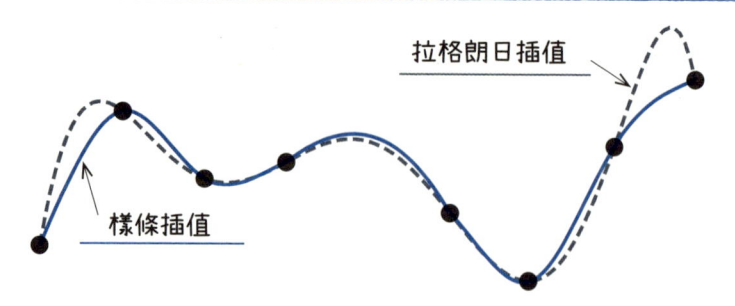

拉格朗日插值

樣條插值

拉格朗日插值有時會在點與點之間產生明顯的誤差，或是值出現明顯的增減（與原本的函數產生明顯誤差）。這是因為點的個數越多，次數就要高。拉格朗日插值雖然有時不是那麼好用，但優點是能夠算出係數（不須要進行微分）。

此外，$(N+1)$個的點(x_0, y_0)、(x_1, y_1)、(x_2, y_2)、$\cdots$、(x_n, y_n)的拉格朗日插值N次式$p(x)$可寫成如下。

$$p(x) = \sum_{j=0}^{N} y_j L_j(x)$$

不過還有下列的條件。

$$L_j(x) = \frac{(x-x_0)(x-x_1)\cdots(x-x_{j-1})(x-x_{j+1})\cdots(x-x_N)}{(x_j-x_0)(x_j-x_1)\cdots(x_j-x_{j-1})(x_j-x_{j+1})\cdots(x_j-x_N)}$$

沒有$(x-x_j)$

沒有$(x_j-x_j)(=0)$

分子為x的N次式

8-4 只是要計算面積～數值積分～

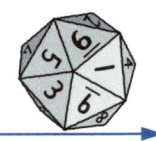

> 數值積分最終會回到計算面積這件事。計算面積的方法會根據切割圖形的方式而有所不同。

🔍 區分求積法

接下來要思考以數值的方式計算 $a \leq x \leq b$ 的 $f(x)$ 的定積分 $\int_a^b f(x)dx$ 的方法。最單純的方法就是像區分求積分這種定積分的定義，將積分區域切成長方形，再相加這些長方形面積的方法。

<u>區分求積法</u>：以長方形切割

$$\int_a^b f(x)dx \fallingdotseq \frac{b-a}{n} \sum_{j=0}^{n-1} f(x_j)$$
$$= \frac{b-a}{n} \{f(x_0) + f(x_1) + \cdots + f(x_{n-1})\}$$

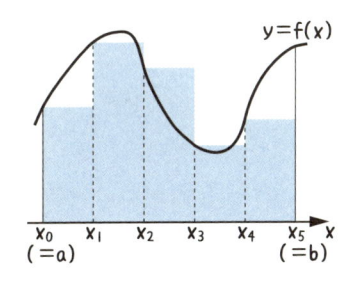

🔍 梯形公式

以長方形切割時，有時候長方形的上邊與曲線會出現明顯落差，所以為了提升精確度，有時會改以梯形分割再計算面積，這就是梯形公式。使用梯形公式能提升精確度。

<u>梯形公式</u>：以梯形切割

$$\int_a^b f(x)dx$$
$$\fallingdotseq \frac{b-a}{2n}\{f(x_0)+f(x_1)\} + \frac{b-a}{2n}\{f(x_1)+f(x_2)\}$$
$$+ \cdots + \frac{b-a}{2n}\{f(x_{n-1})+f(x_n)\}$$
$$= \frac{b-a}{2n}[f(x_0) + 2\{f(x_1)+\cdots+f(x_{n-1})\} + f(x_n)]$$

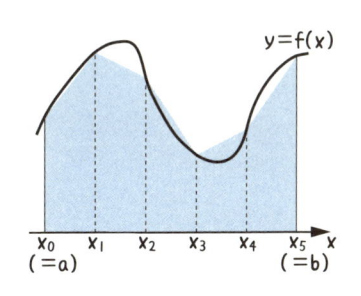

理論上，刻度間距越細，數值積分的精確度越高，但與數值微分情況相同的是，刻度間距太細時，有可能因為捨去某些數值的處理導致精確度下滑。

🔍 辛普森積分法

辛普森積分法是在將曲線切割成不同積分區域之後，再以拋物線逼近各區間曲線，然後求出面積的方法。**由於是以曲線逼近，所以精確度比梯形公式高上不少。**

辛普森積分法：以拋物線逼近各區間曲線

$$\int_a^b f(x)dx$$
$$\fallingdotseq \frac{b-a}{6n}[f(x_0)+4\{f(x_1)+f(x_3)+\cdots+f(x_{2n-1})\}$$
$$+2\{f(x_2)+f(x_4)+\cdots+f(x_{2n-2})\}+f(x_{2n})]$$

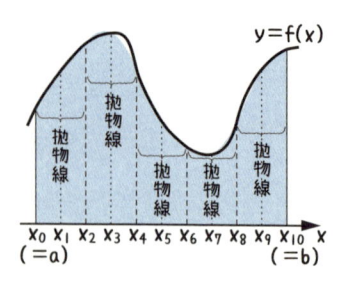

※為了方便計算面積，通常會讓分割數為偶數(2n)。

辛普森積分法各區間的拋物線可透過拉格朗日插值法求出。由於各區間是由三個點組成，所以利用拉格朗日插值法求出的式子會是二次式，也就是拋物線。假設通過 $(x_0, f(x_0))$、$(x_1, f(x_1))$、$(x_2, f(x_2))$ $(x_1 - x_0 = x_2 - x_1 = h)$ 這三點的二次函數為 $F(x)$，利用拉格朗日插值法的式子，可得到下列結果。

$$F(x) = \frac{(x-x_1)(x-x_2)}{(x_0-x_1)(x_0-x_2)}f(x_1) + \frac{(x-x_0)(x-x_2)}{(x_1-x_0)(x_1-x_2)}f(x_2) + \frac{(x-x_0)(x-x_1)}{(x_2-x_0)(x_2-x_1)}f(x_3)$$

可以進一步整理成下列的式子

$$\int_{x_0}^{x_2} f(x)dx \fallingdotseq \int_{x_0}^{x_2} F(x)dx$$
$$= \frac{h}{3}\{f(x_0) + 4f(x_1) + f(x_2)\}$$

其他區間也能套用相同的邏輯計算。

> 從辛普森積分法的定義來看，二次式的積分會產生真值（透過分析的方式計算所得的值），但是三次式也一樣會產生真值。

🔍 精確度的比較

下面列出了以各種方法在 0 到 2 的區間對 e^x 積分的結果。從中可以發現，辛普森積分法的精確度最高。

$$\int_0^2 e^x dx = e^2 - 1 = 6.389056\cdots$$

	區分求積法 (長方形)	梯形公式	辛普森積分法
4分割	8.11887 誤差 +27.0%	6.52161 誤差 +2.1%	6.30121 誤差 +0.034%
8分割	7.22093 誤差 +13.0%	6.42230 誤差 +0.25%	6.38919 誤差 +0.002%

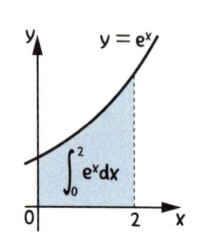

蒙地卡羅積分法

計算面積的方法之一還有以亂數計算的**蒙地卡羅積分法**。

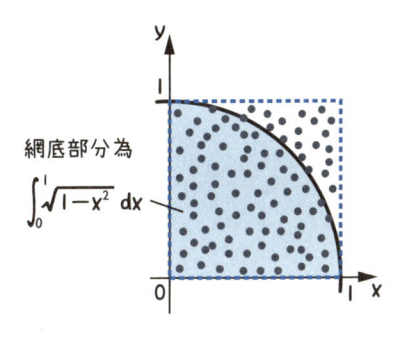

網底部分為
$\int_0^1 \sqrt{1-x^2}\, dx$

【以類比的方式（亂數的方式）打點的方法】
- 準備兩個亂數骰子（在正二十面體分別寫上兩次0～9的數字，所有數字出現的機率皆相等）。
- 設定骰子①為小數點第1位的數，骰子②為小數點第2位的數
- 先丟出①與②確定x座標的數值
- 接著丟出①與②確定y座標的數值
- 在圖裡畫出以上述x座標與y座標為座標值的點
- 重覆這個步驟……

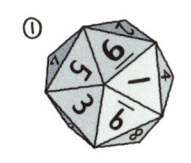

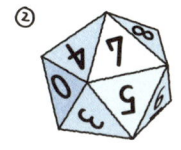

比方說，可求出下列的定積分。

$\int_0^1 \sqrt{1-x^2}\, dx$

要計算的定積分是以 1 為半徑，π/2（四分之一圓）為中心角的扇形面積。假設有一個以這個扇形的兩條半徑為邊長的正方形，然後在這個正方形之內隨機指定點。重覆這個步驟非常多次之後，算出點座標符合下列式子的比例（以正方形之內的點數除以落在扇形之內的點的點數）。這個值就是面積，也就是定積分的近似值。

$y < \sqrt{1-x^2}$

另一種方法則是在積分範圍之內隨機指定 x 的值，算出 $y = \sqrt{1-x^2}$ 的值，然後將算出來的平均值視為積分值的近似值。

蒙地卡羅積分法在計算單變數積分時看不出明顯的效果，甚至會讓人覺得多此一舉，卻可以在多變數積分的時候發揮效果。以下列這種 n 重積分為例，一旦積分變數變多，分割區域再相加面積的方法的計算量，就會呈指數函數般增加，但是蒙地卡羅法則不會因為變數增加而導致計算量大增，所以比較符合實務需求。

$\int_0^1 dx_0 \int_0^1 dx_1 \cdots \int_0^1 dx_n\, g(x_0, x_1, \cdots, x_n)$

8-5 常微分方程式具代表性的數值解法～歐拉方法、龍格-庫塔法～

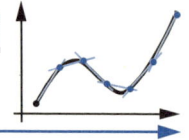

一如第 7 章所述，微分方程式通常很難透過分析的方式解開，所以數值解法才會如此重要。在此要介紹常微分方程式具代表性的數值解法，也就是歐拉方法與龍格-庫塔法。

🔍 常微分方程式的數值解法

解開微分方程式之後，照理說可以得到解的曲線，而常微分方程式的數值解法就是先找出逼近這條曲線的曲線，接著再求出曲線上的點 (x_n, y_n) 的方法。

這一節要說明的是如何替解為分析解的 $y = F(x)$，也就是常微分方程式 $\dfrac{dy}{dx} = f(x, y)$，求出數值解。

🔍 歐拉方法

歐拉方法是最單純的常微分方程式的數值解法。微分方程式包含了要求的函數的導函數。利用這個導函數為切線斜率這點，以切線逼近解的方法就是歐拉方法。

如果在以歐拉方法解常微分方程式的時候，將差分設定為 $h(= x_{n+1} - x_n)$，就能根據初始條件 (x_0, y_0) 如下求出每個點 (x_n, y_n)。

歐拉方法

將右圖點 P_0 的切線斜率設定為 $\dfrac{dy}{dx}$ 以差分（這裡為向前差分）逼近

$$\dfrac{y_1 - y_0}{h} \fallingdotseq f(x_0, y_0) \Rightarrow y_1 \fallingdotseq y_0 + hf(x_0, y_0)$$

$$\dfrac{y_2 - y_1}{h} \fallingdotseq f(x_1, y_1) \Rightarrow y_2 \fallingdotseq y_1 + hf(x_1, y_1)$$

$$\vdots$$

$$\dfrac{y_{n+1} - y_n}{h} \fallingdotseq f(x_n, y_n) \Rightarrow y_{n+1} \fallingdotseq y_n + hf(x_n, y_n)$$

由於是以差分單純地逼近微分，再以包含誤差的斜率 $f(x, y)$，也就是值 y_n 計算，所以誤差會變小。

微分方程式 $\dfrac{dy}{dx} = f(x, y)$ 的分析解所表示的曲線 $y = F(x)$

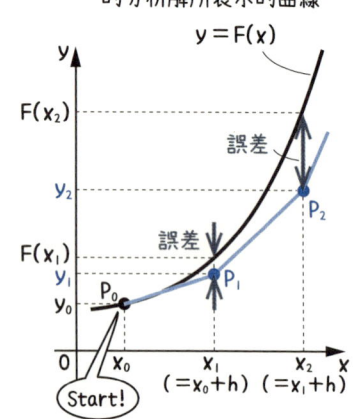

🔍 休恩法（二維的龍格庫塔法）

由於歐拉方法是以切線計算點 (x_n, y_n) 的鄰點 (x_{n+1}, y_{n+1})，所以在函數的變化（增減）較為劇烈的點附近，容易出現明顯的誤差。所以在實務中，比較常使用縮小了誤差的**龍格 - 庫塔法**。

改善歐拉方法誤差的方法之一就是二維的龍格 - 庫塔法（休恩法）。歐拉方法是只以點 (x_n, y_n) 的切線斜率求出 (x_{n+1}, y_{n+1})，而為了改善誤差，連同「鄰點」的切線斜率也一併納入考慮，然後再求出 (x_{n+1}, y_{n+1}) 的方法就是休恩法。

休恩法
① 使用點 $P_n(x_n, y_n)$ 的切線的斜率
　　$k_1 = f(x_n, y_n)$
　　依照歐拉方法求出鄰點
　　$Q_n(x_{n+1}, y_n + hk_1)$。

② 求出點 Q_n 的切線的斜率。
　　$k_2 = f(x_{n+1}, y_n + hk_1)$

③ 將 k_1 與 k_2 的平均 $\frac{k_1+k_2}{2}$ 視為斜率，找出通過點 P_n 的直線。假設這條直線上的點 $x = x_{n+1}$ 的 y 座標為 y_{n+1}，也就是 $P_{n+1}(x_{n+1}, y_{n+1})$。

④ 對點 P_{n+1} 重覆 ① ～ ③ 的計算。

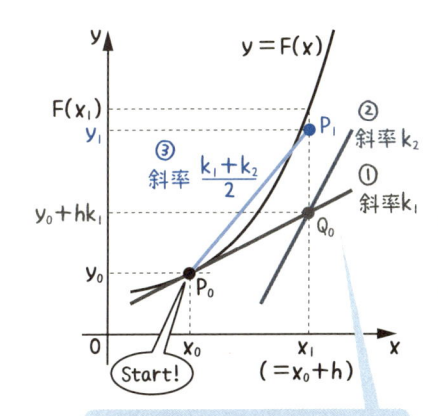

歐拉方法是將 P_0 的鄰點當成 Q_0，以休恩法求出 P_0 的鄰點 P_1 時，誤差比較小

由於休恩法找出的是兩個斜率的平均，所以被稱為二次的公式。從上圖可以得知，休恩法的精確度高於歐拉方法。

若將休恩法整理成公式，可以得到下列的結果。

在 $\left.\begin{array}{l}\dfrac{dy}{dx} = f(x, y) \\ h = x_{n+1} - x_n\end{array}\right\}$ 的時候　　$y_{n+1} = y_n + h\dfrac{k_1+k_2}{2}$

不過 $\begin{cases} k_1 = f(x_n, y_n) \\ k_2 = f(x_n + h, y_n + hk_1) \end{cases}$

🔍 龍格 - 庫塔法（四次的龍格 - 庫塔法）

最後要介紹的是比休恩法更精確的四次龍格 - 庫塔法。如果只說「龍格 - 庫塔法」，就是指這個四次龍格 - 庫塔法。

從名稱裡的「四次」便可得知，這個方法為了計算 (x_n, y_n) 之處的斜率，會如下所示，計算 k_1、k_2、k_3、k_4 這四個斜率，然後再求出這些斜率的平均值（以 1：2：2：1 的方式加權再平均）。最後可根據這個結果計算 (x_{n+1}, y_{n+1})。

龍格-庫塔法

① 使用在點 $P_n(x_n, y_n)$ 的切線的斜率 $k_1 = f(x_n, y_n)$，以及歐拉方法求出點 $Q_n\left(x_n + \dfrac{h}{2}, y_n + \dfrac{h}{2}k_1\right)$

> 這部分思考的不是 h，而是中點！

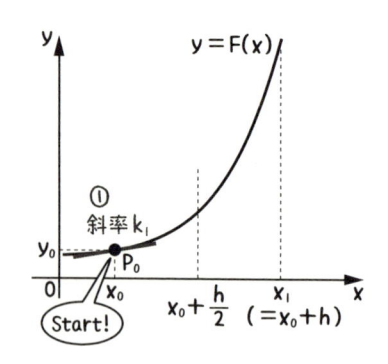

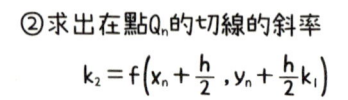

② 求出在點 Q_n 的切線的斜率

$$k_2 = f\left(x_n + \dfrac{h}{2}, y_n + \dfrac{h}{2}k_1\right)$$

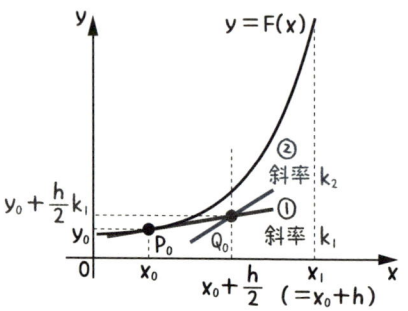

③ 思考斜率為 k_2 且穿過點 P_n 的直線，找出這條直線上符合 $x = x_n + \dfrac{h}{2}$ 的點（也就是 x 座標與點 Q_n 相同的點）$R_n\left(x_n + \dfrac{h}{2}, y_n + \dfrac{h}{2}k_2\right)$

接著求出在點 R_n 的斜率

$$k_3 = f\left(x_n + \dfrac{h}{2}, y_n + \dfrac{h}{2}k_2\right)$$

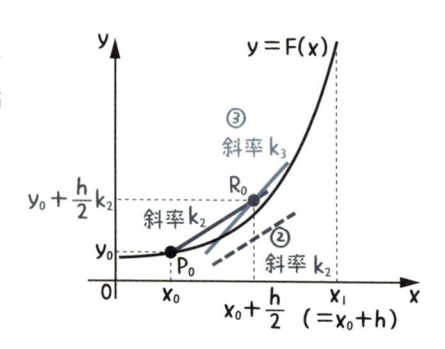

④思考斜率為k_3且穿過點P_n的直線，
找出這條直線上符合$x = x_n + h$
的點$S_n(x_n + h, y_n + hk_3)$接著求出
在點S_n的斜率
$$k_4 = f(x_n + h, y_n + hk_3)$$

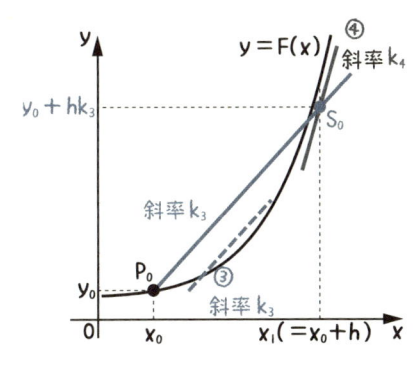

⑤思考斜率為$k_1 \sim k_4$的加權平均

$$\frac{k_1 + 2k_2 + 2k_3 + k_4}{6}$$

且穿過點P_n的直線，找出這條直線
上符合$x = x_n + h = x_{n+1}$的點，並將
這個點的y座標設定為y_{n+1}，然後設
定為$P_{n+1}(x_{n+1}, y_{n+1})$

⑥對點P_{n+1}重覆①～⑤的計算

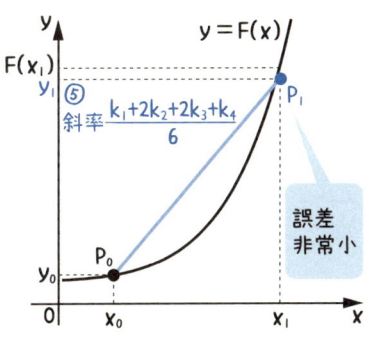

將（四次的）龍格-庫塔法整理成公式，可得到下列結果。

$\left. \begin{array}{l} \dfrac{dy}{dx} = f(x, y) \\ h = x_{n+1} - x_n \end{array} \right\}$ 的時候 $y_{n+1} = y_n + h\dfrac{k_1 + 2k_2 + 2k_3 + k_4}{6}$

不過 $\begin{cases} k_1 = f(x_n, y_n) & k_3 = f\left(x_n + \dfrac{h}{2},\ y_n + \dfrac{h}{2}k_2\right) \\ k_2 = f\left(x_n + \dfrac{h}{2},\ y_n + \dfrac{h}{2}k_1\right) & k_4 = f(x_n + h,\ y_n + hk_3) \end{cases}$

理論上，還可以找出更高次的解法，**但其實就實務而言，光是使用這個四次的龍格-庫塔法就能得到精確度足夠的解了。**

以不同方法解開相同微分方程式的示意圖

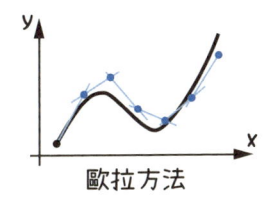

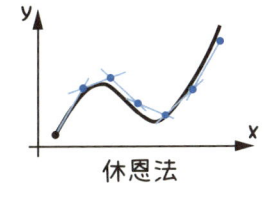

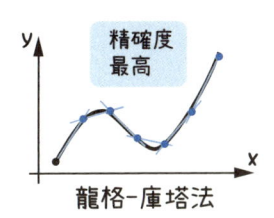

歐拉方法　　　　休恩法　　　　龍格-庫塔法（精確度最高）

索 引

符號、數字
∇ 137,139,142
0 次逼近 220

英文
arccos 23
arcsin 23
arctan 23
C^2 級函數 104
cos 16
div 139,149
exp 26
grad 137
integral 79
log 28
n 階極點 183
rot 142,148
sin 16
tan 16
ε-N 論證 72
ε-δ 論證 71

一劃
一次函數 12
一次逼近 220
一階偏導函數 104
一階極點 183
一階線性常微分方程式 207
一般項 32

二劃
二次函數 12
二階線性偏微分方程式 215
二階線性常微分方程式 208
二分法 222
二重積分 110,115
二進制對數 31

三劃
三倍角公式 21
三維的極座標 38

三角比
三角比 16
三角函數 16,161,166,171
三重積分 112,119
上限 79
下限 79

四劃
四次中心差分 224
不定積分 82
不連續 6
中心差分 224
中間值定理 66
公比 33
公差 32
內積 131
反曲點 64
牛頓拉弗森法 223
反三角函數 23
反函數 8,60,171
分部積分 87

五劃
主值 23,168
代換積分 88
凹凸 64
加法定理 21
半角公式 21
半衰期 202
四元數 193
外積 132
正弦定理 20
正弦波 19,187
立體積分 119

六劃
任意常數 199
休恩法 231
全微分 106
共形映射 174
共軛複數 158

合成公式	22
合成函數	10,59,171
同次	208
向前差分	224
向後差分	224
向量	126
向量值函數	133
向量場	136,139,142
向量微分運算子	137,139,142
多重積分	110
多值函數	167
多變數函數	4,102
安培環路定律	152
收斂	44,78
有效位數消去	225
次擺線	37
自然常數	26,30
自然對數	30
自變數	4,102

七劃

均值定理	67
位置向量	129,163
判別式	13
夾擊的原理	47
狄利克雷函數	96
辛普森積分法	228

八劃

函數	4
初始條件	199
奇函數	7,85
奇異點	177
定積分	79,84
帕松方程式	141,151
底數	24,28
底數的轉換公式	29
弧度	18
弧度法	18
拉格朗日乘數法	108,120
拉格朗日插值	226,228

拉普拉斯方程式	141,214
拉普拉斯逆轉換	210
拉普拉斯運算子	141
拉普拉斯轉換	210
拋物型	215
拋物線	12
波動方程式	141,214
直角座標	38,113
非同次	209

九劃

指數	24,28
指數函數	24,161,167,171
指數法則	24
柯西-黎曼方程	171
柯西積分公式	180
柯西積分定理	176,180
洛朗級數	182
面積分	118,146,148,149
面積向量	146
首項	32

十劃

倍角公式	21
原始函數	81,82
差分法	224
座標轉換	114
格林定理	150
泰勒級數	68,182
特解	199,209
特徵方程式	208
留數	183
留數定理	184
真數	28
矩形波	187
純量	126,131
純量場	136,139
級數	78
衰變法則	202
馬克士威方程組	151
馬克勞林級數	70,161,221

高次函數	14
高次偏導函數	104
高次導函數	63,134
高斯定理	149,150,151
高斯符號	6
高斯積分	114
高階偏導函數	104

十一劃

限制條件	108,120
偏微分	102,106
偏微分方程式	214
偏導函數	102,106,134
偶函數	7,85
勒貝格積分	94
區分求積法	227
區間縮小法	222
參數方程式	36
基向量	128
常用對數	30
常微分方程式	206
常數轉換法	207
斜率	12
旋轉	142
梯形公式	227
梯度	137
球座標	38
累次積分	111
逐次積分	111
通解	199
連鎖法則	113
連續	6,170
部分分數	212
頂點	12

十二劃

傅立葉級數	187
傅立葉逆轉換	190
傅立葉轉換	190
割線法	223
單位圓	17

單連通	177
媒介變數	36,62
媒介變數方程式	36
富比尼定理	111,115
插值法	226
斯托克斯方程式	214
斯托克斯定理	148,151
最大值	65
最小值	65
棣美弗公式	160
測度	96
無窮級數	78
無窮等比級數	78
發散（極限）	46
等比數列	33
等差數列	32
等速率圓周運動	135
絕對值（複數）	158,173
虛部	158
虛軸	159
虛數單位	158
費波那契數列	35
軸	12
週期函數	19
階差數列	35
雅可比變數轉換	114

十三劃

解析函數	171,178
微分方程式	198
微分係數	48,50,170,172
微積分的基本定理	81
楕圓型	215
極大值	14,65
極小值	14,65
極式	159,165
極限	44
極限值	44
極值	14,65,105,108
極座標	38,113

解的公式	13, 15
路徑	145
運動定律	200
運算子	137
零向量	127

十四劃

圖形	5
實部	158
實軸	159
對數	28
對數函數	28, 167, 171
對數軸	39
對數圖	38
截距	12
蒙地卡羅積分法	229
遞迴關係式	34

十五劃

歐拉公式	161, 189
歐拉方法	230
歐拉恆等式	162
增減	64
廣義積分	86
數列	32
數值微分	224
數值積分	227
樣條插值	226
線性	207
線性性質	52, 83
線性軸	39
線性相依	130
線性獨立	130
線積分	116, 144, 148
複數傅立葉級數	189
複數	158
複數平面	159, 164
餘弦定理	20
黎曼積分	95

十六劃

冪函數	12, 169, 171

導函數	50, 133, 171
積分常數	82
積化和差	22
輻角	159, 173
龍格-庫塔法	231, 232

十七劃

應變數	4, 102
薛丁格方程式	214
隱函數	11, 61

十八劃

簡單封閉曲線	176
擴散方程式	214
擺線	37, 62
雙曲	215
雙曲函數	27, 166

十九劃

羅爾定理	66

二十三劃

變數分離法	206
邏輯方程式	205
邏輯函數	205
顯函數	11
體積分	119, 149

Note

數學分析圖鑑：圖解x實例,從微積分到向量分析,一本搞定!/藏本貴文作；許郁文譯. -- 初版. -- 新北市：世茂出版有限公司, 2025.09
面；　公分. -- (數學館；48)
ISBN 978-626-7446-95-9(平裝)

1.CST: 分析數學

314　　　　　　　　　　114007946

數學館48

數學分析圖鑑：圖解x實例，從微積分到向量分析，一本搞定！

作　　者／藏本貴文
譯　　者／許郁文
主　　編／楊鈺儀
封面設計／LEE
出 版 者／世茂出版有限公司
地　　址／(231)新北市新店區民生路19號5樓
電　　話／(02)2218-3277
傳　　真／(02)2218-3239（訂書專線）
劃撥帳號／19911841
戶　　名／世茂出版有限公司
　　　　　單次郵購總金額未滿500元（含），請加80元掛號費
世茂官網／www.coolbooks.com.tw
排版製版／辰皓國際出版製作有限公司
初版一刷／2025年9月

I S B N／978-626-7446-95-9
E I SBN／978-626-7446-93-5（EPUB）978-626-7446-94-2（PDF）
定　　價／420元

Original Japanese Language edition
KAISEKIGAKU ZUKAN
by Takafumi Kuramoto
Copyright © Takafumi Kuramoto 2021
Published by Ohmsha, Ltd.
Traditional Chinese translation rights by arrangement with Ohmsha, Ltd.
through Japan UNI Agency, Inc., Tokyo